JULIUS SPRINGER und JEREMIAS GOTTHELF

Dokumente einer schwierigen Beziehung

Julius Springer
und
Jeremias Gotthelf

Dokumente
einer schwierigen Beziehung

Herausgegeben von HANNS PETER HOLL

BIRKHÄUSER VERLAG BASEL

Textgrundlage dieser Ausgabe ist die historisch-kritische
Gesamtausgabe: Jeremias Gotthelf. Sämtliche Werke in 42 Bänden,
herausgegeben von Rudolf Hunziker, Hans Bloesch,
Kurt Guggisberg, Werner und Bee Juker,
München 1911 ff.

Die Deutsche Bibliothek – CIP-Einheitsaufnahme
Julius Springer und Jeremias Gotthelf:
Dokumente einer schwierigen Beziehung /
hrsg. von Hanns Peter Holl. – Basel :
Birkhäuser, 1992
ISBN 3-7643-2691-3
NE: Holl, Hanns Peter [Hrsg.]; Springer, Julius;
Gotthelf, Jeremias

© 1992 Birkhäuser Verlag Basel

ISBN 3-7643-2691-3
Alle Rechte vorbehalten

INHALTSVERZEICHNIS

Vorwort 7

1. Kapitel:
Jeremias Gotthelf und Julius Springer. Hintergründe einer Beziehung 11

2. Kapitel:
«Bücher wie die Ihrigen müßten den Deutschen zugänglich gemacht werden . . .» Erste Kontakte.
Briefe 1843–1846 27

3. Kapitel:
«Es ist eine verfluchte Sache mit dem Buchhandel in der Schweiz.» 45

4. Kapitel:
«Nun zu Uli und dem Handwerksburschen.»
Uli- und Handwerksburschen-Roman,
Volksschriftenverein. 55
 – Springer gegen Gersdorf und Ruppius oder zwei Versuche, «Uli den Knecht» zu verdeutschen 61
 – Gotthelf schreibt einen Handwerksburschenroman 83
 – Die Anfänge der «Allgemeinen deutschen Volksbibliothek» von Moses Simion und Julius Springer 98

5. Kapitel:
«. . . inmitten dieser Zeit, in welcher eben niemand Bücher kauft . . .» Briefe 1847–1849 107

6. Kapitel:
«Ihr sehr schätzenswertes Schreiben vom 9. dies
hat mich ebenso überrascht als tief gekränkt.»
Briefe 1849 157

7. Kapitel:
«Springer hat da geärndtet, wo wir gesäet...»
Briefe 1850 191

8. Kapitel:
«O! dieser ‹Zeitgeist und Bernergeist›»!
Briefe 1851–1852 225

9. Kapitel:
«... wir kommen ohne persönliches Besprechen aller
in Frage kommenden Momente nicht zu Rande.»
Briefe 1853–1854 265

10. Kapitel:
Die «Gesamtausgabe» – «... welch verfehltes Unternehmen es geworden ...» 315

11. Kapitel:
Julius Springer und Jeremias Gotthelf. Materialien
zur Geschichte des deutschen Buchhandels. Auflagen, Honorare, Ladenpreise 347

Bibliographie 365

VORWORT

Die Bemühungen des Berliner Verlegers Julius Springer (1817–1877) um das Werk des Schweizer Dichters Jeremias Gotthelf (1797–1854) erstrecken sich zunächst über die Jahre der gemeinsamen Zusammenarbeit von 1843 bis 1854 und werden dann mit der Witwe des Dichters Henriette Bitzius-Zeender (1805–1872), dem Sohn Albert Bitzius (1835–1882) und dem Schwiegersohn Albert von Rütte (1825–1902) fortgesetzt.

Obwohl die Briefe Gotthelfs an Springer bis auf fünf als verloren gelten müssen, ergeben die über hundert Briefe Springers an Gotthelf samt ihrem faßbaren Umfeld ein ganzes Kapitel deutsch-schweizerischer Literaturgeschichte und Kulturbeziehungen. Überdies ist in ihnen ein Stück deutscher Buchhandelsgeschichte enthalten, die noch auf ihre gründliche Erforschung wartet. Und schließlich sind sie für die Biographie Julius Springers und die Anfänge des Springer-Verlags, der in diesem Jahr (1992) auf eine 150jährige Verlagsgeschichte zurückblicken kann, sehr ergiebig.

Eine Vollständigkeit erstrebende Dokumentation der Beziehung von Gotthelf und Springer ergäbe einen Band von 500 oder mehr Seiten, würde vermutlich den heutigen Leser eher abschrecken als anziehen – und ihm damit ein reizvolles, ja spannendes Kapitel über Autoren und Verleger im 19. Jahrhundert vorenthalten. Der rege Brief-, Manuskript-, Druckbogen- und Geldverkehr zwischen Berlin und Lützelflüh, dem Verlags- und dem Pfarrhaus, der Hauptstadt Preußens und dem Emmentaler Bauerndorf mit 3600 Seelen – das hat etwas Grenzüberschreitendes, Gesamteuropäisches, Weltbürgerlich-Urbanes an sich. Die vorliegende Zusammenstellung bietet deshalb die Briefe Springers in einer Auswahl und teilweise gekürzt, vor allem dort, wo sich der buchhändlerische Alltag ermüdend wiederholt. In den Kapiteln 4 und 10 werden kürzere Briefausschnitte zu Zitatmontagen zusammengestellt, um die vielfältigen Auseinandersetzungen um «Uli», den Handwerksburschenroman und die Volksschriftenvereine bzw. die Gesamtausgabe zu dokumentieren; in allen anderen Kapiteln bleibt der Charakter des Briefwechsels gewahrt. Ferner werden zahlreiche weitere einschlägige Texte beigezogen. Die verstreuten Kalkulationen und Honorarvereinbarungen werden im letzten Kapitel systematisch und übersichtlich zusammengestellt und durch weitere Daten aus den fast vollständig erhaltenen Verlagsverträgen erweitert. Die brieflichen Äußerungen Springers als Privatmann – er unterschied diese immer sehr genau von denen des Geschäftsmannes – werden durch Angaben von Springers Frau Marie aus ihrem Buch *Julius Springer. Eine Lebensskizze* ergänzt.

Als Textgrundlage des vorliegenden Buches dient die große Gotthelf-Ausgabe des Eugen Rentsch Verlags (heute Orell Füssli) in 24 Bänden (I–XXIV) und 18 Ergänzungsbänden (1–18). Obwohl die Herausgeber Rudolf Hunziker, Hans Bloesch, Kurt Guggisberg, Werner und Bee Juker so stark auf Gotthelf und sein Werk konzentriert waren, daß sie in den Briefbänden (Bände 4–9) die Briefe Springers oft sehr spärlich mit Anmerkungen versahen, ist ihnen der heutige Benutzer und Bearbeiter trotzdem zu größtem Dank verpflichtet. Der von Werner und Bee Juker betreute Registerband (Band 18) und die Gotthelf-Bibliographie von Bee Juker und Gisela Martorelli (Bern 1983) erweisen sich als unentbehrliche Hilfsmittel. Textstellen aus der Gotthelf-Ausgabe werden zitiert, indem nach der Stelle Band und Seitenzahl in Klammern angegeben werden. Dank geht auch an Herrn Heinz Sarkowski, der die Gotthelf-Kapitel seiner Geschichte des Springer-Verlags im Umbruch zur Verfügung gestellt hat.

Das vorliegende Buch behandelt mit voller Absicht die beiden Protagonisten als gleichberechtigt. Es versucht, dem Städter und dem Dorfpfarrer, dem Preußen und dem Emmentaler, dem Geschäftsmann und dem Dichter in ihrer jeweiligen Eigenart gerecht zu werden. Nirgends wird die eine gegen die andere Seite ausgespielt. Weder deutsche noch schweizerische Herablassung ist gefragt. Daß deshalb die Unterschiede um so schärfer sichtbar werden, wird niemand verletzen und kann nur von Vorteil sein.

Muri bei Bern, im Herbst 1991   *Hanns Peter Holl*

1. Kapitel
Jeremias Gotthelf und Julius Springer.
Hintergründe einer Beziehung

> Es ist etwas Kurioses, beinahe Erschreckendes, wieder
> vor einfache Dinge geführt zu werden. Man vergißt sie
> leicht, wohl eine Folge unseres Stadtlebens.
>
> *Alfred Döblin*

> Ich wiederhole Ihnen, Herr Pfarrer, in Berlin haben Sie
> viele Freunde.
>
> *Springer an Gotthelf*

Gotthelf und Springer sind sich nur ein einziges Mal persönlich begegnet: Vom 18. bis 22. Juli 1854, drei Monate vor Gotthelfs Tod, war Springer Gast im Pfarrhaus in Lützelflüh. Der Besuch, seit 1848 geplant, aber aus geschäftlichen, politischen oder privaten Gründen Jahr um Jahr verschoben, war unumgänglich geworden, da Verhandlungen über eine Gesamtausgabe nicht durch Korrespondenz geführt werden konnten.

Begonnen hat die Beziehung mit Springers Brief vom 28. August 1843, in dem er Gotthelf vorschlug, eine «Jugendschrift» zu verfassen; daraus wurde der 1845 erschienene *Knabe des Tell*. Springers Buchhandlung und späterer Verlag waren damals gerade ein gutes Jahr alt: gegründet an Springers 25. Geburtstag, dem 10. Mai 1842. Der Autor, zwanzig Jahre älter als Springer, hatte seit 1836 bei Schweizer Verlegern Romane, Novellen, Predigten, politische und sozialkritische Schriften publiziert, die über die Landesgrenzen hinaus bekannt geworden waren. Springers Brief ist zwar die erste, aber keineswegs die einzige Anfrage aus Deutschland: Irenäus Gersdorf und Gotthilf Ferdinand Döhner folgten im September 1843, August Stöber im Mai und Georg Heinrich Schwerdt im September 1844 – um nur die allerersten zu nennen.

Soweit die Beziehungen zwischen Gotthelf und Springer überhaupt untersucht wurden, schien das Ergebnis eindeutig zu sein: Der radikale Springer und der konservative Gotthelf paßten in ihrem Geschäftssinn ausgezeichnet zusammen und sahen deshalb über politische, nationale und geographische Differenzen hinweg. Tatsächlich ist in den Briefen Springers dermaßen viel von Kalkulationen, Auflagenhöhen, Honorarzahlungen und Freiexemplaren die Rede, daß man sich fragen muß, warum diese scheinbar so lukrative Vermarktung und Selbstvermarktung eines Genies noch nie gründlich überprüft und durchleuchtet wurde. Was ist z.B. von folgender Bemerkung Springers zu halten: «Mayer war ganz außer sich über die Honorare, die Sie von mir erhalten. Er stimmt bei, daß dies die größten im *deutschen* Buchhandel sind. Ich bin auch stolz auf diese Honorare und verschweige sie nirgends, werde auch überall angestaunt deshalb» (21.11.51).

War Gotthelf ein literarischer Großverdiener wie der gleichaltrige Heinrich Heine oder der niederdeutsche Dichter Fritz Reuter? Daß in der Gotthelf feindlich gesinnten «Berner Zeitung» von Jakob Stämpfli 1852 der Vorwurf erhoben wurde: «Der Herr Pfarrer verschachert den moralischen Ruf des Bernervolkes um Schriftstellergeld, verleumdet ein ganzes Volk und eine ganze Volkspartei und predigt Religionsgefahr, um dafür nach der *Bogenzahl* bezahlt zu werden» (8:414) – das können wir als Verleumdung auf sich beruhen lassen. Aber wie kommt es schon 1844 zu der Frage des Luzerner Arztes und Volksschriftstellers Maurus August Feierabend: «Nur eins, was mir auf dem Herzen liegt, muß heraus. Man macht Ihnen den Vorwurf, daß Sie vorzüglich um Geld schrieben. Der Gedanke ist mir unerträglich» (6:93)? Wie kommt 1851 Sophie Nägeli-Ziegler, Frau eines Arztes im Thurgau, zu der Aufforderung, Gotthelf solle durch ein Buch «über die Bestimmung des Weibes» den Beweis erbringen, daß er «sich nicht schon, wie viele sagen, überschrieben, oder weil seine Bücher im In- und Auslande gut aufgenommen, nur noch um Geldes willen schreibe» (8:198)?

Um diesen allzu engherzigen und engstirnigen Unterstellungen und Gerüchten eine weiter ausgreifende Erklärung für die Anziehungskräfte zwischen dem jungen Berliner Verleger und dem Pfarrer von Lützelflüh entgegenzusetzen, muß auf die gegenseitigen Einschätzungen des Preußen und des Berners eingegangen werden. Springer dürfte schon als Kind von der Schweiz gehört haben. 1819 übergab der Vater den Zweijährigen der «Cauer'schen Erziehungs- und Pensionsanstalt» (bis 1829), die 1818 auf Anregung von Fichte im Geiste Pestalozzis gegründet worden war und als «Filial von Ifferten» galt: Einige der Lehrer waren bei Pestalozzi in Yverdon ausgebildet worden. Nach der Mittleren Reife und einer Lehre in der Enslinschen Buchhandlung in Berlin bei G.W.F. Müller (1832–36) war Springer im Frühjahr 1836 nach Zürich gewandert, um als Gehilfe in Salomon Höhrs Buchhandlung weitere Erfahrungen zu sammeln (bis 1838). Dort machte er die Bekanntschaft mit Gotthelfs wild-radikalen Erstlingen: Zur Zeit seines ersten Briefs müssen ihm die Romane *Der Bauernspiegel* und *Leiden und Freuden eines Schulmeisters* sowie die Novelle *Wie fünf Mädchen im Branntwein jämmerlich umkommen*, die er wahrscheinlich als erstes Werk Gotthelfs las (vgl. 8.10.50), bekannt gewesen sein. Erst 1844 liest er *Uli der Knecht* (vgl. 20.8.44). Von der *Schwarzen Spinne* ist noch keine Rede, und vom *Silvestertraum* heißt es erst Jahre später: «Meine Frau hatte dieses Buch zuerst in unserer Familie gelesen, meine Schwägerin folgte nach, dann ich – das Buch ist wunderschön. Es ist eine Trost- und Erbauungs- und Stärkungsschrift und war uns ein wahres Labsal» (27.12.50).

Springer dürfte für die Eigenart und Neuheit von Gotthelfs Stil besonders disponiert und empfänglich gewesen sein. Zweimal erwähnt er in seinem ersten Brief, daß er von der «unübertrefflichen Darstellungsweise» angezogen worden sei, die er dann als «klar, natürlich, wohltuend» charakterisiert. Trost, Erbauung, Stärkung, Labsal also schon am Anfang! Springers Frau Marie deutet in ihrer *Lebensskizze* für das Jahr 1843 ähnliche Bedürfnisse an: «Einesteils die ihn anheimelnde Schweizer Sprache, anderteils eine gewisse ähnliche Gemütsstimmung des nach einer großen Enttäuschung liebebedürftigen Herzens, dem sich das gewünschte Heimathaus zeigt, veranlaßten ihn zu einem Briefe an den Berner Pfarrer...» (S. 22). Springers Mutter war zehn Tage nach seiner Geburt am Kindbettfieber gestorben; die Nachricht vom Tode seines Vaters traf den neunzehnjährigen Buchhandlungsgesellen kurz nach seiner Ankunft in Zürich. Gerade im *Bauernspiegel* und im *Schulmeister* wirft die frühe Vaterlosigkeit die Hauptfiguren Jeremias Gotthelf und Peter Käser aus der Bahn. Als Springer fünfzehn Jahre nach seinem Abschied von Zürich endlich wieder die Alpen erblickte – auf seiner ersten und letzten Reise zu Gotthelf 1854 –, da geschah es, daß er «heiße Tränen bei deren Anblick vergoß. Aber gottlob, Tränen des Glücks und des Dankes beim Vergleich des gegenwärtigen Lebens mit seiner auch so schönen und hoffnungsvollen, aber einsamen Jugend» (S. 40). Trotzdem spricht Springer schon in seinem zweiten Brief von der «uns störenden Schweizer-Sprache» und wird von da an dem Autor mit der Forderung nach «deutscher Ausdrucksweise» und «Verdeutschen» des «Schweizer-Jargons» (7:233,238) keine Ruhe mehr lassen. Der große gemeinsame Erfolg wurde der «verdeutschte» *Uli der Knecht*.

Springer wohnte während seiner Zürcher Gehilfenzeit in der Steingasse 12 (seit 1880 Spiegelgasse; Lenin hat später in Nr. 14 gewohnt) im Haus des Arztes und radikalen Politikers Ulrich Zehnder (1798–1877). Einen preußischen Reaktionär und Monarchisten hätte Zehnder mit Sicherheit nicht in sein Haus aufgenommen, in dem, neben anderen deutschen Emigranten, auch das Ehepaar Wilhelm und Caroline Schulz und der Arzt und Dichter Georg Büchner Zuflucht gefunden hatten. Büchner war am 24. Oktober 1836 eingezogen; nach seinem Tod am 19. Februar 1837 bezog Springer dessen Zimmer. Es läßt sich weder ermitteln, ob Springer und Büchner näher miteinander bekannt wurden, noch ob Gotthelf je von dem Domizil des Buchhandlungsgehilfen erfahren hat. Als Untermieter im Hause von Zehnder befand sich Springer – jedenfalls nach damaligen Partei-Maßstäben – im Lager von Gotthelfs Gegnern. In *Käthi die Großmutter* hat er später über Zehnder gespottet (X:144f.; vgl. auch 15:262). Der Roman erschien 1847 im «Allgemeinen Deutschen Volksschriften-Verein» von Moses Simion und Julius Springer.

Am 20.11.1836 schreibt Büchner voll Bewunderung von Zürich aus an seine Familie: «Die Schweiz ist eine Republik, und weil die Leute sich gewöhnlich nicht anders zu helfen wissen, als daß sie sagen, jede Republik sei unmöglich, so erzählen sie den guten Deutschen jeden Tag von Anarchie, Mord und Totschlag. Ihr werdet überrascht sein, wenn Ihr mich besucht, schon unterwegs überall freundliche Dörfer mit schönen Häusern, und dann, je mehr Ihr Euch Zürich nähert und gar am See hin, ein durchgreifender Wohlstand; Dörfer und Städtchen haben ein Aussehen, wovon man bei uns keinen Begriff hat. Die Straßen laufen hier nicht voll Soldaten, Akzessisten und faulen Staatsdienern, man riskiert nicht, von einer adligen Kutsche überfahren zu werden; dafür überall ein gesundes, kräftiges Volk und um wenig Geld eine einfache, gute, rein republikanische Regierung, die sich durch eine Vermögenssteuer erhält, eine Art Steuer, die man bei uns überall als den Gipfel der Anarchie ausschreien würde...» Und Marie Springer faßt die Zürcher Erfahrungen ihres Mannes in dessen *Lebensskizze* zusammen: «Aus der Schweiz und Paris hatte er überaus freisinnige Ideen mitgebracht, und da er überhaupt von Jugend auf zur Opposition neigte, ließ er sich durchaus nicht von dem Enthusiasmus, der Friedrich Wilhelms IV. Thronbesteigung begleitete, hinreißen. Er nahm die Dinge sehr kühl auf und gehörte zu den wenigen, damals Verpönten, die in dem König nur einen Schauspieler sahen» (S. 9f.).

Schon in seinem ersten Brief weist Springer den Autor darauf hin, wie der «Norden» geradezu nach seinen Büchern lechze. Im zweiten Brief beteuert er noch einmal, wie er sich die Verbreitung seiner Werke «in unserer an geschraubten und übertünchten Zuständen so reichen Hauptstadt angelegen sein lasse». Bei dem Wort «übertünchte Zustände» könnte er jenen Huronen – in J.G. Seumes Gedicht *Der Wilde* – im Sinn gehabt haben,

> *der noch Europens*
> *Übertünchte Höflichkeit nicht kannte*
> *Und ein Herz, wie Gott es ihm gegeben*
> *Von Kultur noch frei, im Busen fühlte –*

und der dem Europäer am Schluß das geflügelte Wort zuruft:

> *Seht, wir Wilden sind doch bessere Menschen!*

Springer hat in Gotthelfs im «Schweizer-Jargon» geschriebenen Werken auch die Ursprünglichkeit des Ländlichen, die Authentizität des Exotischen, das Unverdorbene und Nicht-Urbane gesucht und gefunden, das er im «industriellen Berlin» (20.8.44) vermißte. Und Gotthelf kam diesem Bedürfnis entgegen, wobei auch sein Kokettieren mit der Rolle des Naturburschen, des treuherzigen Schweizers mitgespielt haben mag.

Springers Bild der Schweiz und ihres größten Dichters hat auch touristische, nostalgische, eskapistische

Züge. Der Berliner war ein guter Wanderer und Bergsteiger, ein wahrer Alpennarr. Dem Besuch bei Gotthelf in Lützelflüh im Juli 1854 gehen längere Fußwanderungen durchs Allgäu, Graubünden, an den Vierwaldstätter See voraus. Im Sommer 1855 genießen Julius und Marie Springer gemeinsam die Schweiz und treffen mit Gotthelfs Witwe zu weiteren Verhandlungen über die Gesamtausgabe zusammen. «Die Schweiz war und blieb der Magnet, der Springer anzog», schreibt Marie (S. 81). 1867 brechen die Springers wieder zu einer längeren Schweizerreise auf und treffen in Luzern mit Gotthelfs Sohn Albert zusammen, der sich schon 1861/62 für einige Monate in Berlin aufgehalten hatte. 1869 finden wir Springer mit seinem ältesten Sohn Ferdinand beim Bergsteigen in der Schweiz; 1871 und 1873 folgen Reisen der Eheleute in die Schweiz, 1874 nach Norditalien und in die Schweiz; 1876 reist man im Anschluß an eine Kur in Karlsbad ins Salzkammergut, weil Marie ihrem Mann, «der nur die Schönheit der Schweizer Alpen gelten ließ» (S. 129), einmal Österreich schmackhaft machen will. Gemeinsam mit dem sechzehnjährigen Sohn Ernst, «den wir noch nicht in die ganze Großartigkeit der Schweizer Natur einführen wollten» (S. 130), geht es dann nur bis Bad Reichenhall. Noch der todkranke Springer plant eine Schweizerreise: «Vielleicht würde uns der Herbst zur Rekonvaleszenz in die Schweiz führen» (S. 139).

Am Rande bemerkt: Der oben erwähnte Sohn Ernst Springer ist 1944 als Vierundachtzigjähriger im KZ Theresienstadt umgekommen; sein älterer Bruder Fritz Springer hat sich am 20.1.1944 das Leben genommen, um nicht in eines der Vernichtungslager abtransportiert zu werden (*Lebensskizze*, S. 157, 159).

Während Springers wiederholte Forderungen, Gotthelf solle seine Werke «für Deutschland zustutzen», trotz seiner Liebe zur Schweiz und seiner Empfänglichkeit für die «unübertreffliche Darstellungsweise» des Dichters ein wenig wie imperialistische Zugriffe anmuten, kann man bei Gotthelf davon ausgehen, daß er aufgrund eines enorm stark entwickelten, klar umrissenen schweizerischen Selbstverständnisses und Selbstbewußtseins dem nördlichen Nachbarland mit Skepsis und Abwehr und distanzierender Selbstbehauptung begegnete. Der junge Vikar hatte 1821/22 ein Studienjahr in Göttingen verbracht und war im September und Oktober 1821 fünf Wochen lang durch Norddeutschland – Springers «Norden» – gereist. Die Entgegensetzung ‹in Deutschland› – ‹bei uns in der Schweiz› beginnt schon beim Erlebnis der deutschen Landschaft. In den «schauderhaften Wüsteneien» der Lüneburger Heide sehnt er sich nach «unsern lieblichen Tälern und erhabenen Naturwundern». Das Fehlen hoher Berge ist ihm unheimlich und physisch unerträglich: «Mein an ganz andere Gegenden gewohntes Auge konnte diesen Anblick kaum ertragen und fing im eigentlichen Sinn mich zu schmerzen an» (12:136,133). Von einem Besuch auf der Insel Rügen berichtet er später der Halbschwester Marie: «Der Eindruck, den eins unserer Gebirge macht, wird von dem des Meeres gar nicht aufgewogen. Der Berg tritt mit seiner ganzen Masse vor das Auge, überbietet die Phantasie und erschüttert den Menschen. Das Meer hingegen erscheint nur, soweit das Auge reicht, und die Einbildungskraft muß erst dessen Unermeßlichkeit sich hinzudenken» (4:47).

Als König Georg IV. von England und Hannover im November 1821 durch Göttingen reist, putzen die Einwohner ihre Stadt und organisieren Ehrengarde, gerittenes Karussell und Fackelzug: «An nichts von diesem nahmen wir Schweizer teil; wir schlugen den Antrag, mitzuhelfen, unter dem Vorwand ab, man würde uns zu Hause auslachen, wenn wir Republikaner einem Könige huldigen wollten. Dieser Abschlag erwarb uns große Achtung, und man ließ ihn überall gelten» (4:50). Über die Stadt Minden an der Weser heißt es einmal im *Reisebericht*: «Die

Preußen bauen tapfer daran, um es zu einer starken Festung zu machen; überhaupt soll in Preußen auf den Festungsbau mehr verwendet werden, als dem Wohl des Landes zuträglich ist. Wahrscheinlich glaubt der König, feste Mauern schützen besser als die Liebe des Volkes» (12:111).

Die Beispiele zum Gegensatz ‹in Deutschland› – ‹bei uns in der Schweiz› ließen sich beliebig vermehren. Betrachten wir noch einige seiner besonders hervorstechenden Distanzierungen! Über die Gegend von Hameln notiert der Wanderer: «Einige Dörfer machten sich von ferne sehr gut, kommt man aber nahe, so sehen sie so kahl und ärmlich aus, daß die unsrigen ganz etwas anderes vorstellen» (12:104). In der Nähe von Bückeburg beobachtet er Leute auf dem Weg zum Markt: «Ich verglich unsere Bauern mit den deutschen und sah, wie Freiheit auf Haltung und Aussehen nicht nur eines ganzen Landes, sondern jedes einzelnen wirkt. Matt und lahm schleppten sie sich dem Städtchen zu, die jungen Mädchen glichen Stadtschlampen, die Bursche Kesslervolk. Man sah keinen stolzen Bauern mit stolzem Viergespann, keine wakkern tüchtigen Bäurinnen mit gefülltem Marktsäckli, alle sahen mehr oder minder Hudelpack ähnlich» (110).

In Hamburg erlebt der Vikar ein paar Tage lang das Tempo einer Großstadt: «Ich sah hier zum ersten Mal das Gewühl und die Regsamkeit einer großen Handelsstadt. Wie ich die Leute so rasch und ängstlich durcheinanderströmen sah, als suche man gegenseitig den Weg sich vorzulaufen, so wunderte ich mich wohl im ersten Augenblick, was es sein möchte, das die Menge nach sich zöge. Da sich mir allenthalben das nämliche Leben zeigte und die Eilenden in allen Richtungen sich durchkreuzten, so merkte ich, daß es nicht etwas Außerordentliches brauche wie bei uns, um die Menschen in diese Bewegung zu setzen, sondern daß die Betriebsamkeit diese Beweglichkeit hervorbringe» (140). In Hamburg kauft er sich, weil das

Theater ausverkauft gewesen war, ein Billett für einen der sogenannten ‹Bälle›, wo reich geschmückte Mädchen ihre Gunst zum Kauf anbieten: «Wer über die gränzenlose Sittenverderbnis in unserem Vaterlande klagt, der beweiset, daß er's nie mit andern Ländern verglichen hat, und diese Klagen eben beweisen, daß man noch etwas auf Sittlichkeit hält. In Deutschland ist es schon dahin gekommen, daß in allen Städten das Laster sich unverhüllt zur Schau stellt, man sich dessen keineswegs schämt, ja der Jugend für erlaubt hält; in Frankreich und andern Ländern muß es noch ärger sein» (156). In Hamburg registriert er auch die Auswirkungen der Industrialisierung: «Zum ersten Mal erblickte ich hier den wie ein starker Nebel aufsteigenden Steinkohlendampf, der eine Stadt verhüllen kann» (152).

Ein Kommilitone von der medizinischen Fakultät hatte den Vikar einige Tage auf der Wanderung begleitet und ihn mit nach Loccum genommen, wo sein Onkel Prior eines Predigerseminars war. Dort mußte der Schweizer unter Gebildeten und Gleichgesinnten in kollegialen Gesprächen über den «Zustand der Religion und Gelehrsamkeit» in der Schweiz berichten: «Ich konnte nicht leugnen, daß wir nicht noch an manchem alten Brett festgenagelt säßen, das die Deutschen schon lange als faul weggeworfen... Ich konnte nicht leugnen, daß wir Schweizer in der gelehrten Welt wenig von uns hören lassen...» (118).

Zuletzt kommt man auf zwei Bestseller der Biedermeierzeit zu sprechen, die zwar von dem Deutschen Heinrich Clauren stammen, aber in der Schweiz spielen: *Elsi von Solothurn* und *Mimili*. Besonders *Mimili*, ein Roman, der im Lauterbrunnental spielt und die Liebe eines preußischen Offiziers zu einem einheimischen Mädchen schildert, ist so unübertrefflich kitschig, zeichnet ein so vollständig klischeehaftes Bild der Schweiz, daß es sich heute wieder lohnt, das Buch als schlechtes Beispiel zu lesen. «Diese beiden Undinger», so der Vikar, «haben mir schon mehr Ärger gemacht, als alles andere zusammen. Jeder, der mit mir von der Schweiz reden will, rühmt sich, diese gelesen zu haben, und staunt das Land an, wo solche Mädchen wachsen. Da ich aber keine Ehre in solcher Unnatur und Unwahrheit finde, so sparte ich nie, dem hochweisen Herrn Clauren eins anzuhängen, daß er sich unterstehe, uns Schweizer schildern zu wollen, deren Sprache und Land er nicht kenne, daß er unsere Mädchen, die noch etwas steif und unzugänglich in ehrenfester Sitte leben, so schnell jedem Landstreicher in die Arme fliegen lasse, daß er unsere natürlichen, eher rohen Hirtenmädchen zu durchsichtigen Mondscheindamen umschaffe» (119f.).

Wenn Johannes von Müller in seinen *Geschichten schweizerischer Eidgenossenschaft*, die Gotthelf eifrig studiert und im Geschichtsunterricht benutzt hat, über die Eidgenossen schreibt: «Ruhiges Hirtenleben auf einsamer Alp, in reiner Luft, unter höherm Sternenglanz, und Erscheinungen großer wunderbarer Natur, das war ihre Schule», so ist das nicht weit entfernt von Gotthelfs Satz aus dem *Reisebericht*: «Wo Gott in der Natur so groß und mächtig sich gezeigt hat, da ist die Pforte groß und leicht zu eröffnen, wo er zum Herzen des Menschen eingeht und des Menschen Seele zum Tempel Gottes geweiht, wie die Gegend ein großes Gotteshaus ist» (100). Beide Worte erinnern an Schillers Vers «Auf den Bergen ist die Freiheit» oder an den Vers über die Eidgenossen, die er «ein Volk, das fromm die Herden weidet» nennt. Oder auch an die Worte von Tells Söhnchen Walter:

Vater, es wird mir eng im weiten Land,
Da wohn ich lieber unter den Lawinen.

Als Heinrich Heine, der im selben Jahr 1797 wie Gotthelf geboren wurde und kurz vor und kurz nach ihm in Göttingen Jurisprudenz studierte, sich zu seiner *Harzreise* aufmachte, schrieb er:

Auf die Berge will ich steigen,
Wo die frommen Hütten stehen,
Wo die Brust sich frei erschließet
Und die freien Lüfte wehen.

Beim Aufbruch zur Reise durch den Norden war sich Gotthelf noch ungewiß, ob er «die Sandwüsten um Berlin herum» (4:38) besuchen wolle. Von der Insel Rügen aus ging es aber wieder nach Süden, und Anfang Oktober 1821 kam der Vikar nach Berlin. Dort sah er «die berüchtigte Ahnfrau ganz herrlich aufgeführt. Auch einer Oper wohnte ich bei, die als ganz besonders gerühmt wurde. Gerne aber hätte ich ihren Genuß andern gegönnt...» (47). Im Roman *Der Geltstag oder Die Wirtschaft nach der neuen Mode* (1846) macht er sich über eine Menschenart lustig, die «durch das ganze zivilisierte Europa» anzutreffen sei: «verflucht gebildet, meineidig aufgeklärt, sie gibt den Ton an, sie macht den Zeitgeist. In großen Städten wie Berlin und Paris, da befaßt diese Bevölkerung sich hauptsächlich mit dem Theater und mit den sogenannten Tagesfragen...» (VIII:60). Spricht Springer vom «industriellen Berlin», so Gotthelf von den «sogenannten industriellen Zeiten», und er erklärt, «daß industrielles Streben an sich kein christliches ist, daß in der Ausbeutung der Erde man das Himmelreich nicht findet» (107,183). Für ein «Weiberregiment» und «Emanzipation» kämpften «die ausgearteten Weiber dieser Zeit in Berlin und Paris und sonst noch wo» (XII:417), heißt es in der *Käserei in der Vehfreude*.

An der 1834 gegründeten Berner Universität waren von 35 Professoren 17 Deutsche; der erste Rektor, Wilhelm Snell aus Nassau, mischte sich tüchtig in die inneren Angelegenheiten der Schweiz ein, agitierte später für die Freischarenzüge und verheiratete seine zwei Töchter an die Berner Niklaus Niggeler und Jakob Stämpfli. Snell und Stämpfli waren die von Gotthelf am meisten gehaßten Zeitgenossen. Außer deutschen Professoren gab es auch deutsche Lehrer, Schriftsteller und Journalisten und daneben auch in Bildungs- und Lesevereinen organisierte Handwerksburschen mit kommunistischen Tendenzen, eine frühe Form der Arbeiterbewegung. Man muß sich vergegenwärtigen, daß diese zahlreichen Deutschen in ein Land strömten, das sich seit dem Einmarsch Napoleonischer Truppen 1798 in einer permanenten Staats-, Religions- und Identitätskrise befand.

Zwei Beispiele können veranschaulichen, wie differenziert Gotthelf auf diese Zustände reagierte. Im Jahre 1834 versuchte er, den deutschen Pädagogen Friedrich Fröbel als Leiter der Burgdorfer Fortbildungskurse für Primarlehrer zu gewinnen, gegen die Pläne des angesehenen und mächtigen Fellenberg, der die Kurse nach Hofwil ziehen wollte. In einem ausführlichen Brief an das Erziehungsdepartement empfiehlt er ausdrücklich Fröbel, den er in Willisau als Lehrer gesehen hatte. Als Schlußargument führt er folgendes an: «Vergessen muß man endlich nicht, daß Herr Fröbel ein Deutscher ist und kein Schweizer, daß er in seinem Wesen die deutsche Manier angenommen hat, durch welche man Anklang finden oder Aufsehen machen möchte. Wer sich an deutsche Universitäten erinnert, der weiß, daß fast alle Professoren für uns Schweizer etwas von einem Windbeutel an sich hatten; die schlichte Einfachheit der Schweizer ist in Deutschland nicht heimisch» (4:174). Fröbel wurde gewählt!

Beim zweiten Fall handelt es sich um Adolf Spiess, der seit 1833 als Lehrer für Turnen, Geschichte und Gesang in Burgdorf wirkte und dort auch Gotthelfs Sohn unterrichtete. Im Dezember 1843 bat Gotthelfs Basler Freund, der Theologieprofessor K. R. Hagenbach, den Dichter um Auskunft über Spiess, der als Turnlehrer für Mädchen nach Basel berufen werden sollte. «Da ich als Mitglied der Gymnasialinspektion und des Erziehungsrates zu der Berufung mitzureden habe», schrieb Hagenbach, «so möchte ich mir ein klares Urteil über den Mann und seine Fähigkeiten und auch über seinen *Charakter* verschaffen (was heut zu Tage bei der Anstellung von Deutschen doppelt wichtig ist). Auf das politische Glaubensbekenntnis kommt es weiter gar nicht an, sondern, wie gesagt, auf den Charakter, ob er sittlich, geordnet, verträglich und ohne Falsch sei» (5:365). Gotthelf antwortete schon zwei Tage später in einem ausführlichen Brief, in welchem er Spiess ein sehr gutes Zeugnis ausstellte, obwohl dieser den Gemeindepräsidenten von Burgdorf in der Kirche geohrfeigt und hinausgeworfen hatte. Gotthelf fand das ganz in Ordnung, da der Gemeindepräsident betrunken gewesen war und Spiess, einen Burschenschaftler, öffentlich beleidigt und in seiner Ehre verletzt hatte. Das Gutachten schließt mit folgenden Worten: «Wenn ich sage, er sei ein Deutscher, so werde ich ihm nicht an die Ehre recken, er kann halt nichts dafür, aber er ist doch weitaus der manierlichsten einer, und wenn er auch die fixe Idee hat, die Schweiz müsse mit Deutschland eins werden, sich anschließen etc., so posaunet er das nicht auf den Gassen aus, sondern dreht einem bloß privatim im Eifer einen Knopf ab» (5:370).

Die «fixe Idee, die Schweiz müsse mit Deutschland eins werden», führt zu einem Kernproblem. Wenn ein so ausgeprägtes und starkes schweizerisches Selbstbewußtsein wie das Gotthelfs mit derartigen deutschen Ansprüchen zusammenstieß, konnte das begreiflicherweise nicht gutgehen. «Wir haben hinreichende Kraft, zulängliche Weisheit in unserem eigenen Volke», schrieb er 1840 an Reithard, «wir brauchen sie weder einzuführen aus dem Schwabenland noch aus Darm- und andern Städten. Und was wir allfällig nötig haben, können wir einführen zum Gebrauch, aber nicht zum Regiment» (5:59). Als Johann Kaspar Mörikofer, ein Thurgauer Freund Gotthelfs, ein schweizerisches Literaturblatt gründen wollte, schrieb ihm der Dichter 1841: «Wenn es uns Schweizer zu einer Clique sammeln könnte, so wäre das Höchste erreicht, und die Deutschen würden mit Erstaunen da eine Macht erblicken, wo sie höchstens einige Wildschützen vermuteten» (5:153). Ein paar Monate später ermunterte er Mörikofer: «Ich bin überzeugt, daß wir nur so lange nichts sind, als wir glauben, wir könnten nichts sein, aber wo viele Deutsche sind, die besonders jetzt im Gedanken versessen sind, uns zu Deutschen zu machen, kann ich begreifen, daß die einzelnen Schweizer zum Glauben gebracht werden können, sie müßten sich zu Deutschen machen, wenn sie Geltung finden wollen» (5:168).

Gegenüber Irenäus Gersdorf hat Gotthelf die Meinung vertreten, ein Volksschriftsteller wie er sei nur in Republiken möglich, da zur Volksschriftstellerei «eine Freimütigkeit» gehöre, «die in Deutschland etwas beengt» sei (5:334), das Volkstümliche seiner Bücher liege «im republikanischen Blute ... denn eben das ist das Wesen des Republikaners, daß er mehr oder weniger in jedes Lebensgebiet hinübergezogen wird» (6:246f.). Gersdorf gab das nicht zu: er sträube sich dagegen, «daß das republikanische Blut so viel dabei tun sollte ... Ein rechtes Herz zum Volke kann auch ein Königischer haben» (6:255). Wenn der Schweizer Gotthelf von «Volk» spricht, so schwingt die Bedeutung «Mitbürger» in dem Wort mit, bei dem Deutschen Gersdorf dagegen eher die Bedeutung «Untertanen», «niederes Volk» oder «untere Schichten». An den deutschen Schriftsteller, Literaturhistoriker und Volkskundler Heinrich Pröhle schrieb Gotthelf 1851: «Sie Deutsche können halt über Politik tapfer reden, sei es, wo es wolle, Frankfurt, Erfurt und in allen möglichen Furten, sind nebenbei aber die unpraktischsten Politiker auf dem ganzen Erdenrund. Sie bringen es am Ende vielleicht zu einem Schuß, aber richtig jedesmal zu einem, der hintenaus geht. Dann kommt so ein Professorchen eiligst daher gelaufen und will uns 600jährigen Republikanern vordemonstrieren und a priori dozieren, wie wir werden müßten, um wirklich Republikaner zu sein» (18:60).

Die Frage, wie Autor und Verleger zum «Zeitgeist» standen, ist schwierig, und ihre Lösung kann nur vielschichtig sein. Für den Schweizer war der «Zeitgeist» eine Krankheit, die von Städten wie «Berlin und Paris» ausging und die gesunden Körper der Völker wie Fäulnis befiel. Der Preuße hatte «aus der Schweiz und Paris überaus freisinnige Ideen mitgebracht» und feierte den März 1848 als Anbruch einer neuen Zeit. Und obwohl sich gerade am Roman *Zeitgeist und Berner Geist* die Positionen unausweichlich zu trennen scheinen, sind die Tendenzen und Personen untrennbar, bleiben die Ideenpolaritäten dialektisch und chiastisch ineinander verschränkt.

2. Kapitel
«BÜCHER WIE DIE IHRIGEN MÜSSTEN DEN DEUTSCHEN ZUGÄNGLICH GEMACHT WERDEN...» ERSTE KONTAKTE. BRIEFE 1843–1846

Das erste Ergebnis der gemeinsamen Arbeit war die historisch gewagte, psychologisch tiefgründige Erzählung *Der Knabe des Tell*, die zu Weihnachten 1845 herauskam. «Ich wurde mehr oder weniger in das Fach hineingedrängt», schreibt Gotthelf an Hagenbach, und an Fröhlich: «Die Schrift ist mir quasi abgedrungen...» (6:203,236). Da Springer schon in seinen ersten Briefen mehrmals versucht, Gotthelf für eine gemeinsame Zusammenarbeit zu gewinnen – «so lassen Sie mir von allen Ihren fernern Produktionen das Vorrecht» –, ist es durchaus möglich, daß die «Kinderschrift», wie Heinz Sarkowski in seiner Geschichte des Springer Verlags vermutet, nur ein Vorwand zur Kontaktaufnahme war.

Daß sich Gotthelf an ein größeres Publikum wandte, erregte Unwillen bei denjenigen seiner Landsleute, die ihn für nichts anderes als schweizerisch hielten. So schrieb ihm Carl Bitzius, ein entfernter Verwandter, schon Anfang 1845:

«Was zum Teufel schreibst du jetzt für Deutschland? Ich wollte, Elsaß, Sachsen, Preußen, Thüringen etc. etc. etc. wären alle – ich weiß nicht wo! Das kömmt gewiß nicht gut; je länger, je mehr wirst du deiner Aufgabe entfremdet; es ist jammerschade!

Du wirst dich dereinst
Heimsehnen nach den väterlichen Bergen.

Die Welt, sie fordert andre Tugenden
Als du in diesen Tälern dir erworben

Nimm Land zu Lehen,
Da du ein *Selbstherr* sein kannst und ein Fürst
Auf deinem *eignen* Erb und freien Boden.

Ja, ja, lache nur! es ist mir ernster drum, als ich sage. Du wirst allmälig, bald so, bald anders, dem Wirkungkreise, der dir so deutlich angewiesen und ausgemarcht ist, untreu, versuchst dich hier, versuchst dich dort, läßt dich jetzt gar noch über die Berge locken; es ist jammerschade um jeden Schritt Wegs, um jede Minute Zeit! Doch mein Geheul wird da nicht viel helfen» (6:171f.).

Es hat tatsächlich nichts geholfen. Elsaß: Den «Elsäßischen Neujahrsblättern» von August Stöber überließ Gotthelf 1845 *Christens Brautfahrt*, 1847 *Der Besuch auf dem Lande* und 1848 *Der Notar in der Falle*. Sachsen: Mit Irenäus Gersdorf stritt er über eine norddeutsche Fassung von *Uli der Knecht* und ließ sich von Ferdinand Gotthilf Döhner zu *Jakobs des Handwerksgesellen Wanderungen durch die Schweiz* animieren. Preußen: Julius Springer. Thüringen: Dem «Allgemeinen Volksblatt der Deutschen. Dem Bürger und Landmann zur Belehrung und Unterhaltung» überläßt er auf Anfrage von Pfarrer Georg Heinrich Schwerdt 1845 *Elsi die seltsame Magd*, *Seltsamer Trost* und *Ein Besuch der jesuitischen Missionspredigten im Kanton Luzern*. (Die von Carl Bitzius zitierten Verse stammen aus Schillers *Wilhelm Tell* II,1.)

Unabhängig von Carl Bitzius äußerte Maurus August Feierabend 1847 nach der Lektüre von *Jakobs Wanderungen* folgende Bedenken: «So gut auch diese Probe auf neuem Boden Ihnen, wie zu erwarten stand, gelungen ist, so muß ich doch mit vielen andern schweizerischen Volksfreunden wünschen, daß Sie dadurch nicht möchten bewogen werden, Ihre treffliche Feder allgemeinern als bloß schweizerischen Zwecken zu widmen. Sie leiben und leben im schweizerischen und speziell im bernerischen Volke, und darum sind Ihre Lebensbilder aus demselben so lebensfrisch, farbenreich und sprechend ähnlich; darum stehen Sie neben den beiden Schwarzwälderdichtern Hebel und Auerbach so ausgezeichnet als Volksschriftsteller da» (7:11).

Springer an Gotthelf
Berlin, den 28. August 1843
Hochzuverehrender Herr!

Gestatten Sie mir, diesen Zeilen, in welchen ich mir erlaube, Ihnen einen Verlagsantrag zu machen, vorauszuschicken, wie sehr ich mich, nachdem ich 1837, wo ich in Zürich weilte, Ihren Bauernspiegel gelesen, zu Ihrer so unübertrefflichen Darstellungsweise hingezogen fühle, und daß ich alle Ihre späteren Schriften mit dem höchsten Interesse und der größten Befriedigung in mir aufgenommen habe.

Ich habe, seit Anfang vorigen Jahres an hiesigem Orte etabliert, mich bestrebt, den Schriften aus Ihrer Feder die möglichste Verbreitung gerade in unseren Landen des Nordens hier, wo Bücher wie Ihre Leiden und Freuden eines Schulmeisters so wahrhaft zu wirken vermögen und überall auch die höchste Anerkennung gefunden haben, werden zu lassen, und ich bin so glücklich, sagen zu können: nicht ohne Erfolg.

Dies stete Interesse, das ich Ihren Schriften geschenkt, die unübertreffliche Darstellungsweise in denselben, regten in mir die Idee an, Sie, hochverehrter Herr Pfarrer, zur Abfassung einer Jugendschrift für meinen Verlag aufzufordern.

Wir haben der Kinder- und Jugendschriften Legion, aber unter ihnen nur wenige, die dem Hauptzwecke einer solchen wirklich entsprechen, weil eben nur wenige dazu befähigt sind, ein wahrhaftes Kinderbuch zu schreiben. Denn nur wenigen ist diese klare, natürliche, ja ich möchte sagen, wohltuende Darstellungs- und Schreibweise gegeben, wie sie in Ihren Werken sich gibt und wie solche gerade in einer Jugendschrift am schönsten wirkt und am besten angewandt ist.

Ich weiß und fühle es: diese Aufforderung an Ew. Hochwürden hat etwas Eigenes, ich bedarf der Entschuldigung, daß ich sie wage; aber schon seit geraumer Zeit trage ich die Idee mit mir herum, und es treibt mich an, endlich sie Ihnen vorzulegen.

Es ist der Antrag eines Buchhändlers; vielleicht würdigen Sie ihn einer genaueren Erwägung und haben die Güte, Ihre Antwort mir zukommen zu lassen.

Was meine persönlichen Verhältnisse betrifft, da ich Ihnen ganz fremd bin und keinen Anspruch auf ein größeres Vertrauen Ihrerseits habe, so erlaube ich mir, mich auf meinen Freund Höhr[1] in Zürich, in dessen Geschäfte ich zwei Jahre servierte, zu berufen, wie überhaupt auf jede renomierte Firma einer schweizerischen Buchhandlung, bei der die meinige, wie ich mir schmeichle, in gutem Kredite steht.

Im Falle Ew. Hochwürden auf meine Idee im allgemeinen einzugehen sich veranlaßt fühlen sollten, gewärtige ich also Ihre geneigte Antwort.

Über die Bedingungen, hoffe ich, würden wir sehr bald einig werden und der Druck könnte, der Bequemlichkeit wegen, in Basel stattfinden.

Zu *welcher Art* von Jugendschriften Ew. Hochwürden sich entschließen, ist natürlich ganz Ihnen überlassen.

Ew. Hochwürden gestatte ich mir, mich Ihnen zu empfehlen mit der gebührenden Hochachtung und Ergebenheit

Julius Springer, Buchhändler

[Gotthelf an Springer am 10.10.1843 (verloren)]

Springer an Gotthelf
>Berlin, den 16. November 1843

Sehr geehrter Herr!
Hochzuverehrender Herr Pfarrer!
Die Post-Anstalten sind als sichere Beförderer der ihnen anvertrauten Briefe zu sehr bekannt und gerühmt, als daß ich nötig hätte, Ihnen den richtigen Empfang Ihres sehr geehrten Schreibens vom 10. vorigen Monats noch besonders zu bestätigen. Aber nicht umhin kann ich, von dem wohltuenden, angenehmen Eindrucke Ihnen zu sagen, den Ihr Brief auf mich und auf die vielen hiesigen Verehrer Ihrer Schriften, denen ich mir erlaubt, denselben mitzuteilen, gemacht hat. Wir kannten Sie alle aus Ihren Schriften: aber eigentlich kannten wir nur den «Jeremias Gotthelf»; der Inhalt Ihrer Bücher brachte *ihn* uns in Geist und Herz nahe. Ihr lieber Brief hat *Sie* uns noch näher gebracht, und in dem Kreise der mir Liebsten hat man, denken Sie nur an, *mir* hierfür gedankt. Ein Brief ist ein Stück Persönlichkeit und man könnte mit Recht sagen: «nicht an ihren Werken – an ihren *Briefen* sollt ihr sie erkennen». Und an dem Ihrigen haben wir Sie erkannt.

In meinem vorigen Briefe schon erlaubte ich mir, Ihnen mitzuteilen, wie ich mir die Verbreitung Ihrer Werke in unserer an geschraubten und übertünchten Zuständen so reichen Hauptstadt angelegen sein lasse und mit vieler Genugtuung mein Bestreben mit Erfolg belohnt sehe. Sie haben hier der Freunde, ja der Enthusiasten viele: der hierbei erfolgende Aufsatz in der hiesigen Spener'schen Zeitung [2] wird Sie einen derselben kennen lehren. Es ist nötig, daß ich Ihnen zum allgemeinen Verständnis der Kritik einiges über deren Verfasser mitteile. Herr Benda [2], ein Mann anfang der Sechziger, war früher Kaufmann; er hat seit 20 Jahren etwa von Geschäften sich gänzlich zurückgezogen und lebt, außer dem Kreise der Seinen, mit allen Kräften und Anstrengungen nur, mit Rat und Tat und Schrift und Wort, auf die uneigennützigste Weise dem Wohle und den Verbesserungen des Volkes. Herr Benda ist ein Mann von dem geradesten gesunden Sinn, von Verstand und Geist; zu bedauern ist, daß seine früheste Erziehung in eine Zeit fiel, wo man derselben und besonders in den unbemittelten Ständen wenig Aufmerksamkeit zuwandte. Was er weiß, hat er erst in gereiftem Alter gelernt und sich angeeignet, und es ist dies leider stets, wenn er öffentlich für dies oder jenes das Wort ergreift, an all seinen Auseinandersetzungen und Besprechungen wohl zu erkennen.

Durch mich wurde Herr Benda mit Ihren Schriften bekannt, und es konnte nicht fehlen, daß dieselben auf ihn den mächtigsten und größten Eindruck machen mußten. Er hat mich gebeten, Ihnen das beifolgende Blatt zukommen zu lassen; ich tue dies um so bereitwilliger, als ich Ihnen, sehr geehrter Herr Pfarrer, damit vielleicht eine kleine Freude bereite und außerdem (der Mensch ist nun einmal Egoist) ich dadurch zur Anbringung eines Vorschlages an Sie Gelegenheit erhalte, mit dem ich mich schon einige Zeit beschäftige und den ich, noch ehe ich unser Kinderschriften-Projekt weiter hier behandele, Ihnen vortragen werde. Ihre Schriften, und besonders der Bauernspiegel und die Schulmeister Leiden und Freuden, sind im allgemeinen in Deutschland wenn auch *gekannt*, doch ihrem vortrefflichen Inhalt und Geiste entsprechend viel zu wenig *bekannt* und verbreitet. Es hat dies verschiedene Gründe: äußerliche, so zu sagen, und innerliche. Die ersteren sind teils in dem Erscheinen in fernem, doch mehr oder weniger abgeschnittenen Verlage, teils in der nicht geziemenden *äußeren* Ausstattung, teils auch (doch dies im Vertrauen) in der geringen, auf die Verbreitung gar nicht gerichteten Tätigkeit der Verlagshandlung zu suchen. Die *inneren* Gründe sind die, wenn auch durch Noten erläuterte, doch *uns* störende Schweizer-Sprache.

Hören Sie, geehrter Herr Pfarrer, nun meinen Vorschlag. Sie entschließen sich zu einer neuen Herausgabe

Ihres Bauernspiegels und der Leiden und Freuden etc. für meinen Verlag: eine Ausgabe, sozusagen, für Deutschland, für das deutsche Publikum. Es hat dieses Sie und Ihre Schriften in deren schweizerischen Ausdrucksweise verstanden, sehr wohl verstanden, liebgewonnen. Wie viel mehr und *allgemeiner* wird es dem vortrefflichen Inhalte Ihrer Erzeugnisse, bei und in *deutscher* Ausdrucksweise seine Teilnahme und Liebe und Anerkennung zuwenden! Bücher wie die Ihrigen müßten den Deutschen zugänglich gemacht werden, und zur höchsten Ehre würde ich es mir anrechnen, hierzu meinen Namen, zum höchsten Verdienst, hierzu meine Hülfe mit Erfolg anbieten zu können.

Ich kenne die Bedingungen mit den derzeitigen Verlegern Ihrer zwei genannten Werke nicht; ich denke mir aber, daß dieselben gewiß nicht der *Art* sein werden, daß *durch sie* es Ihnen genommen werde, auf meinen Vorschlag einzugehen. Noch auf eines auch habe ich Sie aufmerksam zu machen. *Schweizerischer Verlag* genießt in *Deutschland* durchaus keines Schutzes. Bei einiger weiterer Hinweisung und Hervorhebung Ihres gefeierten Talentes wird die böse Spekulation des *Nachdrucks* diese bald auszubeuten wissen, und wird vom Gesetze ferner *nicht* gehindert. Dieser Umstand dürfte auch *Ihrerseits* wohl zu beachten sein. Ich war lange uneinig, ob ich, wenn ich mir erlauben würde, Ihnen meinen Vorschlag vorzutragen, nicht gleich ein Honorar Ihnen bieten solle; je mehr ich aber bei anderen Anlässen dieser Art und auch hier hierüber nachdenke, je mehr gelange ich zu der festen Ansicht, daß die *Offerte* seitens des Buchhändlers an den Autor, in bezug der Höhe des Honorars, für den Autor immer verletzend sein muß und daß solche erste Offerte des Buchhändlers nur bei sogenannten Büchern auf Bestellung angewandt ist.

Fühlen Sie sich also veranlaßt, auf meinen Vorschlag überhaupt einzugehen, so würde ich Sie höflichst bitten, wenn Sie die Güte haben, mir Ihren sonstigen Entschluß und das Weitere mitzuteilen, mir auch Ihre Honorarforderung unumwunden anzugeben.

Doch nun zu unserer Kinderschrift! Sie haben, geehrter Herr Pfarrer, eine kleine Scheu davor und fürchten auch, scheints, zu sehr die Schelte und Verlachungen der geehrten Frau Pfarrerin! Aber gerade, warum soll ich es nicht aussprechen, gerade Ihre ausgesprochenen Ansichten über was eine Kinderschrift sein muß und was die meisten derselben leider sind, von welcher Anschauung aus und mit welchen Zutaten sie geschrieben werden muß – gerade diese Ansichten zeugen von Ihrem klaren Blick in das Leben des Kindes und von Ihrem so überaus schwierigen Verständnis, den beschränkten Gesichtskreis desselben entsprechend auszufüllen. Dies allein schon, und würde ich auch den *Jeremias Gotthelf* gar nicht kennen, würde die Bitte meinerseits, des Buchhändlers an Sie rechtfertigen, zur Herausgabe einer Kinderschrift sich zu entschließen. Dieses mein abermaliges Gesuch wird auch die vielen kleinen Bedenken, welche Sie hatten, überwunden schon antreffen, und es fragte sich nur: *was* schreiben? und für *wen* schreiben?

Sie stellen diese Frage direkt an den Buchhändler? Bedenken Sie nur, wenn deren Beantwortung für *Sie* schwierig, um wie viel mehr für mich! Und doch: vielleicht, wenn ich Ihnen Einiges aus meiner Praxis mitteile, dazu etwas Raisonnement, kommen wir, oder eigentlich Sie, geehrter Herr Pfarrer, zu einem Resultate.

Zuerst also für *wen* schreiben? das soll doch heißen? für den Bauer? Bürger? oder Rittersmann? Es wäre fürchterlich, wenn schon *als Kinder* diese sich trennen sollten! Nein: Der Bürger läßt *seine* Kinder mit denen des Bauers spielen und im weiten Garten lesen beide aus *einem* Buche die Heldentaten gefallener Krieger, oder das glückliche oder unglückliche Leben und Treiben einzelner; oder vertiefen sich in das berauschende Dickicht einer Zaubermärchenwelt, deren Unmöglichkeit sie nicht ahnen – Kinder!!

Der Rittersmann oder Adlige schenkt seinen Kindern nie ein *adliges* Buch, ein Buch, das von den Junkern handelt, nicht einmal den Donquichote; es wäe auch zu gefährlich; denn der natürliche Sinn eines Kindes, und selbst eines Ritterkindes, würde bald erkennen, daß dergleichen Muster keine zu erstrebenden sind.

Nein: das Volk *der Kinder*, was *das Kindliche* an ihnen, ist eine Republik, und für *es* gibts nur *ein* Gesetzbuch, danach sie sich zu richten; für *Stände unter den Kindern* schreiben, heißt nach meiner Meinung, das Kindliche in ihnen schon zerstören. –

Was schreiben? Soll ich aus meiner Praxis Ihnen mitteilen, *was* jetzt vom Publikum am meisten gesucht wird? Märchen- oder Fabeln? oder rührende oder lustige, kleine oder große Geschichten? Seitdem bei uns an gewissen Orten nur Märchen aufgeführt werden und wir tagtäglich Personen aus den Lafontaine'schen Fabeln vor Augen haben, liebt man beide Artikel nicht sehr; rührende Geschichten sind mehr gesucht denn lustige, weil durchs *Rühren* man jetzt am weitesten kommt.

Doch alles Ernstes: – ich soll Ihnen sagen, welcher *Artikel* der gesuchteste ist? und den wollen Sie fertigen? Lassen Sie sich, geehrter Herr Pfarrer, folgende kleine Geschichte erzählen.

Vor mehreren Monaten, es war noch ehe ich Ihnen meinen ersten Brief geschrieben, kam ein Mann zu mir in den Buchladen, er schien aus einer benachbarten kleinen Stadt, und verlangte eine Kinderschrift für sein achteinhalbjähriges Söhnchen. Ich zeigte ihm den Campeschen[3] Robinson. «Den hat mein August gerade gelesen», sagte der Mann zu mir, «ja, das ist ein Kern-Buch, so eines möchte ich wohl wieder für ihn kaufen.» Ich war schlecht und geldgierig genug, dem Manne, ich weiß nicht mehr, welche Kinderschrift aufzuschwatzen, ihm dieselbe als ebenso gut wie der Robinson empfehlend. Ich hatte arg gelogen, denn es gibt keinen zweiten Campeschen Robinson! Und nun Herr Pfarrer, wenn *Sie* ein *besseres* Kinderbuch noch schrieben, einen Robinson, nicht wie die hunderte von Nahahmungen und Fortsetzungen, die ohne Campeschen und Foeschen [4] Grund und Boden *noch* weniger wären, als schon sie sind, einen Robinson, der auch nicht so zu heißen, und auch gar kein Robinson zu sein braucht, ein Buch, in welchem das Kind *sich* wiederfindet, und allmählich der erste Vorhang aufgeht, hinter welchem das ernste Leben der Welt noch nicht gleich gezeigt wird, sondern nur die dem Gesichtskreise des Kindes anpassende bunte Welt, mit den tausend verschiedenen Gegenständen, von deren jedem und aus ihm das Kind lernen kann: – Jeremias Gotthelf kann ein Kinderbuch schreiben, unterhaltender, lehrreicher, besser als Robinson; und wenn ich, auf Ihren Wunsch hin, *an*gedeutet und Sie Lust haben auf den meinigen einzugehen, so füge ich nur noch bei, daß es eine Kinderschrift von vielleicht 12–16 Druckbogen sein müßte, ein oder zwei Zeichnungen dazu, zwanzig bis vierundzwanzig Batzen, mehr dürfte es nicht kosten.

Und das Honorar... das können Sie, Herr Pfarrer, beim *Schoppen* dort besser bedenken, als *ich hier* beim Weißbier!

Vielleicht bin ich, nach diesen großen Auseinandersetzungen, so glücklich, eine bestimmt *zusagende* Antwort von Ihnen in Betreff der Kinderschrift zu erhalten; zu *diesem* Weihnachten ists natürlich zu spät; wenn ich aber bis Juni das Manuskript habe, putzt nächste Weihnachten Ihr Kinderbuch schon manches Tischchen, und zwei Tage darauf, am 26. Dezember, fängt manch Bübli in dem lieben Buche schon an zu lesen und kann sich gar nicht davon trennen, und hat es so liebgewonnen und will nichts als das Buch und versäumt darüber seine Schule, und das Buch wird sein *Talisman durchs ganze Leben*! –

Und auch auf meinen ersten Vorschlag in betreff früherer zwei Werke von Ihnen schmeichle ich mir einer zusagenden Antwort. Wie sehr sollte sie mich erfreuen und mit mir viele, die es mir gewiß Dank wissen würden, die Gotthelfschen Schriften in Deutschland angemessen zu verbreiten! Ich wiederhole Ihnen, Herr Pfarrer, in Berlin haben Sie viele Freunde; wie häufig und oft müßten Ihnen die Ohren klingen, in dem Kreise der mir Liebsten wird so viel von Ihnen gesprochen; es sind da vier traute Töchterlein [5] froh, geistvoll und häuslich – klug verständig und seelenvoll – anspruchslos, lieblich, zart, 'ner aufknospenden Rose gleich, bezaubernd wie das Buch, in welchem der Knabe am 26. Dezember angefangen hat zu lesen, und das er so lieb hat, und von dem er sich nicht trennen kann und das sein Talismann durchs ganze Leben wird – und die Jüngste so unartig und doch so gerne gelitten von jedermann. Ja dort hat man Sie so lieb und füllt dort Gedenk- und Stammbücher mit Stellen aus Ihren Schriften, und ich helfe die Schweizer-Sprache verdeutschen nach dem, was ich vom Züri-Deutsch noch behalten.

Diese Zeilen gehen Ihnen nicht mit direkter Post von hier aus zu; mein Freund Hoehr [1] in Zürich wird von dort aus sie zu Ihnen gelangen lassen. Wenn Sie aber die Güte haben, mir zu antworten, und ich hoffe und bitte, daß Sie das recht bald mögen, so ersuche ich um *direkte* Übersendung Ihrer Briefe, unfrankiert.

Ich sage Ihnen, sehr geehrter Herr Pfarrer, meine höflichste Empfehlung und nenne mich Ihren mit Hochachtung tiefergebenen

Julius Springer, Buchhändler

[Gotthelf an Springer am 16.12.1843 (verloren)]

Springer an Gotthelf

Berlin, den 20. August 1844

Hochgeehrter Herr!

Da liegt Ihr lieber Brief vom 16. Dezember vorigen Jahres vor mir, dem Reuevollen, dem es in der Tat nach einer so gar langen Zeit schwer wird, eine Beantwortung einzuleiten.

Wie Ihnen mit einem Male alles das sagen, was mich von einer Antwort abzog? Wie mich entschuldigen? Wie Sie besänftigen und wieder gutmachen?

Das Entschuldigen wird mir schwer – denn es ist immer eine Unart, einen Brief und noch dazu einen so lieben Brief, einen so erwärmenden, wie den Ihrigen, acht ganze Monate unbeantwortet neben sich zu haben. Aber das Wiedergutmachen wird mir leichter, und gewiß brauchte ich Ihnen nur zu sagen, daß ein junger Geschäftsmann, der wie ich zwei Jahre in dem industriellen Berlin etabliert ist und sein Geschäft allmählig ausdehnen und vergrößern will, für den eignen Ort und nächsten Kreis oft so viel zu tun und mit Arbeiten so überhäuft ist, daß er jede Korrespondenz über diesen Kreis hinaus ruhen lassen muß. Und brauche nur noch hinzuzufügen, daß ich seit dem November vorigen Jahres Bräutigam [6] bin und meine wenigen freien Stunden meiner lieben Marie gehören: – nicht wahr, nun verzeihen Sie, geehrter Herr Pfarrer, mein langes Schweigen, und zürnen Sie nicht mehr und entziehen diesen Zeilen nicht Ihr schätzenswertes Wohlwollen! Ja, Bräutigam bin ich und meine Marie ist die *Dritte* jener vier lieben Mädchen, von denen mein voriger Brief in wohl rätselhafter Weise Ihnen sprach, und bei denen der Jeremias Gotthelf so hoch und wert angeschrieben steht. Ja, meine Marie liest auch das Buch, in dem ich, freilich ein Knabe nicht mehr, zum ersten Male am Weihnachtsfest 1842, wo ich sie zum ersten Male sah, gelesen und es und sie so innig und wahr liebgewonnen habe. Sie gestatten mir diese zum Verständnis meines vorigen Briefes wohl nötige Erzählung, und meine Marie selber meint, Sie müßten ohne diese mich für irre halten!

Wenden wir uns nun zu dem Geschäftlichen!

Was Sie mir, sehr geehrter Herr Pfarrer, über das Verhältnis zu dem Verleger der «Leiden und Freuden eines Schulmeisters» mitgeteilt, ist allerdings nicht sehr erfreulich; was Sie über Jenni gesagt, ist nur *zu* bekannt und ich möchte ungern mit ihm in nähere Berührung kommen.

Zudem: lassen wir für den Augenblick die Verdeutschung der Leiden und Freuden und wenden wir uns ganz und mit aller Energie zu der besprochenen Kinderschrift! Ich möchte solche aus Ihrer Feder zuerst in Deutschland und auch zuerst einmal den Jeremias Gotthelf in Frack und Weste, nachdem er sein *Schweizer*habit ausgezogen, einherstolzieren sehen. Also eine *Deutsche Kinderschrift*, und zwar eine so recht aus sich selber belehrende und unterhaltende, ein Buch, in welchem das Kind sich selber wiederfindet und aus sich, was ihm ferne liegt, erkennt. Ich habe mich in meinem vorigen Briefe deutlicher noch ausgesprochen und aus dem Ihrigen letzten auch ersehen, daß Sie mich verstanden und mir ganz beistimmen.

Der Stoff bleibt natürlich ganz Ihnen überlassen: ein alter Schweizersoldat, zwei arme Waisen aus Amerika, was Sie da bringen mögen.

Die Klasse, für welche die Kinderschrift bestimmt ist, ist die Mittelklasse im allgemeinen, obschon, wie ich schon es ausgesprochen, bei den Kindern (die höchsten(!) *und ganz* ärmsten ausgenommen) ziemliche Gleichheit herrscht.

Kommen wir nun zu dem *Umfange* des Buches, so müßten wir uns erst über das *Format* einigen: ich würde das der *Nieritz*schen Kinderschriften [7] vorschlagen, und ich denke mir, daß man da 10–12 Bogen für einen halben Taler preuß. Courant (etwa eineinhalb Schweizer Franken) das Exemplar verkaufen kann.

Und nun das Honorar. Allerdings wird mirs sauer, Ihnen, der Sie nicht direkt fordern wollen, zu bieten. Doch ich nehme den allgemeinen Maßstab: das Format von Nieritz ist *klein und es geht nicht viel darauf*; biete ich Ihnen also bei 1500–1750 Auflage für 12 dieser kleinen Bogen hundert Taler preuß. Courant Honorar, so glaube ich, ist dies nicht unangemessen. Die Zahlung würde ich die eine Hälfte bei Ablieferung des vollständigen Manuskripts, die andere nach Beendigung des Druckes leisten.

Nehmen Sie, geehrter Herr Pfarrer, dies alles in Bedenken, aber hauptsächlich nehmen Sie die Kinderschrift unter die Feder. Mit 10–12 *so kleinen Bogen* sind Sie, haben Sie erst einmal einen bestimmten Plan, bald fertig.

Jedenfalls darf ich aber einer recht baldigen gefälligen Antwort von Ihnen entgegensehen, wie Sie meine Offerte und wie das ganze Ding überhaupt aufnehmen, auffassen und ausführen werden.

Gehen Sie sogleich ans Werk und haben Sie im Laufe der unnütz verstrichenen acht Monate Material und Stoff gesammelt und geläutert, so senden Sie nur Ihren Brief für mich per Post mit einer Enveloppe an Höhr[1] in Zürich, der ihn mir sicher bald zugehen lassen wird.

Ihren Gruß an Rellstab[8] habe bestens bestellt; der Mann – er ist *auch sehr* dick geworden (*Sie* hatte ich mir, und wir alle hier, mager vorgestellt) – erinnerte sich Ihrer *nicht*; er meint, er wäre zu vielen Vortrefflichen auf seiner Lebensreise begegnet, um alle im Gedächtnisse behalten haben zu können. Herr Benda, der jetzt Stadtrat geworden, hat sich mit der ihm von Ihnen gewordenen Begrüßung sehr gefreut.

Ich füge, um den noch bleibenden kleinen Raum des Briefes auszufüllen, noch bei, daß ich jetzt Ihren Uli der Knecht lese, ein Buch, welches ich meiner zweiten Schwägerin, die besonders von Ihren Sachen entzückt ist, geschenkt habe. Das aber eigentlich *mehr* für Männer ist und mir ungemein zusagt. Meine Marie liest Ihre Leiden und

Freuden, und ich bin ihr treuer Dolmetscher im unverständlichen Schweizerjargon.

Wenn wir erst verheiratet, – mein Mädchen ist kaum 18 Jahr und die Eltern wollen, ich solle noch bis nächstes Jahr warten, ehe ich es heimführe – werden Ihre Schriften unsere gemeinschaftliche Lektüre vielfach abgeben.

Ich schließe, geehrter Herr Pfarrer, mit der nochmaligen Bitte, nur recht bald und ausführlich zu schreiben, mir ob meines langen Schweigens nicht zu zürnen, solches nicht nachzumachen, und zu verzeihen

Ihrem ergebenen Julius Springer

[Springer an Gotthelf am 10.11.1844 (nicht abgedruckt)]
[Gotthelf an Springer am 26.4.1845 (nicht abgedruckt)]
[Gotthelf an Springer, Weihnachten 1845 (verloren)]

Springer an Gotthelf (1. Teil)

Berlin, den 1. Jenner 1846

Sehr geehrter Herr!

Sie haben mir mit Ihrem lieben und diesmal recht langen Briefe ein schönes Weihnachtsgeschenk gemacht. Ich erhielt denselben am Christtag und baute mir zu den vielen andern Geschenken der Meinen alle die schönen Hoffnungen, welche ich aus Ihrem Briefe für eine gedeihliche und dauernde Verbindung zwischen uns zu meiner großen Freude schöpfte. Besseres weiß ich auch heute, dem ersten Tage des neuen Jahres, *mir* nicht zu wünschen und für Sie, daß das begonnene neue Jahr Ihnen, dem geehrten Herrn Pfarrer, im Hause der Ihren, und Ihnen, dem gefeierten Jeremias Gotthelf in der weiten Welt ein glückliches sein möge.

Sie haben sehr recht; es ist für einen Autor nicht gut, bald diesen, bald jenen Verleger zu haben, abgesehen von den kleinen Unbequemlichkeiten und Inkonvenienzen, die ein Changieren der Art mit sich bringt, legt der Buchhandel namentlich umgekehrt auf die Produkte der häufig auftretenden Autoren, wenn solche *einer* Firma angehören, einen größeren Wert, und auch das Publikum fängt an sich zu gewöhnen, die Firma mit zum Buche zu zählen.

Darum also: wenn Sie mir Ihr Vertrauen schenken, wenn Sie mich, wie ich dies hoffe, in der Verbindung coulant und zu leiden finden werden, wenn Ihnen – mit einem Worte – meine Firma und meine Handlungsweise gefällt, so lassen Sie mir von allen Ihren fernern Produktionen das *Vor*recht. Ich füge mit ziemlicher Bestimmtheit bei: es wird *nicht* vorkommen, daß ich von demselben keinen Gebrauch mache. Ich wiederhole Ihnen, was ich in meinen letzten Briefen mehrfach ausgeführt, daß mein Hauptstreben dahin geht, den Jeremias Gotthelf dem Norden bekannt zu machen, und es wird mir daher daran gelegen sein, Ihre Arbeiten, soviel als möglich, meinem Verlage zuzuwenden.

Sie haben nach Ihrem letzten Briefe so manches unter der Feder, ich freue mich darüber sehr und rechne also darauf, daß Sie mir die Ehre erweisen werden, meinem Verlage das Fertige zuerst anzubieten. Was Sie an Jugendschriften bis Juni, Juli vollenden, senden Sie mir unbedingt! Vermeiden Sie bei den Schriften für das jüngere Alter die kleinen Mängel des Tellenknaben, über welche wir ja einig sind! Namentlich ist eine Kapitel- und Abschnitteinteilung nötig und mehr Invention als Reflexion. Ich lege Ihnen hier, aus unserer Zeitung ausgeschnitten, bei, was Rellstab [8] über den Tellenknaben gesagt, freilich ists nur wenig.

[...]

[1] *Höhr:* Salomon Höhr, Zürcher Buchhändler und Verleger, bei dem Springer 1836–38 als Gehilfe gearbeitet hat. Die Buchhandlung befand sich Peterhofstatt 10.

[2] *Spenersche Zeitung/Herr Benda:* Bendas Rezension s. Juker-Martorelli, Nr. 851.

[3] *Campeschen Robinson:* Johann Heinrich Campe (1746–1818),

Jugendschriftsteller, Pädagoge, Sprachforscher, Theologe. Hauslehrer in der Familie von Humboldt. Sein *Robinson der Jüngere*, eine Kürzung und Bearbeitung von Defoes *Robinson* für die Jugend, war das berühmteste Jugendbuch seiner Zeit.

[4] *Foe:* Daniel Defoe (1660 oder 1661–1731), englischer Schriftsteller, Verfasser des *Robinson Crusoe* und der *Moll Flanders*.

[5] *vier traute Töchterlein:* der Familie Oppert: Emilie Sophie (1819–1901), Helene Auguste (1822–1850), Marie (1816–1907), Agnes (1830–1918).

[6] Verlobung am 22.11.1843; Heirat am 3.9.1845.

[7] *Nieritzschen Kinderschriften:* Karl Gustav Nieritz (1795–1876), Lehrer, erfolgreicher Massenproduzent trivialer Jugendliteratur, 117 Bände. Gotthelf wollte mit dem *Knaben des Tell* «die Kinder vom Nieritzschen Brei erlösen» (5:224).

[8] *Rellstab:* Ludwig Rellstab (1799–1860), Journalist, Kritiker, Schriftsteller in Berlin. «Rellstab, mit welchem ich im Frühjahr 1822 im kl. Rauchhaus zu Dresden einige lustige Tage verbrachte...» (18:51).

3. Kapitel
«ES IST EINE VERFLUCHTE SACHE
MIT DEM BUCHHANDEL IN DER SCHWEIZ.»

Zur Zeit, als Springer zum ersten Mal nach Lützelflüh schrieb, hatte Gotthelf bei Schweizer Verlegern folgende Dichtungen und Schriften veröffentlicht:

- bei Carl Langlois in Burgdorf:
  1837   *Der Bauernspiegel*
  1838   *Die Wassernot im Emmental am 13. August 1837*
  1839   *Dursli der Branntweinsäufer*

- in der Wagnerschen Buchhandlung in Bern (später: Jenni Sohn):
  1838/39 *Leiden und Freuden eines Schulmeisters*
  1838   *Wie fünf Mädchen im Branntwein jämmerlich umkommen*

- bei Carl Rätzer in Bern:
  1840   *Neuer Berner Kalender*
  1841   *Neuer Berner Kalender*
  1842   *Eines Schweizers Wort an den Schweizerischen Schützenverein*

- bei Christian Albrecht Jenni in Bern:
  1842   *Neuer Berner Kalender*
  1843   *Neuer Berner Kalender*
  1844   *Neuer Berner Kalender*
  1845   *Neuer Berner Kalender*

- bei Christian Beyel in Zürich und Frauenfeld:
  1839   *Bettagspredigt für die eidgenössischen Regenten*
  1840   *Bettagspredigt an die Gottlosen im eidgenössischen Volke*

1840 *Die Armennot*
1841 *Uli der Knecht*
  Ein Sylvestertraum

– bei Jent und Gassmann in Solothurn:
1842 *Die schwarze Spinne*
  Der Ritter von Brandis
1843 *Der letzte Thorberger*
  Der Druide
1843/44 *Anne Bäbi Jowäger*
  Geld und Geist
1844 *Eines Schweizers Wort an den Schweizerischen Schützenverein*

– in Kalendern und Almanachen:
1841 *Wie Joggeli eine Frau sucht* (in: Alpina)
1843 *Hans Berner und seine Söhne* (in: Kalender für die Jugend und ihre Freunde)
  Elsi die seltsame Magd (in: Neues Schweizer Unterhaltungsblatt für gebildete Leser aller Stände)

Wenn Gotthelf von «Buchhändlern» spricht, so meint er Verleger, Sortimenter, Herausgeber und Drucker zugleich. Aus seinen Flüchen und Seufzern über die schweizerischen Buchhändler lassen sich grundsätzlich zwei Vorwürfe heraushören: Sie seien unfähig, seine Bücher richtig zu verbreiten, und sie seien nicht ehrlich, arbeiteten hauptsächlich in die eigene Tasche. Schon am 14.11.1839, als er nur erst bei Langlois und Wagner publiziert hatte, klagt er in einem Brief an Rudolf Fetscherin: «Es ist eine verfluchte Sache mit dem Buchhandel in der Schweiz. Die Buchhändler, auch wenn sie sich allgemein zu machen wissen, tun immer als ob in unserem Ländchen kein Absatz wäre und keine Nachfrage von außen...» (5:45). Auf eine Anfrage aus Schaffhausen Ende 1840, am «Vorläufer. Zeitschrift zur Beförderung grösserer Mündigkeit im häuslichen und öffentlichen Leben» mitzuarbeiten, reagiert er mit Erkundigungen über den Herausgeber Christian Friedrich Stötzner, die er so begründet: Er sei als Autor «in dieser Beziehung schon tüchtig angeschmiert worden und hatte später der Verbindung mich zu schämen, weil ich die Leute auf Treu und Glauben hin nahm« (9:135). 1841 schimpft er gegenüber Hagenbach: «Wir haben einen miserablen Buchhandel» (5:207). Ein Jahr später vergleicht er Bücher mit Neugeborenen: «Ist so ein Ding zum Leben gekommen, so sollte es auch gleich frei und frank im Leben und vor dem Publikum stehen, nun muß es aber erst durch des Buchhändlers vielfach schmutzige Hände, der manchmal argen Hebammendienst treibt und böse Künste, die dem armen Kinde ans Leben gehen. Wirklich kann es einer armen Kindbetterin kaum banger zumute sein, wenn sie Hebammenhänden sich überlassen muss, als es mir wird, wenn ich Buchhändler-Klauen mich nahen muß» (5:257). «Es ist ein Elend mit unsern Buchhändlern», so Mitte 1843 an Reithard, «einer ein ärgerer Schelm als der andere» (5:311). Als er durch Jent und Gassmann ein Paket Bücher an Gersdorf schicken lassen will, entfährt ihm, obwohl ganz aus dem Zusammenhang gerissen, der Satz: «Es ist aber ein sträflich Pack, die Buchhändler» (5:336). Gegenüber Hagenbach bedauert er, daß es keine schweizerische Zeitschrift gebe, in der man sich gegen vorlaute Kritiker zur Wehr setzen könne: «Aber wir Schweizer sind arme Tröpfe und zu träge und absonderlich, um ein eigen Blatt zu haben, wo wir uns breit machen und verteidigen können. Darin sind die Deutschen pfiffiger, und das literarische Comptoir in Zürich bietet ihnen die Hand, wie keine Schweizer Buchhandlung nur von ferne es täte. Es ist ein Elend...» (5:338f.).

Obwohl sich auch Springer später gegen derartige Gotthelfische Vorwürfe verteidigen mußte und sich sogar fragte, ob «Mißtrauen» nicht im schweizerischen Nationalcharakter begründet liege, ist es auffällig, wie sich das Schimpfen und Fluchen über die schweizerischen Buchhändler in jenen Jahren häufte, als der Autor zu seinem neuen Verleger in Berlin überging. Damals wurde die Schweiz durch die «Jesuitenfrage» in zwei feindliche Lager gespalten. Gotthelf, der niemals mit den «Jesuiten» oder den «Radikalen» geliebäugelt hatte, verabscheute die Freischarenzüge von 1844 und 1845 nicht wegen eines – immer wieder behaupteten – Hangs zur «Jesuiten»-Partei, sondern weil er sie für Bürgerkriege hielt, die es zu vermeiden galt. Als Pfarrer war er aber Staatsbeamter und stand im Dienste einer Regierung, die sich in der Anti-«Jesuiten»-Propaganda besonders hervortat und der er als wortgewaltige Opposition ein Dorn im Auge sein mußte. In jenen Jahren drohte Gotthelf nichts Geringeres als die Amtsenthebung als Pfarrer. Sie kam nur deshalb nicht zustande, weil Regierungspräsident Carl Neuhaus – allerdings nur knapp – überstimmt worden war (7:66f.). Immerhin entließ die Regierung den Dichter Anfang Januar 1845 in demütigender Weise als Schulkommissär (6:157).

Die Einkünfte aus seiner literarischen Produktion stellten für Gotthelf eine Sicherung gegen Absetzung und Kaltstellung dar. Schon Ende 1838 kommt er in einer ironischen Stelle eines Briefes an Burkhalter auf diesen Zusammenhang zwischen materieller Sicherheit und Freiheit der Meinungsäußerung zu sprechen: «Geld ist freilich auch eine gar schöne Sache und ich wollte, ich hätte so viel Dublonen, als in die Teile eures Schulhauses möchten, die gegenwärtig leer sind. Da wollte ich gewaltig spektakeln im Lande. Ich wollte gegenüber den jetzigen Regenten mich stellen und mal zum Spaß versuchen, wer mehr Gewalt üben könnte, ob sie oder ich. Ich wollte ganze Ämter nach meiner Pfeife tanzen lassen wie Bären und ohne Stock. Indessen will ich abbrechen von diesem Kapitel, ehe der Mund mir gar zu wässerig wird» (4:287).

«Den Vorwurf, ich schreibe für das Ausland», so 1851

an eine Schweizer Leserin, «begreife ich entweder nicht, oder er kömmt her von einem Mißverständnis oder einer unchristlichen, bloß spießbürgerlichen Anschauung. Meine Werke werden allerdings im Ausland gedruckt, aber enthalten durchaus schweizerischen Stoff in schweizerischen Sprachformen und haben Tendenzen, die so weit reichen als der christliche Sinn geht... Der Feind, den ich bekämpfe, ist der gemeinsame aller Christen, ist allenthalben innerhalb der christlichen Marchen, ist noch dazu von außen herein hauptsächlich gekommen. Da ist denn doch die Hauptsache, daß dieser Feind wirksam bekämpft werde und nicht von Positionen aus, wo man ihn gar nicht erreicht. Solche Positionen sind aber die schweizerischen Buchhändler, welche die Bücher liegen lassen auf ihren Lagern und sie entweder nicht zu verbreiten wissen oder sie nicht verbreiten wollen» (9:139).

Mit dem Auftreten Springers waren nicht alle Beziehungen Gotthelfs zu seinen Schweizer Verlegern mit einem Schlage beendet. Gebrochen hatte er mit Carl Rätzer (1798–1864), der selbständige Eingriffe in Gotthelfs *Neuen Berner Kalender* gemacht hatte, um auf den konservativen Redaktor Albert Bondeli Rücksicht zu nehmen, dessen «Allgemeine Schweizer Zeitung» auch bei ihm erschien.

Gegenüber Christian Beyel (1807–1885) hegte Gotthelf Mißtrauen, weil er das Manuskript des *Sylvestertraums* verloren hatte oder weil es ihm auf einem Schiff gestohlen worden war und weil er die von Gotthelf im Eiltempo neu geschriebene Fassung nicht pünktlich auslieferte. Mit Beyel hatte Gotthelf aber die Erfahrung gemacht, daß «in merkantilischer Beziehung zwischen Volks- und andern Schriften ein großer Unterschied ist». Für *Uli den Knecht* hatte Beyel 24 Franken pro Bogen, für den *Sylvestertraum* 80 Franken pro Bogen bezahlt (5:191). Als Springer sich 1846 um die «Verdeutschung» des *Uli* bemüht, gibt Beyel seinen Widerstand unter der Bedingung auf, daß Gotthelf ihm eine zweite Auflage der *Armennot* gestatte (6:316–322). Als Beyel und Reithard im Frühjahr 1847 um Mitarbeit an den «Neuen Alpenrosen» bitten, schreibt Gotthelf an Reithard: «Es ist mir sehr leid, daß Sie Ihr Unternehmen an Beyel gehängt, mit dem mag ich nicht neu anbinden, habe am Alten genug. Der verliert auch Manuskripte, gibt auf sieben Briefe keine Antwort, läßt an der Fastnacht erscheinen, was für die Weihnacht bestimmt war, ist pfiffig und weiß Fallen zu legen, nebenbei der schlechteste Verleger, welchen ich noch gehabt habe. Denn von keinem meiner Bücher wurden weniger Exemplare abgesetzt als von Uli, wenn nämlich wahr ist, was Herr Beyel sagt» (7:29f.). Gotthelf sendet trotzdem die politisch brisante Erzählung *Die Versöhnung des Ankenbenz und des Hunghans, vermittelt durch Professor Zeller* ein. Wegen der Bedenken der Redaktion kommt es zum endgültigen Bruch mit dem wohlmeinenden langjährigen Förderer und Freund Reithard: «Daß es Herrn Beyel zu lang und zu politisch war, begreife ich vollkommen, und daß diese Gründe die entscheidenden bei einem Verleger sind, liegt in der Natur der Sache; daß in der Natur des Herrn Beyels die Sorge für die Persönlichkeit des Schriftstellers nicht zuoberst liegt, davon hingegen habe ich die Beweise in Händen» (7:69). Aber 1848 wird in den «Neuen Alpenrosen« Gotthelfs Porträt von J. Barth und die Erzählung *Segen und Unsegen* veröffentlicht. Und 1849 bietet Beyel eine Neuauflage des schweizerischen *Uli* an, «da die deutsche Umarbeitung für uns Schweizer durchaus nicht das Anziehende hat, das in der ursprünglichen Ausgabe lag» (7:239f.). 1850 ergreift Springer die Initiative und erwirbt nach nicht immer durchsichtigen Zügen, Gegen- und Winkelzügen die Verlagsrechte der *Armennot* und des *Sylvestertraums*.

Der *Neue Berner Kalender* war von Carl Rätzer auf Christian Albrecht Jenni (1786–1861) übergegangen, der auch den «Schweizerischen Beobachter» herausgab. Seit

1846 verfaßte Gotthelf jedoch keine Kalender mehr: «Mein Buchhändler war radikal geworden, da habe ich ihm aufgekündet und statt seiner keinen andern gesucht» (6:248).

Nach dem Ende der Wagnerschen Buchhandlung waren die *Leiden und Freuden eines Schulmeisters* und die Erzählung *Wie fünf Mädchen im Branntwein jämmerlich umkommen* auf Friedrich Jenni (1809–1849), einen Sohn des vorigen, übergegangen, der auch das radikale satirische Blatt «Guckkasten» herausgab. Springer interessierte sich schon 1847 für den *Schulmeister*, und weil er Jenni nicht für den «Ehrenwertesten» (2.1.47) hielt und ihm zum Teil die Schuld für Gotthelfs Mißtrauen in die Buchhändler gab (31.1.47), scheute er nicht vor trickreichen Ratschlägen zurück, um «auch mit Jenni fertig zu werden» (21.10.46). Die *Fünf Mädchen* wurden nach Jennis Tod versteigert, so daß keine Verlagsrechte mehr bestanden.

Bei Carl Langlois (1789–1870) waren 1836 der *Bauernspiegel* und 1838 die *Wassernot im Emmental* erschienen. Während *Dursli der Branntweinsäufer* 1839 im Druck war, hatte Gotthelf gehört, Langlois werde eine «für denkende Leser aller Stände» bearbeitete Kurzfassung von David Friedrich Strauss' *Leben Jesu* herausbringen. Sie stammte von jenem Carl Friedrich Borberg, der später das Modell des *Doktor Dorbach* abgab. Gotthelf machte seiner Wut mit folgenden Worten Luft: «Haben Sie nun im Sinn, meinen ‹Dursli› erst mit oder nach dem Leben Jesu erscheinen zu lassen, so muß ich Sie ersuchen, dieses Büchlein durch eine andere Handlung an den Tag kommen zu lassen, indem von jenem Erscheinen an niemand glauben wird, daß in Ihrem Verlag etwas dem Gemeinwohl Heilsames zu finden sei» (5:40). Beide Bücher erschienen, und die Beziehung ging auch nicht in die Brüche, als Langlois 1840 weder die *Armennot* noch *Uli der Knecht* verlegen wollte. Möglicherweise hielt die seit 1831 währende Zusammenarbeit am «Berner Volksfreund», den Langlois herausgab, die beiden zusammen. 1846 erschien eine zweite «von dem Verfasser in's Hochdeutsche übertragene Ausgabe» von *Dursli der Branntweinsäufer* – bei Langlois! Besonders schwierig und langwierig erwiesen sich die Verhandlungen, als Springer seit 1850 alle drei bei Langlois verlegten Werke Gotthelfs an sich bringen wollte.

Der Buchhändler Franz Ludwig Jent (1810–1867) war seit 1839 mit dem Buchdrucker Franz Josef Gassmann (1812–1884) assoziiert, die Korrespondenz und die Verhandlungen mit Gotthelf und Springer wurden ausschließlich von Jent geführt. Bei Jent tauchte im Sommer 1846 der Gedanke «einer neuen, vom Volksdialekt gereinigten Ausgabe von ‹Geld und Geist›» auf. Was wir heute als Roman dieses Titels lesen, war im 2., 4. und 5. Bändchen der «Bilder und Sagen aus der Schweiz» erschienen. Springer war bereit, Jent wegen *Geld und Geist* alle sechs Bändchen abzukaufen. Es gab ein langwieriges Gerangel und Feilschen, bis Jent keine Hindernisse mehr in den Weg legte und 1851 sämtliche Bestände und Verlagsrechte an Springer verkaufte – freilich erst, als Springer mit dem letzten Druckmittel, der «Gesamtausgabe», gedroht hatte (8.10.50 und 6.2.51). Es gingen also alle sechs Bändchen der *Bilder und Sagen*, *Anne Bäbi Jowäger*, *Eines Schweizers Wort* und der 1845 erschienene *Geltstag* in Springers Besitz über. In einem Brief vom 30.3.50 schrieb Jent an Gotthelf: «Springer ist in der Mitte des literarischen Verkehrs und hat also vor den von Leipzig so sehr entfernten Handlungen ein bedeutendes voraus. Ferner hat Springer da *geärndtet*, wo wir gesäet haben. Oder wer hat Sie in Deutschland eingeführt? Gewiß nicht Springer. Erst als wir Ihre Schriften durch die größten Opfer an Versendungs- und Inserationskosten in Deutschland überall hin verbreiteten, als er sah, daß kein Risiko mehr vorhanden, machte er sich an Sie. Wir lassen Springers Tätigkeit und seinem Spekulations-Geiste alle Gerechtigkeit widerfahren; aber nicht in der Art und Weise, wie er sich den Verlag Ihrer ‹Bilder und Sagen› erwerben will» (8:42f.).

Springer läßt den *Uli* verdeutschen, Langlois den *Dursli*, Beyel will noch einmal den schweizerischen *Uli* drucken, Jent aber *Geld und Geist* vom Volksdialekt reinigen. Wo liegt da die richtige Lösung? Hören wir noch die Stimme eines Außenseiters und Verkannten. Johann Peter Romang (1802–1875), Anfang der dreißiger Jahre Philosophieprofessor in Bern, war in das Dorf Därstetten im Simmental abgeschoben worden, wo er bei den Einheimischen nicht ankam. Er gilt aber – neben Troxler – als einer der wenigen Philosophen, welche die Schweiz im 19. Jahrhundert überhaupt hervorgebracht hat. Am 7.12.1848 schrieb er an Gotthelf: «Ich bin einer der freudelosesten Pfarrer, weil meine Wirksamkeit sehr gering ist, und ich mich weniger als viele in Illusionen einwiegen oder auch moralisch abstumpfen kann. Da habe ich denn letzthin wieder einen Anlauf genommen und will versuchen, mir Zugänge zu den Leuten zu eröffnen dadurch, daß ich ihnen allerlei Lektur in die Häuser trage, ob ich daran persönliche Einwirkungen anknüpfen könnte. Demnach möchte ich vor allem aus Sie fragen, welche Ihrer Schriften Sie in mehr oder weniger asketischer Hinsicht vor den andern empfehlen würden, und dann namentlich auch, wie und wo die angemessenere Bearbeitung verlangt werden müßte. Wohl vor allem den Ulrich, und Jakob den Handwerksburschen. Aber weil ich eine so sehr ernste Absicht habe, darf ich Ihnen wohl rückhaltlos sagen, daß ich die für Deutschland berechneten Bearbeitungen vorziehe, wo die derben Ausdrücke ausgemerzt sein werden. Künstlerisch sind ohne Zweifel die ersten Bearbeitungen, wo es auf berndeutsch flucht und oft etwas unsauber anzurühren ist, wertvoller. Aber daran würden die Leute hier Anstoß nehmen» (7:164f.).

4. Kapitel
«NUN ZU ULI UND DEM HANDWERKSBURSCHEN.»
ULI- UND HANDWERKSBURSCHEN-ROMAN,
VOLKSSCHRIFTENVEREIN

Wie unter den rund 50 Erzählungen Gotthelfs *Die schwarze Spinne* an Weltruhm alle anderen übertrifft, so ist *Uli der Knecht* der bekannteste unter seinen 13 Romanen. Ganz am Ende einer solchen Liste würde der Roman *Jakobs des Handwerksgesellen Wanderungen durch die Schweiz* rangieren. Sogar Walter Muschg tat ihn als «kapuzinisches Geschimpfe» ab und nahm ihn gar nicht in seine Gotthelf-Ausgabe auf. Zwei Extreme also, aber im Jahre 1846 bemühte sich Springer um *beide* Bücher, und vielleicht wäre die Rezeptionsgeschichte anders verlaufen, vielleicht stünde der *Jakob* nicht so weit hinter dem *Uli*, wenn er seine Absichten hätte voll und ganz verwirklichen können.

Der *Uli* war 1841 unter dem Titel *Wie Uli der Knecht glücklich wird. Eine Gabe für Dienstboten und Meisterleute* bei Beyel in Zürich und Frauenfeld erschienen. Beim ersten brieflichen Kontakt mit Gotthelf (28.8.43) kannte Springer das Buch noch nicht, sondern war ganz auf *Bauernspiegel*, *Schulmeister* und die gewünschte «Kinderschrift» konzentriert. Erst nach einem Jahr liest er den *Uli* (20.8.44). Das folgende Jahr 1845 ist man mit Niederschrift und Druck von *Der Knabe des Tell* beschäftigt. Den Plan, den *Uli* für Deutschland zu bearbeiten, muß Springer im Laufe des Jahres 1845 Gotthelf unterbreitet haben. Etwa zur gleichen Zeit waren zwei andere Herren auf die Idee gekommen, den *Uli* nicht nur zu bearbeiten, sondern in preußische Verhältnisse zu übertragen, d.h. die bernischen Namen der Figuren, die Lokalitäten, die Bräuche wie z.B. das Hornussen oder die Heirat im Heimatdorf durch entsprechende preußische zu ersetzen:

Prof. Dr. Irenäus Gersdorf, von 1835–1844 Erzieher der Töchter des Herzogs von Sachsen-Altenburg und seit 1844 Vorsteher der Bürgerbibliothek in Altenburg, und Otto Ruppius (1819–1864), Buchhändler und Schriftsteller. Beide leiteten den von Ruppius 1844 gegründeten «Verein zur Hebung und Förderung der norddeutschen Volksliteratur». Gersdorf hatte 1843 eine Broschüre veröffentlicht *Das Volksschriftenwesen der Gegenwart. Mit besonderer Beziehung auf den Verein zur Verbreitung guter und wohlfeiler Volksschriften in Zwickau*, die er am 9.9.43 Gotthelf mit einem bewundernden Brief zusandte. In dieser Schrift wurde zum ersten Mal in Norddeutschland auf Gotthelf hingewiesen. Als Gersdorf sich nach über zwei Jahren (19. und 31.12.45) wieder an Gotthelf wandte, befand sich ein von Ruppius «für andere Gegenden genießbar gemachter» *Uli* bereits im Druck – ohne daß Gotthelf darüber informiert worden war. Warum Gersdorf und Ruppius so eigenmächtig vorgingen, läßt sich nicht ermitteln. Wollten sie Gotthelf mit ihrem *Uli*, der dann vielleicht «Johann» geheißen hätte, überraschen, oder haben sie einfach nicht mit Springers Initiative gerechnet, oder hängt es mit der trotz aller Höflichkeit sehr selbstherrlichen Art Gersdorfs zusammen, der sich nicht scheute, Gotthelf Ratschläge zu erteilen und Vorschriften zu machen und sich vielleicht einbildete, was der Deutsche befehle, werde der Schweizer auch tun? Im Falle des *Uli* zogen jedoch Springer und Gotthelf am gleichen Strick, Gotthelf bearbeitete den Roman selber, und 1846 erschien bei Springer *Uli der Knecht. Ein Volksbuch. Bearbeitung des Verfassers für das deutsche Volk*. Bei dieser «Verdeutschung» hat der Berliner Lehrer, Jugend- und Volksschriftsteller Ferdinand Schmidt (1816–1890) eine wichtige Rolle gespielt. Der begeisterte Gotthelf-Leser wurde von Springer als Berater und Korrektor angestellt, er korrespondierte mit Gotthelf über einzelne Fragen des Textes, schickte ihm Listen mit unverständlichen Wörtern und half wohl auch selbständig nach. Da manche schiefen oder ganz falschen Übertragungen kaum von Gotthelf stammen können, gehen sie wahrscheinlich auf Schmidts Eingriffe zurück.

Nachdem der bearbeitete *Uli* Gotthelfs Ruhm in Deutschland begründet hatte, kehrte man bald wieder zum Text der ersten Ausgabe von 1841 zurück. Ferdinand Vetter kombinierte in seiner Ausgabe für den Reclam Verlag 1886 den Text von 1841, der keine Kapiteleinteilungen und -überschriften hatte, mit den Überschriften von 1846. Nach diesem Prinzip wird der *Uli* auch heute noch ediert, während die «verdeutschte» Ausgabe von 1846 vergessen ist.

Der «Verein zur Hebung und Förderung der norddeutschen Volksliteratur» existierte nur bis 1848. Ruppius, wegen eines politischen Artikels zu acht Monaten Festungshaft verurteilt, floh nach Amerika, wo er sich als Musiklehrer, Dirigent und Journalist durchschlug. 1861 kehrte er nach Deutschland zurück und schrieb in seinen letzten Lebensjahren für die «Gartenlaube».

Dr. theol. Gotthilf Ferdinand Döhner, Kirchen- und Schulrat, Vorsteher des «Vereins zur Verbreitung guter und wohlfeiler Volksschriften» in Zwickau, hatte sich wie Springer und Gersdorf zuerst im Herbst 1843 an Gotthelf gewandt und ihm im Januar 1844 neben einem «Tell» auch «einen deutschen Handwerksburschen, der die Schweiz durchwandert», als Romansujet vorgeschlagen. Gotthelf schickte seinen Handwerksburschen Jakob in den Jahren 1840–45 auf die Walz durch die Kantone Basel, Zürich, Aargau, Bern, Fribourg, Waadt und Genf, ließ ihn das Berner Oberland durchwandern und in größeren Städten der deutschen und französischen Schweiz längere Zeit arbeiten. Der Roman *Jakobs des Handwerksgesellen Wanderungen durch die Schweiz* ist wegen des deutschen Titelhelden, der Handwerker ist (und nicht Bauer), und wegen seiner überall spürbaren Nähe zu Zeitproblemen – Zunftordnung und Gewerbefreiheit; Handwerker und Fabrikarbeiter; Kommunismus, Sozialismus und Christentum – ein Sonderfall unter Gotthelfs Romanen. Deutsche Titelhelden treten nur noch in *Ein deutscher Flüchtling* und *Doktor Dorbach der Wühler* auf. Man könnte auch sagen, daß *Jakobs Wanderungen* alle die für Gotthelf typisch geltenden Züge, die am *Uli* so gut beobachtet werden können, *nicht* hat. Friedrich Sengle, der Erforscher der Biedermeierzeit, hat deshalb den Vorschlag gemacht, das Studium Gotthelfs einmal nicht mit dem kanonisierten, verfilmten, durch Pflichtlektüre abgenutzten *Uli*, sondern mit dem verachteten und geschmähten *Jakob* zu beginnen.

Als Gotthelf am zweiten Teil des *Jakob* schrieb, erhielt er einen bewundernden Brief von Rudolf von Sydow, dem preußischen Gesandten in der Schweiz, der den *Uli* gelesen hatte und dem Dichter «die armen, in der Schweiz dem Kommunismus verfallenen deutschen Handwerker auf's Angelegentlichste empfehlen» wollte. Gotthelf konnte dem Diplomaten postwendend den 1. Band des *Jakob* schicken (7:71ff.; 80; 83). Das Manuskript des Romans hatte Gotthelf trotz Springers Drängen nicht ihm, sondern Döhner in Zwickau gegeben.

Es ist auffällig, daß es bei der dritten Aktivität jenes Jahres 1846 noch einmal um einen Verein geht. Springer und der mit ihm befreundete Berliner Buchhändler Moses Simion gründeten den «Allgemeinen deutschen Volksschriftenverein», der in einer «Allgemeinen deutschen Volksbibliothek» jährlich sechs Bändchen herausbringen wollte. Von Gotthelf erschienen 1847 die zwei Bändchen *Käthi die Großmutter*, 1848 *Hans Joggeli der Erbvetter* und *Harzer Hans, auch ein Erbvetter* und 1848/49 *Leiden und Freuden eines Schulmeisters*. Der wie eine Aktiengesellschaft organisierte Verein erfüllte aber die Erwartungen Springers und Simions nicht. Die Auflagen gingen in wenigen Jahren von 6000–10000 Exemplaren auf 1500–2000 Exemplare zurück. 1852 wurde Simions Geschäft polizeilich geschlossen, und als Simion 1854 starb, löste sich der Verein wieder auf (Sarkowski S. 18ff.; 28ff.).

In den vierziger Jahren wurden außer den drei genannten noch folgende auf den Verkauf guter und wohlfeiler Volksschriften spezialisierte Vereine gegründet: 1843 der «Württembergische Volksschriftenverein» und 1844 der «Zschokke-Verein» in Magdeburg. Beiden Vereinen bietet Springer den *Uli* an. 1844 folgt ferner ein «Verein für Verbreitung nützlicher Kenntnisse in dem Gebiete der Naturwissenschaften, der Technik und der Wirtschaftslehre» und 1845 der «Borromäus-Verein» in Bonn zur «Förderung von Geistes- und Herzensbildung auf katholischer Grundlage durch Verbreitung guter Bücher». Außerdem arbeiteten verschiedene Gesellschaften an der Verbreitung christlicher Erbauungsschriften (Schenda, Bernhardi). Alle derartigen Unternehmungen gehören in den größeren Rahmen des sozialen Vereinswesens im Vormärz. Was die nähere Umgebung Springers in Berlin angeht, so muß ihm bekannt gewesen sein, daß sein Mitarbeiter Ferdinand Schmidt 1844 einen «Verein für die Hebung der unteren Volksklassen Berlins» angeregt hat, der dann in einem «Centralverein für das Wohl der arbeitenden Klassen» aufging. Bei den Gründungsversammlungen beider Vereine hatten sich außer Ferdinand Schmidt auch der Berliner Stadtrat Daniel Alexander Benda und der Pädagoge Adolf Diesterweg aktiv eingesetzt, die Springer je zweimal in seinen Briefen anführt. Am 16.11.43 und am 20.8.44 erwähnt er einen «Herrn Benda», den er als Gotthelf-Leser gewinnen konnte. Und am 15.6. und 6.8.46 führt er den Austritt Diesterwegs aus dem «Verein zur Verbreitung guter und wohlfeiler Volksschriften» als Beweis für das Scheitern seiner Kontrahenten Gersdorf und Ruppius an. Durch die kurzen Hinweise auf Benda und Diesterweg bringt Springer Zusammenhänge ans Licht, die seine Bemerkung am 16.11.43 «Sie haben hier der Freunde, ja der Enthusiasten viele» bestätigen. Obwohl Direktor des königlichen Lehrerseminars in Berlin, war Diesterweg ein von der Polizei des reaktionären Innenministers von Arnim bespitzelter Oppositioneller, dessen Vereinsgründungen verboten wurden, der 1847 von seinem Amt suspendiert und 1850 entlassen wurde. Gotthelf, als Berner Pfarrer in Amt und Würden, war eine der stärksten Stimmen der Opposition und entging der Amtsenthebung nur mit knapper Not. Zum 100. Geburtstag Pestalozzis schrieb Diesterweg (schon 1845, weil er sich um ein Jahr vertan hatte): *Heinrich Pestalozzi. Ein Wort über ihn und seine unsterblichen Verdienste für Kinder und deren Eltern.* Und Gotthelf verfaßte 1846 *Ein Wort zur Pestalozzifeier.*

Der Hinweis Springers auf Diesterweg kann auch deutlich machen, warum Gotthelfs *Leiden und Freuden eines Schulmeisters* und *Armennot* bei Springer auf so reges Interesse stießen. Diesterweg und Gotthelf schätzten die «soziale Frage» als «Lebensfrage der Civilisation» ein, und sie versuchten beide, die «Hebung der unteren Volksklassen» durch eine «Hebung der Lehrerschaft» zu erreichen. Diesterweg schrieb an seinen Schüler Langenberg: «Von Jeremias Gotthelf erscheinen hier bei Springer: die Leiden und Freuden eines Schulmeisters und der Uli – für Deutschland bearbeitet. Beide: Mustervolksbücher.» Da der Brief auf den 28.1.46 datiert ist, können ihm nur die schweizerischen Fassungen bekannt gewesen sein, von den Bearbeitungen könnte er aus Springers Umgebung gehört haben.

Am Rande sei bemerkt, daß Springer seit 1849 in der Oranienburger Straße wohnte, wo sich auch das königliche Lehrerseminar befand. Direktor Diesterweg war aber zu diesem Zeitpunkt nicht mehr dort tätig.

SPRINGER GEGEN GERSDORF UND RUPPIUS ODER ZWEI VERSUCHE, «ULI DEN KNECHT» ZU VERDEUTSCHEN

Gersdorf an Gotthelf am 9.9.43

[...]

Unser Volksschriftenwesen (wenigstens in Norddeutschland) ist in einem traurigen Zustande und erregt große Besorgnisse; die Leute, welche mit Abfassung und Verbreitung von Volksschriften sich abgeben, sind sich über Ziel und Mittel völlig unklar, und ich sehe keine Möglichkeit einer Besserung, als in einer dem Volksschriftenwesen ausschließlich gewidmeten Zeitschrift. Nun sieht aber selbst jeder Jesuit ein: wer den Zweck will, muß auch das Mittel wollen; da Sie mir das große Vorbild eines wahren Volksschriftstellers sind, und da ich erst mittelst Ihrer Schriften habe recht begreifen lernen, was eine Volksschrift sei, so muß ich alles dran setzen, Sie für meinen Plan zu gewinnen.

[...]

Gersdorf an Gotthelf am 19.12.45

[...]

Halten Sie es denn für möglich, daß man Ihre Schriften durch Übertragung des Dialekts und teilweise Bearbeitung für andere Gegenden genießbar macht? Etwas Rechtes, Vollkommenes kann unmöglich daraus werden, aber Ruppius will den Versuch wagen, und ich bin sehr gespannt darauf. Warum sollen Ihre Werke für andere Stämme des deutschen Volkes nicht da sein? Der Versuch muß gemacht werden, und ich bitte Sie dringend, eine solche Arbeit nicht im voraus als Nachdruck anzusehen. Dieser Ruppius ist Buchhändler und Literat, und ich getraue mich nicht zu bestimmen, auf welchem Felde er mehr zu Hause ist. Wird aus unserem norddeutschen Vereine etwas, so hat er es allein dem Feuereifer und der

rastlosen Tätigkeit dieses jungen Mannes zu verdanken, der übrigens mit Leib und Seele für die volkstümliche Volksschrift glüht und für Sie schwärmt wie einer.
[...]

Gersdorf an Gotthelf am 31.12.45
[...]

Ruppius schreibt mir, ein Buchhändler Springer in Berlin habe ihm eröffnet, Sie hätten diesem eine Bearbeitung Ihres Uli für Norddeutschland zugesagt – und ich bitte Sie elf Tage zuvor, doch ja nichts für Norddeutschland oder im modernen Geschmacke zu schreiben, und erzähle, was wir mit Ihrem Uli vorhaben – konnten Sie diese naive Offenheit wirklich aus einer eifersüchtigen Sorge für Ihren Ruhm ableiten? Sie fühlen, daß ich mir selbst schuldig war, Ihnen schleunigst meine Überraschung zu schreiben und Ihrem Urteile es anheimzugeben, was Sie von mir halten wollen. Was der Verein in der Sache selbst zu tun habe, sehe ich noch nicht klar. Schreiben *Sie selbst* den Uli für Norddeutschland, so steht uns eine andere Bearbeitung nicht wohl, obgleich ich durchaus nicht glauben kann (das ist die alte Offenheit!), daß Sie das Rechte in dem Maße für uns treffen werden, als Ihr Name es fordert.

Ruppius fragt mich um meine Meinung in der Sache, er will den weiteren Druck bis auf eine Entscheidung des Vereins einstellen. Jedenfalls müssen wir *Ihre* Entscheidung abwarten. Das muß ich aber mit derselben Offenheit aussprechen: Sie tun besser – falls Sie nicht etwa durch einen Kontrakt gebunden sind –, wenn Sie den Uli nicht selbst bearbeiten. Aus einer solchen Bearbeitung kann zwar, wie ich schon neulich schrieb, etwas Vollkommenes, den, welcher Ihren Uli kennt, wahrhaft Befriedigendes schwerlich werden, aber die Arbeit ist notwendig, und Ruppius, wenn irgendeiner, der rechte Mann, was überhaupt möglich ist, zu leisten. Wir haben miteinander viel

hin und her geredet, in welche Gegend der Uli zu verlegen, welche norddeutsche Volkseigentümlichkeiten an die Stelle der schweizerischen zu setzen sein mögen, wohin wir das Bauernmädchen auf die hohe Schule schicken sollen, was aus der Badereise und der bei uns nicht üblichen weiten Fahrt zur Trauung zu machen sei und dergleichen. Manchmal bieten sich kostbare Gegensätze dar. Es muß eben ein *norddeutsch*-volkstümliches Buch daraus werden. Ob es Ihnen gefallen würde, ist allerdings noch sehr die Frage, aber Ihre eigne Bearbeitung würde Ihnen nicht gefallen und Sie haben hier nichts daran zu verantworten; könnte doch nicht einmal der Name «Uli» stehen bleiben. Es würde nicht viel mehr als ein Seitenstück zu Ihrem Uli werden, aber eins, das sich auf allen Punkten dem Original und Vorbild möglichst anpaßt, also fast ein neues Buch.
[...]

Erklärung des Volksschriftenvereins von Gersdorf und Ruppius
[...]
«Jeremias Gotthelf ist ein Schweizer, und als schweizerischer Volksschriftsteller wird er unerreichbar bleiben – er wird es bleiben, weil er durch die genaueste Kenntnis seiner Landsleute aus ihrem eigenen Innersten schreibt und so wieder in ihrem Innersten anklingen muß, sie durch die genaue Beachtung ihrer Eigentümlichkeiten, Gewohnheiten, Gefühle und Interessen da fassen kann, wo er nur will. Für unser Volk, das so durchaus von dem Schweizervolke verschieden ist, wird er das nie können, und seine Werke, selbst ohne Dialekt, müssen unserm Bauer immer geistig fern bleiben. Der Verein hatte dies längst erkannt und hatte deshalb auch nie den Verfasser selbst zu einer Bearbeitung aufgefordert; eine Versetzung des Uli auf norddeutschen Boden muß ein ganz neues Buch geben, das sich nur an den schweizerischen Uli anlehnen kann; nicht einmal der Titel ‹Uli› kann stehen bleiben.»
[...]

Springer an Gotthelf am 1.1.46 (2. Teil)
[...]
Nun zu dem Uli und dem Handwerksburschen.

Mit einer Bearbeitung des Uli für das deutsche Volk ists mir vollkommen ernst und ich bitte Sie, sich so bald als möglich daran zu machen. Der Uli ist das beste Volksbuch, es wird sich auch leicht zu einem *deutschen* Volksbuch machen lassen. An Beyel will ich schreiben, obgleich ich es kaum für nötig halte; *rechtliche* Einwendungen kann er nicht machen. Nun haben wir aber noch den sogenannten «Verein zur Hebung der norddeutschen Volksliteratur», von welchem ich Ihnen in meinem vorigen Briefe schrieb, zu beseitigen. Ich lege hier dessen vor wenigen Wochen veröffentlichten *Aufruf* bei. Sie werden mit mir über die Unverschämtheit auf der dritten Seite staunen, wo die vier Lümmels sagen, daß Sie, Jeremias Gotthelf, *Ihre Mitwirkung zugesagt*. Das ist also eine reine Lüge! Ferner, daß sie als an vorliegenden Werken «Jeremias Gotthelfs Uli» aufzählen. Das klingt doch, und glaubt jedermann, daß *Sie* Ihren Uli hergegeben! Die Frechheit ist zu groß. Sofort nach Empfang Ihres Briefes, bis wohin ich nach dem Aufruf fest geglaubt, Sie hätten dem Vereine Ihre Unterstützung und Ihren Uli zugesagt, ließ ich den Geschäftsführer und Mitunterzeichneten, Otto Ruppius, kommen und teilte ihm mit, daß Jeremias Gotthelf mir geschrieben, daß er dem Vereine nichts bewilligt und auch gar nie von demselben befragt sei; ich stünde im Begriffe, mir von Ihnen eine für das deutsche Volk bearbeitete Ausgabe des Uli zu verlegen, ich müßte gegen die vom Verein beabsichtigte Bearbeitung protestieren und Sie selbst würden den Verein, wenn er damit käme, öffentlich Lügen strafen und die Bearbeitung für einen Diebstahl an Ihrem Eigentume erklären müssen. Ruppius entgegnete, daß Dr. Gersdorf in Erfurt die Bearbeitung des Uli gemacht, deren erster Bogen auch bereits gedruckt sei. Dr. Gersdorf hatte ihm gesagt, er habe *Ihnen* wegen der Sache geschrieben. Ruppius war, als ich mich auf Ihren Brief bezog und ihm die entsprechende Stelle vorlas, außer sich über das Dementi, welches hierdurch, sollte die Sache bekannt werden, der Verein sich geben würde. Er meinte zwar, da der Uli in der Schweiz erschienen sei, hätte er *juridisch* das Recht zu dem Abdruck und mehr noch zu der Bearbeitung. Er wünschte aber doch sehr, die Kollision zu vermeiden und bat, behufs Besprechung mit den andern Teilnehmern des Vereins, um wenige Tage Bedenkzeit. Zugleich gestand er mir seinen Enthusiasmus für Ihre Schriften und daß *er* (Ruppius) die Absicht gehabt, jedes Jahr eines Ihrer für die Schweiz bestimmten Werke, deutsch bearbeitet, in der Bibliothek des Vereins dem norddeutschen Publikum zu bringen. Ich hielt ihm mehrmals vor, daß ich das *nie* dulden und *Ihre Rechte* sowohl als die meinen, der ich zuerst Sie zu einer Bearbeitung des Uli und der Leiden und Freuden aufgefordert, zu wahren wissen werde. Ruppius wiederholte, daß der Verein gewiß alles tun werde, jede Kollision zu vermeiden. – Gestern abend schreibt er mir nun, daß der Druck des Uli vorläufig sistiert sei, daß er aber einen definitiven Entschluß mir nicht mitteilen könne, bis er von Dr. Gersdorf in Erfurt, dem er alsogleich geschrieben, Antwort habe. Ich weiß nicht, wie weit ich dieser Antwort trauen darf, da sie mir etwas diplomatisch lautet. Jedenfalls müssen wir *unsere* Maßregeln nehmen und ich schlage Ihnen daher folgendes vor: Sie geben mir Ihre Einwilligung, daß ich, sobald der Verein den Uli verlegen sollte, berechtigt bin, öffentlich anzuzeigen, daß weder Jeremias Gotthelf dem Verein seine Mitwirkung zugesagt, wie dieser fälschlich veröffentlicht hat, noch viel weniger der Uli in der Sammlung des Vereins mit dessen Einwilligung erschienen sei, Jeremias Gotthelf vielmehr gegen diesen Raub an seinem Eigentume feierlich protestiere. Eine solche Erklärung, der ich noch das Entsprechende hinzufügen würde, müßte dem Verein seinen ganzen Kredit nehmen und er wird es nicht darauf ankommen lassen.

Sind Sie zu diesem in den Umständen begründeten Schritte entschlossen, so haben Sie die Güte, sich sofort an die Bearbeitung des Uli zu machen, welche ich denn, sowie auch *die erwähnte Fortsetzung* «Wie Uli als Meister wurde» in Verlag zu nehmen mich bereit erkläre. Lassen sie uns aber über die Bearbeitung des Uli einen förmlichen Kontrakt machen. Derselbe kann *brieflich* lauten. Ich habe dann außerdem ein *Recht* in Händen und würde auch, auf den Kontrakt gestützt, es vielleicht bei den hiesigen und überhaupt preußischen Gerichten durchsetzen, die Gersdorfsche Bearbeitung im Debut zu behindern, was allerdings eine nicht so gar leicht zu lösende Rechtsfrage abgeben würde. Die Quintessenz also bleibt: wir kriegen den Uli für das deutsche Volk und treten, wenn die Diebe es wagen, gegen deren Getreibe auf. Schreiben Sie mir, ich bitte, nun ja, wie Sie es gehalten haben wollen, auf *wann ungefähr* das Manuskript fertig sein könnte!
[...]

Gotthelf an Gersdorf am 8.1.46
[...]
Und nun, Ihre Mahnungen und Eröffnungen betreffend, erlauben Sie mir wohl die gleiche Offenheit, mit welcher Sie mich geehrt haben. Bei der Herausgabe der beiden Bücher «Leiden und Freuden» und «Uli» sprachen die Verleger mit mir über eine Ausgabe für Deutschland. Beide Verleger wandten sich aber mehr oder weniger von ihrem Geschäfte ab, der Politik und andern Dingen zu, beide Bücher blieben gleichsam tot in ihrer Hand liegen. Diese Ausgabe gedachte ich aber bloß so zu machen, daß die Sprache allgemein lesbar werde; eine Veränderung der Verhältnisse, der Namen usw., eine Versetzung der Geschichte auf fremden Boden kam mir nicht in Sinn, das wäre Unsinn gewesen. Sie geben mir den freundlichen Wink, ja nicht für Norddeutschland schreiben zu wollen.

Ich verstund die weitere Beziehung dieses Winkes recht gut, und so, wie Sie es meinen, haben Sie vollkommen recht. Aber eine andere Frage ist, ob das, was ich für die Schweiz schreibe, nicht auch für das deutsche Volk lehrreich und anziehend sei und gerade um so anziehender, weil die Geschichte auf fremdem Boden spielt, während denn doch der Mensch und die wahrhaft menschlichen Verhältnisse nicht fremd sind, sondern anheimeln müssen allenthalben.

[...]

Buchhändler Springer in Berlin, früher in Zürich, hatte sich schon vor geraumer Zeit an mich gewendet mit der Frage, ob ich nicht zu seinen Handen mehrere meiner Bücher deutsch machen wollte auf die Weise, wie ich oben angegeben habe. Ich hatte damals nicht Zeit, und die Verhältnisse zu den Verlegern stunden damals im Wege. Einer spätern Anfrage entsprach ich und kann nun wirklich ohne genommene Rücksprache keine bestimmte Antwort geben, ob mein Versuch liegen bleiben solle oder nicht. Es tut mir sehr leid, daß, was allweg passender gewesen wäre, Ihre Rücksprache mit mir nicht vor begonnenem Unternehmen stattgefunden hat.

[...]

Gersdorf an Gotthelf am 18.1.46

[...]

Ich bitte Sie dringend: wenn infolge meines ersten Briefes nur ein winziges Stück Verdacht noch in Ihnen ist, es möge etwas von einer Judasseele in mir stecken, so lassen Sie sich von Herrn Springer in Berlin schreiben, an welchem Tage er Herrn Ruppius jene Eröffnung gemacht habe.

[...]

Was Sie über Ihren Plan, die «Leiden und Freuden» und den «Uli» dem ganzen Deutschland zugänglich zu machen, mir mitteilen, beruhigt mich sehr. Ich dachte, die

neue Ausgabe solle für das Volk bestimmt sein, und es
graute mir schon vor der dadurch entstehenden Verwirrung und vor der Notwendigkeit zu sagen: das ist immer
wieder nicht das Rechte. Nun können beide Uli's sehr
wohl nebeneinander bestehen. Ihr neuer Uli kann insofern recht nützlich werden, als er das große Publikum in
Ihre Schriften einleitet und ihm Geschmack am Ächt-Volkstümlichen beibringt; aber Sie sollten ihn nicht *selbst*
bearbeiten, sondern durch einen jüngern Freund bearbeiten lassen, es ist ewig schade um die Zeit, welche Ihnen
für neue Arbeiten verloren geht, und – das ist die Hauptsache! – etwas Ordentliches, was des Jeremias Gotthelf
würdig wäre, kann nicht daraus werden. Was alles im Dialekt stecke, weiß keiner mit Worten zu sagen, wir ahnen
nur ganz fern etwas davon; wird er entfernt, so ist das
Ganze abgeschwächt und verflacht, aus dem Weine wird
gefärbtes Wasser. Klar ist mir dies aus der «Wassernot».
Nehmen Sie in der herrlichen Stelle S. 48 «He bist du's
Bäbi» den Dialekt weg, so haben Sie dem Buche, das
Ihnen nicht vergessen werden wird, seinen besten
Schmuck genommen, ich hätte es gar nicht mehr so lieb
und Sie selbst nicht. Warum Sie in dieser einzigen Stelle
des ganzen Buches schweizerisch reden? – Und weiter:
was soll aus den Derbheiten, aus den köstlichen Stellen im
Uli werden, wo natürliche Dinge beim rechten Namen
genannt werden? Werden sie buchstäblich übertragen, so
haben wir eine Menge Plattheiten, Schmutzereien – der
dem Hochdeutschen nun einmal eingelebte Geschmack
ist ein Tyrann, aus dessen Banden keine Macht uns erlösen kann –, werden sie gemildert und mit einem Mäntelchen umhangen, so steckt eben der Uli in einem Mäntelchen, wir sehen die Natur, die Wahrheit durch blinde
Fensterscheiben. Nein, *selbst* dürfen Sie den Uli nicht
übertragen, damit Sie sich davon lossagen können; ich
denke auch, Ihr lieber Freund Uli würde, wenn Sie anfingen, ihm ins Fleisch zu schneiden, so schmerzliche Blicke

auf Sie werfen, daß Sie das unbarmherzige Schneiden sein ließen. Und zu guter Letzt noch: Schweizerisch ist nicht Hebräisch! Ich habs ja in unserer Bürgerbibliothek gesehen, daß mehrere Ihre Schriften verstanden und mit wahrem Genusse gelesen haben. Für die niedrigste Klasse von Lesern wäre Ihr verdeutschter, dem Inhalt nach aber noch ächter Uli nimmermehr ein passendes Buch. Daß es passender gewesen wäre, wenn wir vor Beginn des Unternehmens Rücksprache mit Ihnen genommen, ist leider nur zu wahr; wir beide, Ruppius und ich, tragen die Schuld davon zu gleichen Teilen. Vor ein paar Monaten war Ruppius auf einige Tage bei mir, wir sprachen uns nun auch mündlich und aufrichtig über die ganze Arbeit aus, Ruppius Feuer und Flamme dafür, ich halb und halb ein Thomas. Er bat mich, Ihnen darüber zu schreiben, ich dachte aber nicht, daß er sich so bald an die Arbeit machen würde und schrieb wohl darüber wie über eine Sache, die noch im weiten Felde sei. Aber er ist sogleich daran gegangen und hat mir nichts davon geschrieben, um mich mit einem fertigen Stück zu überraschen.
[...]

Springer an Gotthelf am 26.1.46
[...]
Ich habe seit meinem vorigen Briefe so viel über den Herrn Ruppius gehört und von so vielen Seiten, daß ich hinreichende Waffen in Händen habe, wenn er Ihren legitimen Rechten am Uli, von denen ich hoffe, daß sie auf mich werden übertragen werden, zu nahe zu treten sich unterfangen sollte. Ich werde deshalb auch zuerst die Sache Ruppius gegenüber gar nicht weiter berühren, sondern abwarten, was die Leute tun. Dagegen wollen *wir* unsern Uli *beeilen*, und ich denke, wir werden nachstehend uns *sehr bald* über die Bedingungen einigen.
[...]
In bezug auf die Bearbeitung des Uli bin ich durch-

aus mit Ihnen einverstanden, daß das Buch das schweizerische Gepräge behalten muß, im Ausdruck und den lediglich dem Schweizer verständlichen Beziehungen nur muß es anders, deutsch und verdeutscht werden. Ein kleines *Vorwort* von Ihnen wird aber dazu wohl nötig werden.
[...]

Gotthelfs Vorwort zur deutschen Ausgabe des «Uli»
[...]

«Dieses Buch, Uli der Knecht, erschien vor mehreren Jahren in der Schweiz. Der Bernerdialekt war in demselben wenn auch nicht vorherrschend, doch sehr häufig gebraucht. Der Verfasser schrieb zunächst für Berner, an weitere Verbreitung dachte er nicht; indessen fand das Büchlein den Weg über die engen Grenzen des Kantons, des Schweizerlandes, fand Anklang jenseits der Berge. Die Stammesgenossen gehen nie so weit auseinander, daß sie nicht Anteil nehmen am inneren Leben der Brüder, nicht verstehn, was aus dem Herzen der Brüder kömmt. Der Dialekt hemmte aber Verständnis und Verbreitung des Buches. Darum entschloß sich der Verfasser, der Aufforderung, dieses Hindernis beiseite zu schaffen, zu entsprechen. Er unternahm diese Arbeit selbst, weil er die Überzeugung hat, er allein sei imstande, das obwaltende Hindernis zu heben, ohne die individuelle Eigentümlichkeit und die nationale Färbung zu verwischen. Aus dem schweizerischen Buche wollte er ferner kein deutsches machen, weil er ebenfalls überzeugt ist, das allgemein Wahre werde in Deutschland auch im schweizerischen Gewande verstanden werden, ja das schweizerische Gewand werde dem Deutschen teils ergötzlich sein, teils zur Belehrung dienen.

Jeremias Gotthelf.»

Springer an Gotthelf am 1.3.46
[...]
Wir würden, sehr geehrter Herr, hiernach nun ganz und vollkommen übereinstimmen und ich sehe nächst dem Manuskript zum Uli auch der Bestätigung unserer Kontraktseinigkeit von Ihnen entgegen.
[...]
Bis jetzt haben Gersdorf-Ruppius nichts von sich hören gemacht; es hat den Anschein, daß aus dem ganzen Unternehmen nichts wird. Dasselbe basierte auch auf ganz falschen Prinzipien: die Leute wollten mit ihren Volksschriften-Bibliotheken etwas machen, was *sich selbst machen muß*. Ich schrieb Ihnen schon, daß ich *viel, sehr viel* auf gute Volksschriften halte, und es kann wohl sein, daß ich mit einem mir befreundeten Verleger eine ganze Sammlung *einzelner* guter Volksschriften kriege. Zu solcher wünschten wir nun eben einiges gleich von Ihnen.
[...]

Springer an Gotthelf am 13.3.46
[...]
Mein Heutiges an Sie wird durch den Umstand hervorgerufen, daß mir soeben die Mitteilung wird, Ruppius und Gersdorf werden doch den Uli bringen, und zwar schon *in sehr kurzer Zeit*. Dies veranlaßt mich zu der dringenden Bitte an Sie, geehrter Herr, mir gefälligst *umgehend* zu schreiben, ob ich für meinen Verlag *bestimmt* den Uli zu gewärtigen habe und *bis wann* ungefähr. Es ist nämlich durchaus nötig, daß ich unsere Originalausgabe dann sofort, als bald erscheinend, ankündigen lasse und vor der fingierten Ruppius-Gersdorfschen warne. Versäumte ich dies, so wären wir mit der Hälfte unserer Ausgabe geklatscht. Ich ersuche Sie demnach höflichst, mir gütigst *sofort* das Bestimmteste zu schreiben. Fügen Sie, ich bitte, dann auch gleich bei, daß Sie nichts dagegen haben, wenn ich bei der Anzeige unseres Uli gleich be-

merke, daß Jeremias Gotthelf nie einem norddeutschen Volksschriftenverein seine Mitwirkung des letzteren zugesagt habe.
[...]
Wir dachten daran, gleich anfangs den *Uli* in der Sammlung aufzunehmen; durch die Manipulation der Herren Ruppius und Gersdorf bin ich aber gezwungen, den Uli *schleunigst* zu bringen, während, wie bemerkt, die ersten Bändchen der Volksschriftensammlung vor Jahresschluß schwer erscheinen können.
[...]

Gersdorf an Gotthelf am 14.3.46
[...]
Ich verkenne gar nicht, daß Sie Ursache haben, unzufrieden mit uns zu sein, zumal wenn Sie unsere norddeutsche Volksschriftennot und unsere Verpflichtungen gegen das Volk nicht in Anschlag bringen, wehe muß mirs aber tun, wenn Sie mich oder den Verein ohne weiteres dem Buchhändler Springer gegenüberstellen. Es gibt andere Kriterien als das Gesicht und das klingende Wort. Sehen Sie nicht schon jetzt etwas Tüchtiges in uns, so würden uns alle schriftlichen und persönlichen Höflichkeiten und Versicherungen nichts helfen. Herr Springer mag wohl ein ganz tüchtiger Buchhändler sein, ich kenne ihn nicht; ist ers, so sieht er Ihren «Uli» als eine Ware an, mit der sich etwas verdienen läßt – mehr werden Sie selbst nicht von ihm erwarten. Sie wissen, daß uns die Benutzung in der Schweiz gedruckter Bücher gesetzlich frei steht; daß wir aber ohne Ihr Vorwissen nichts unternehmen würden, beweist mein erster Brief. Da trat Springer unerwartet mit seiner Eröffnung hervor und die Sache bekam eine ganz andere Wendung; ohne seine Intervention hätten wir volle Zeit gehabt, uns mit Ihnen zu verständigen. Daß Herr Ruppius mit Springer als Buchhändler redet, finde ich ganz in der Ordnung, die Waffen müs-

sen gleich sein; was aber Ruppius gesagt hat, hat nicht der Verein gesagt. Von dem Plane, jährlich eine Ihrer Volksschriften zu bearbeiten, weiß der Verein nichts; fällt indessen die Probe mit dem Uli gut aus, so werde ich selbst dafür stimmen. Daß der Verein jedoch nicht auf freibeuterische Weise Ihrer Schriften sich bemächtigen will, ersehen Sie aus den nachfolgenden Vorschlägen, zu deren Vorlegung ich vom Vereine ermächtigt bin: Das Manuskript des von uns bearbeiteten Uli wird Ihnen nach Vollendung zur Durchsicht vorgelegt, der Titel wird ungefähr «Johann (oder anders) – nach Jeremias Gotthelfs Uli unter Leitung (oder: mit Genehmigung) des Verfassers für norddeutsche Leser bearbeitet von x». Die Verlagshandlung zahlt Ihnen das volle Honorar, zwei Louisd'or für den Druckbogen. Der Verein ist nicht verpflichtet, Änderungen, welche Sie noch machen, ohne Widerrede in den Text aufzunehmen, wohl aber *muß* die Redaktion des Organs den Abdruck etwaiger Ausstellungen und Verwahrungen Ihnen gewähren, wie denn überhaupt Herr Ruppius selbst über seine Grundsätze, seine Stellung zum Original im Organ sich auszusprechen hat.
[...]
Sie verstehen sich aber, wie es scheint, auch auf den Geschäftsstil.
[...]

Gotthelf an Gersdorf am 22.3.46
[...]
Sie, guter Herr Professor, müssen doch wirklich einen wunderlichen Begriff von einem Landpastoren haben, daß Sie mir die Ehre erweisen, sich zu verwundern, daß ich es zum Geschäftsstil gebracht hätte. Denken Sie doch, daß ich fünfundzwanzig Jahre im Amte bin, Sittengerichtsaktuar, Schulkommissär, Synodalreferent, Bittschriftenfabrikant war! Da muß man ja was vom Geschäft loskriegen, auch wenn man halb blödsinnig wäre,

abgesehen davon, daß ich nun seit bald zehn Jahren mit Buchhändlern usw. in Verkehr stehe, wo man wirklich auch was lernt. Gestehen will ich es Ihnen freilich gerne im Vertrauen, daß ich, ehe ich ihn loskriegte, ein teuer Lehrgeld bezahlen mußte, zahllose Wischer von Behörden und Moneten der Spekulation. Sollte ich aber einmal ein Lustspiel schreiben, wozu allerdings in Ulis Geschichte ein reicher Stoff vorhanden wäre, dann, mein lieber Herr Professor, dann erlaube ich Ihnen von Herzen gerne Verwunderung über den Landpastoren, der an ein solch Ding sich wagt; aber wegen dem Geschäftsstil, da verdiene ich sie wahrlich nicht, ich hatte alle Ursache, was zu lernen in diesem Fache.

Hochgeehrter Herr, ich bedaure noch einmal von ganzem Herzen, daß der Verein sich nicht offen und unverdeckt und zu rechter Zeit an mich gewandt hat. Ich hätte ihm von ganzem Herzen Hand geboten und zwar auf uneigennützige Weise. Jetzt ist es aber zu spät und zwar nicht durch meine Schuld. Herr Springer ist allerdings nur ein Buchhändler, und ein Verein ist was ganz anderes, aber Herr Springer scheint mir ein Ehrenmann, wenigstens ging er bis dahin mit mir ganz ehrlich und offen um. Ich habe auf seine Anerbieten meine Zusage gegeben; nun mag freilich sein, daß er von Berlin aus nach bernerischen Gesetzen mich nicht belangen könnte, aber es gibt für Ehrenmänner ein Recht, welches nicht von den Gränzen abhängt und welches zu Berlin und Bern das gleiche ist. Würde ich auf den Vorteil sehen, so müßte ich sehr dankbar Ihre schönen Anerbieten annehmen, aber ich bin gottlob so gestellt innerlich und äußerlich, daß Taler nicht meine Wegweiser sind.

Sollte Herr Springer mit dem Verein wirklich in Zwist geraten, so ist es mir sehr leid, aber daran kann ich nichts machen. Ich muß es ihm überlassen, auf beliebige Weise sein erhaltenes Recht zu verteidigen mit den ihm zu Gebote stehenden Waffen. Wahrscheinlich tönt der allfällige Streit nicht einmal in meine Emmentaler Berge. Jedenfalls wird es mir niemand übelnehmen können, daß ich die Gelegenheit, welche mir geboten wurde, ergriff, Meister meiner Schriften in Deutschland zu bleiben.

[...]

Springer an Gotthelf am 27.3.46
[...]
Mein Freund Simion läßt mir sagen, daß er an Sie schreibe, und ich benütze sofort die Gelegenheit, Ihnen den richtigen Empfang Ihres Schätzenswerten vom 14. dies *nebst dem verdeutschten Uli* anzuzeigen. Der Druck des letzteren soll sofort beginnen. Mit Ihren Bedingungen: Auflage 2500, Honorar pro Bogen zwei Stück Louis-d'or und zehn Freiexemplare, sowie daß Sie das Buch *nach dem Jahre 1849* (drei Jahre) in eine Gesamtausgabe Ihrer Schriften bringen dürfen, sind wir einverstanden und es ist dies abgemacht.

[...]

Sie erhalten hierbei gleich noch eine erste Einführung des Uli durch die hiesige Zeitung; der Druckfehler des Gotthalf statt -helf macht nichts, denn Gott *wird* auch noch ferner helfen.

[...]

Springer an Gotthelf am 15.6.46
[...]
Im *Juli* wird übrigens das Buch mit Vorrede, die ich erhalten, etc. fertig und sende ich Ihnen dann sogleich Ihre Exemplare und das Honorar, letzteres auch durch meinen Freund Höhr in Zürich.

Ich brenne vor Begierde wahrzunehmen, welchen Anklang der Uli als *deutsches Volksbuch* finden wird.

Den sogenannten norddeutschen Volksschriftenverein der Herren Gersdorf und Ruppius werden wir natürlich gegen das Buch haben; das kann demselben indes nur zum Vorteil gereichen; denn nachdem jetzt Diesterweg [1] *öffentlich aus dem Vereine getreten*, hat dieser allen Kredit verloren und die ganze öffentliche Meinung gegen sich. Dazu ist das Erstlingsprodukt desselben – Geschichten von Ruppius [2] enthaltend – das wohl auch schon bis zu Ihnen gedrungen, höchst schwach und die ganze *Spekulation* der edlen Herren verfehlt.

Als ich nach Empfang Ihres Schätzenswerten vom 20. März, in welchem Sie mich beauftragten zu erklären, daß Sie nie dem Vereine Ihre Mitwirkung zugesagt, dieserhalb Ruppius mit einer öffentlichen Bekanntmachung drohte, kamen die Leute jammernd und heulend zu mir, daß ich doch von der Bekanntmachung ablassen möchte; sie wollten den Uli nicht bringen etc., aber *Ihre Mitwirkung hätten Sie* zugesagt, es wären Briefe von Ihnen vorhanden, man wäre nur nicht wegen des Honorars einig geworden etc. *Ist hieran denn ein wahres Wort?* Im sonstigen denke ich, wir lassen die Leute laufen. Wünschen Sie indes *doch die Erklärung*, so werde ich mit solcher herausrücken und sehe dann Ihrer näheren Bestimmung entgegen.

[...]

Ihr Vorhaben, sozusagen eine *Fortsetzung* zum Uli zu schreiben, wie Uli nun als Meister sich bewegt etc., geben Sie doch ja nicht auf; ich rechne, wenn auch nicht für dies Jahr – doch für 1847 *sicher* darauf.

[...]

Springer an Gotthelf am 6.8.46

[...]

Anbei erhalten Sie nun den vollständigen neuen «Uli» in zehn Freiexemplaren und werden mit der Ausstattung zufrieden sein.

An Honorar bat ich Herrn Hoehr in Zürich bereits
Ihnen zu zahlen   Pr. Thaler   47.5 ½
und beauftrage ihn dito Ihnen für
mich zu senden   Pr. Thaler 222.18 ½
in Summa   Pr. Thaler 270.–

mit Worten: Zweihundertsiebenzig Taler preußisch Courant, womit Sie das Honorar für den Uli als empfangen gefälligst ausgleichen wollen.

Versandt ist das Buch bereits; die Verbreitung an die einzelnen Männer der verschiedenen Vereine etc. kann erst nach und nach vor sich gehen. Ich hoffe durch die Anzeigen, welche sich ja Ihres Beifalls zu erfreuen haben, viel zu wirken, und Sie dürfen überzeugt sein, daß ich mir alle Mühe gebe, Ihre Schriften auch auf deutschem Boden heimisch zu machen. Die ehrlosen Manipulationen des sich so nennenden norddeutschen Volksschriftenvereins haben dazu beigetragen, den neuen Uli noch vor seinem Erscheinen bekannt zu machen. Ich weiß nicht, ob der Kampf der Presse gegen diesen Verein bis zu Ihnen gedrungen – kurz: Diesterweg[1] ist vor etwa sechs Wochen aus dem Vereine getreten und es haben sich hierauf, zugleich auf mein Veranstalten, die heftigsten Stimmen *gegen* den Verein erhoben. Man hat den Leuten ihre Schliche nachgewiesen, hat es ausgesprochen, daß das Volk, nachdem es so heitere Geschichten *über* den Verein vernommen, zu den Geschäften *von* diesem Verein kein Vertrauen fassen könne – mit einem Wort: die öffentliche Meinung hat dem ganzen Vereine den Genickstoß gegeben, und derselbe darf an ein Fortkommen nicht mehr denken. Die erste Lieferung seiner Geschichten[2] war erschienen: Erzählungen von Ruppius. Sie werden solche von Bern nicht beziehen können, nettes Zeug, Jeremias Gotthelf kopiert und nachgemacht, auch darüber ist in der Presse nur *eine* Stimme.

Lassen wir also die Leute laufen; ich habe die Erklärung von Ihnen nicht veröffentlicht. Einmal hatten alle Zeitungen bereits die Sie und Auerbach, dessen Mitwirkung der Verein lügenhafterweise sich auch gerühmt, betreffenden Unwahrheiten in dem Aufrufe des Vereins erzählt; und dann würde ich durch die Erklärung dem Verein nur eine Bedeutung, eine Wichtigkeit beilegen, die derselbe wahrlich nicht mehr hat. Warten wir ab, *was* der Verein bringen wird. Seine *hierbei* folgende Erklärung oder Anzeige in seinem *Organ* hat mich bestimmt, den Verein zunächst nur an der *Geld*-Seite anzufassen. Das Erscheinen seines, sich – wie er sagt – nur an den «Uli» anlehnenden Buches abzuwarten und, wenn solches ein Plagiat, sowohl die Strenge des Gesetzes als die öffentliche Meinung dagegen in Anspruch zu nehmen.

Und damit genug von diesen Leuten!

[...]

Springer an Gotthelf am 14.9.46

[...]

Der «Uli» fängt an, sich aller Orten Bahn zu brechen und Anklang zu finden. Die Art und Weise, wie ich für dessen Verbreitung wirke, wird allen Ihren Schriften zustatten kommen, und schon jetzt darf ich sagen, daß selbst Ihre früheren, älteren Werke Nachfrage und Publikum gewinnen, wie sie es eben verdienen. Ich weiß nicht, ob Ihnen die deutsche Journalistik zugänglich ist. Bejahendenfalls werden Sie in derselben bereits vielfache Besprechungen und Belobungen Ihres «Uli» finden, und auch aus Privatenkreisen gehen mir die interessantesten Kritiken zu, teils mündlich, teils schriftlich. Am wenigsten wollen Elisi und Trinetti gefallen, und ich habe das mehrfach hören müssen. Auch daß Sie die Juden so hassen, will man hier nicht gelten lassen. Ich finde zwar nur zwei Stellen, wo Sie das Prädikat «jüdisch» als etwas Gemeines bezeichnen sollend gebrauchen. Ein Pfarrer in der Nähe Berlins, der sonst alle Ihre Schriften für seine Dorfbibliothek angeschafft und ein großer Verehrer derselben und deren Verfasser ist, will Ihnen wegen dieses Punktes nächstens schreiben, da er meint, daß im Volke nie der schon hinreichend vorhandene Judenhaß noch genährt werden darf.

Die *Fortsetzung* des «Uli» wird mir *sehr* willkommen sein. Das Buch, wie es jetzt da ist, hat so keinen Schluß, und die Leute werden die Fortsetzung gerne sehen. Sie schreiben solche doch *deutsch*?!
[...]
Ruppius und Konsorten pfeifen auf dem letzten Loche und haben jetzt fast mein Mitleid erregt.
[...]

Christian Beyel, der Verleger des «schweizerischen» «Uli der Knecht», an Gotthelf am 15.10.46
[...]
Mit Gegenwärtigem zeige ich Ihnen den richtigen Empfang Ihres Schreibens vom 4. dies an und will nun gerne gewärtigen, was Herr Springer weiter in dieser Sache tun wird. Allerdings hat mir derselbe in einem kurzen Schreiben zu Anfang dieses Jahres die Anzeige gemacht, daß Uli für das deutsche Volk «zubereitet» werden würde. Ich hörte auch von einer solchen «Zubereitung» von Seite des Volksschriftenvereins. Statt aber, wie in solchen Fällen üblich, nach meinen Bedingungen über Abtretung des Verlagsrechts oder der noch vorrätigen Exemplare zu fragen, glaubt Herr Springer die Versicherung erteilen zu sollen, daß das Werk ein von dem bei mir erschienenen *wesentlich* verschiedenes sein werde, daß es mein Unternehmen nicht gefährde. Eine Empfangsanzeige seines Briefs, wie er es wünscht, habe ich *unterlassen*, da ich, ehe ich das Werk kannte, weder Protest einlegen, noch die Rechtmäßigkeit anerkennen wollte. Seit mir aber das Buch zu Gesicht gekommen, sehe ich, daß der Unterschied eigentlich nur so weit geht, wie ich ihn anfangs zur Erzielung eines größern Absatzes in Deutschland selbst gewünscht hätte; denn es gingen in den ersten Jahren daselbst keine 100 Exemplare, und erst seit zwei Jahren, seit Ihr Name überhaupt auch in Deutschland bekannter geworden, zeigt sich mehr Nachfrage. Wenn Sie sich nun

selbst in der «Berner Volkszeitung» gegen die «unbefugte Weise» erklären, womit der Volksschriftenverein sich scheine Ihrer Schriften bemächtigen zu wollen, so glaube ich, werden Sie mir nicht verübeln können, wenn auch ich mich gegen jeden unbefugten Eingriff in meine Rechte erkläre; denn nun geht kein Exemplar mehr in Deutschland.
[...]

Gotthelf in der «Schweizerischen Volkszeitung» am 16.10.46
[...]
«Die ‹Volkszeitung› enthält in Nr. 108 eine empfehlende Anzeige von Volksbüchern, die von einem Verein ausgehen, an dessen Spitze der berühmte Diesterweg stehe, welchen Jeremias Gotthelf durch seinen Uli unterstütze. Der Unterzeichnete glaubt im Falle zu sein, zu bemerken, daß Diesterweg aus diesem Vereine getreten ist, wozu er seine Gründe gehabt haben wird, und daß gerade dieser Verein, welcher auf unbefugte Weise seiner Schriften sich zu bemächtigen scheint, den Verfasser von Uli gezwungen hat, den Uli deutsch zu bearbeiten und ihn unter dem Schutze deutscher Gesetze bei Julius Springer in Berlin erscheinen zu lassen.

Jeremias Gotthelf.»

Springer an Gotthelf am 21.10.46
[...]
Beyels Brief hat mich etwas in Erstaunen gesetzt. Ich habe dem Manne das Erscheinen des «Uli» in deutscher Sprache bereits am 5. Januar brieflich mitgeteilt. Daß er nun nach neun Monaten tut, als erfahre er plötzlich etwas Neues, ist der beste Beweis, daß er nicht offen zu Werke geht und jedenfalls es nur auf Geldpressung abgesehen hat. *Moralisch* sind weder *Sie* noch ich ihm irgendwelche Erwiderung noch gar Ersatz schuldig; indes um die *juridi-*

sche Seite seiner Forderung beurteilen zu können, müßte ich Sie über folgende Punkte um Auskunft bitten: 1. Haben Sie mit Beyel einen *schriftlichen* Vertrag geschlossen? 2. Ist in diesem sowohl die ihm von Ihnen erlaubte Höhe der Auflage genannt und über fernere etwaige Auflagen etwas bestimmt? *Bejahendenfalls*: 3. Haben Sie irgend Beweise, daß Beyel mehr als die stipulierte Exemplarzahl gedruckt hat? Lassen Sie mich hierüber möglichst Genaues wissen. Schwerlich kann Ihnen und wird auch Beyel Ihnen irgend etwas anhaben. Geht er an die Öffentlichkeit, so findet er, soweit er auch die *praktische* Seite der Sache berührt, in mir einen, Beyel von Person und Charakter kennenden Gegner. Schreibt er Ihnen noch einmal, so weisen Sie ihn nur geradezu an mich; zuerst aber kann ich *ihm* nicht wieder schreiben. Ich halte das Ganze von Beyel übrigens für einen Puff, der vorüber puffen wird.
[...]

Beyel an Gotthelf am 23.10.46
[...]
Nach meinem letzten Schreiben habe ich mich immer darüber besonnen, ob nicht wohl ein Ausgleichungsmittel in unserm Konflikte gefunden werden könnte. Heute nacht ist mir nun zu Sinne gekommen, es ließe sich vielleicht darin finden, daß Sie mir das Recht gewähren, eine zweite Auflage von der «Armennot» zu machen. Von dieser Schrift befinden sich nur noch wenige Exemplare auf dem Lager. Bei der Bekanntwerdung Ihres Namens in Deutschland dürfte diese Schrift auch jetzt noch weitere Verbreitung finden. Den Sylvestertraum kann man dann ebenfalls neu ankündigen, und so könnte ich mich hier für den Verlust bei «Uli» entschädigen. Auf diese Weise könnte dann die Sache ohne Opfer von Ihrer Seite und ohne weitere Unannehmlichkeiten abgemacht werden. Würden Sie aber nicht hierauf eingehen wollen,

so muß ich darauf bestehen, daß Sie alle nicht abgesetzten Exemplare bis auf 2000 (denn die wurden mir gestattet) an sich bringen müßten.
[...]

Springer an Gotthelf am 28.8.47
[...]
Ruppius und Konsorten scheinen zu Ende zu gehen: den Verleger haben sie wieder geändert, und Ruppius will die Sache nun selbst nehmen. Er hat aber so geringen Kredit hier, daß er weder Papierhändler noch Buchdrukker findet, die für ihn arbeiten mögen. Lassen Sie nur erst *unseren* Verein kräftig sich ausgebreitet haben, es kostet freilich große Mühe, aber ich denke: es soll gelingen und Ruppius wird dann ganz das Terrain räumen.
[...]

Springer an Gotthelf am 14.7.48
[...]
Ruppius hört mit seiner Volksbibliothek auf. Wir haben ihm für unser Unternehmen seine Abonnenten abgekauft und wollen versuchen, wie weit sich dieselben auf unsere Volksbücher aufpfropfen lassen.
[...]

GOTTHELF SCHREIBT EINEN HANDWERKSBURSCHENROMAN

Döhner an Gotthelf am 8.1.44
[...]
Die Übel, an denen das Volk leidet, sind sich überall mehr oder weniger gleich. Sie kennen sie und besitzen eine köstliche Gabe, ihnen zu Leibe zu gehn. Ich wüßte daher nicht, was Sie abhalten sollte, auch für den Verein ein Buch zu schreiben, wie es Ihnen Ihr guter Genius eingibt. –
[...]
«Und was soll ich denn schreiben?» fragen Sie jetzt vielleicht. Ich antworte: «Was Sie wollen: Schweizer Leben, – Erfahrungen – Zustände, oder denken Sie sich einen deutschen Handwerksburschen, der die Schweiz durchwandert; oder geben Sie uns den Tell, damit unser schlaffes Geschlecht sich an seinem Anblick weide und ermanne; oder stechen Sie uns über die vermeinte Einfachheit und Glückseligkeit der Schweiz in einer Erzählung die Augen; oder versetzen Sie sich auch auf anderen Boden, nach Nordamerika, Frankreich, England, ein belehrender oder warnender Mentor etc.»
[...]

Gotthelf an Fetscherin am 25.2.44
[...]
Ich will eine Schützennovelle [3], in welche der Baslerschießet kömmt, versuchen und habe dann Lust, die Handwerksburschen übers Knie zu nehmen, habe Notizen gesammelt bereits, weiß z.B., daß in Bern eine eigene Kommunistengesellschaft ist, welche drei Zimmer füllt, Versammlungen hält usw., weiß Grüße, Brüderschaften, Sitten, habe mit Gesellen mich eingelassen, und wenn ich

freie Hand kriege und der Luft im Kopf gut weht, so kanns was Ordentliches geben.
[...]

Döhner an Gotthelf am 9.3.44
[...]
Die Verbreitung des Burschen in der Schweiz betreffend, so tue ich Ihnen einen doppelten Vorschlag: a) Ein halbes Jahr nach erfolgtem Druck des Werkes suchen Sie in der Schweiz einen Buchhändler, der es zum zweiten Male, und zwar für diese, jedoch unter der Bedingung druckt, das Buch nicht nach Deutschland zu senden und in deutschen Blättern nicht anzuzeigen, vielmehr etwaige Nachfragen an den Verein in Zwickau zu weisen; was Ihnen der Buchhändler an Honorar gewährt, bleibt ganz Ihrem Kontrakte mit ihm überlassen. b) Der Verein liefert Ihrem Buchhändler so viel Exemplare, als er von dem Buch bestellt und berechnet dafür pro Bogen roh in Ballen gepackt 4 Pfennig, so daß das Buch, füllte es 20 Bogen, gerade 80 Pfennig kosten würde. Die Fracht von hier müßte dort getragen werden. Sie sehen, lieber Herr Pastor, Ihre liebe Schweiz soll nicht leer ausgehn, auch mir liegt sie am Herzen. Wählen Sie nun eins von beiden und teilen Sie mir dann zugleich Ihre Bedingungen in bezug auf das Honorar mit, das ich Ihnen im Falle a) oder b) zu gewähren habe.
[...]

Döhner an Gotthelf am 12.8.44
[...]
Jetzt zum Wanderburschen in spe. Ich habe nichts dagegen, wenn Ihr Herr Buchhändler ihn gleichzeitig in der Schweiz druckt.
[...]
Unser Publikum sind die Vereinsmitglieder, deren Wohnorte der Bericht treulich angibt, für diese brauchen

wir, wenn die Auspizien aufs 4. Vereinsjahr nicht ganz trügen, nahe an 8000 Exemplare. Ergibt sich nach Ablauf des vierten Vereinsjahres, daß wir noch Exemplare übrig haben, so werden sie auf Verlangen verabfolgt, und dadurch kommen unsere Büchlein in den Buchhandel.
[...]

Döhner an Gotthelf am 27.12.44
[...]
Haben Sie Dank dafür, Verehrter, und seien Sie dessen versichert, daß ich mich Ihres künftigen Lieblings – des Wanderburschen – nach Ihrem Wunsche als ein geistlicher Vater annehmen werde, einzig und allein in Ihrem Interesse. Gestattet der hiesige Verein einem Schweizer Buchhändler aus Rücksicht gegen Sie den Nachdruck, damit Ihnen daraus noch größere Vorteile erwachsen, wer kann uns das verbieten und ihm dann diesen Nachdruck verwehren? Nolenti non fit injuria. Das gilt in diesem Falle und hebt jedes Gesetz über letztern auf. – Haben Sie nur die Güte, den Burschen so zu gestalten, daß er hier zu Lande begriffen und verstanden wird, auch wenn er dann und wann mit Schweizern schweizerisch spricht, und diese mit ihm nicht anders sprechen können. Finden Sie es dann für die Schweizer Ausgabe angemessen, noch mehr rein Schweizerisches da und dort einzuweben oder dahin umzuformen, so steht dies ja ganz bei Ihnen und wird Ihnen wenig Mühe machen.
[...]

Döhner an Gotthelf am 10.6.45
[...]
Sollten Sie irgendwo auf das Gebiet der Religion und Kirche kommen, so muß ich Sie bitten, sich über den Parteien zu halten und die Sprache der Bibel zu führen, die am Ende von allen anerkannt werden muß, sie mögen nun Katholiken, Lutheraner, Reformierte, Mystiker oder

Pietisten heißen. Kämen Sie auf Jesuiten, dann wollen wir jede Rücksicht schwinden lassen!
[...]

Springer an Gotthelf am 1.1.46 (3. Teil)
[...]
Nun zum Handwerksburschen! Auf Ihren Antrag, denselben *neben dem* Zwickauer Verein für den Buchhandel zu erwerben, kann ein Buchhändler, der eben nicht Buchhändler dieses Vereins ist, unmöglich eingehen. Es hieße dies die Milch verkaufen, nachdem der Nidel abgeschöpft ist. Der Zwickauer Verein, der nebenbei bemerkt eine besondere Hochachtung nicht genießt und bis jetzt größtenteils nur Unbekanntes und Mittelmäßiges gebracht hat, hat die Einrichtung, wenn eine seiner Schriften als Schrift des Vereins seine Verbreitung erhalten, dieselbe noch dem Leipziger Buchhändler des Vereins zum Debut zu übergeben, der dann einige hundert Exemplare höchstens noch absetzt. Dazu kann sich aber ein anderer Buchhändler *nicht* hergeben.

Wenn Sie den Handwerksburschen *mir in Verlag* geben, so nehme ich ihn unbedingt. Honorar zahle ich Ihnen bei ungefährem Formate und Druck wie Ihr Geldstag und demselben Umfange 200 Taler preußisch Courant. Will der Zwickauer Verein die benötigten Exemplare von mir dann nehmen, so liefere ich ihm solche zu dem *Kostenpreise. Hierzu würde ich mich verpflichten*, natürlich sobald ich die *Anzahl* der dem Vereine nötigen Exemplare kenne. Der Verein könnte hiemit zufrieden sein. Sind *Sie* es, so senden Sie mir gefälligst sobald als möglich das Manuskript. Nötigenfalls will ich dann mich mit Herrn Erziehungrat Döhner über die Sache in Korrespondenz setzen. Aber wie gesagt: wenn der Verein das Buch druckt, und ich soll es dann noch einmal drucken oder dem Verein den Rest der Auflage abkaufen, so geht das nicht.
[...]

Gotthelf an Gersdorf am 8.1.46
[...]
Der Zwickauer Verein will Bücher verbreiten, welche ich ihm abgetreten habe; Sie wollen Bücher von mir verbreiten, welche Sie übersetzt oder vielmehr transponiert haben. Dies muß natürlich die Reibung zwischen Ihnen vermehren, und am Ende bin ich der Esel zwischen beiden Partien, auf welchen die meisten Streiche fallen. Nun habe ich einen schweizerischen Rücken, der viel trägt, und am Ende auch einen Arm, der munter dreinschlägt, wenn es sein muß; aber so sollte es unter Männern nicht sein, welche die Hand am gleichen Pfluge haben wollen.
[...]

Gersdorf an Gotthelf am 18.1.46
[...]
Nein, Verehrtester! Sie werden nicht zwischen den Parteien stehen! Sie stehen hoch über denselben. Nur *meine* Stellung ist der Art, daß mir bange werden muß. Höchstens bei den wenigen ganz selbständig Urteilenden würde ich mich in Kredit erhalten können, wenn Sie meine Ansichten und mein bisheriges Treiben als verfehlt und verkehrt bezeichneten und namentlich den Zwickauern gegenüber mir unrecht gäben. Meine ganze Sache ist ja allein auf Sie gebaut. Warum ich gegen die Zwickauer zu Felde liege, zu Felde liegen *muß*, ist schnell gesagt. Döhner ist, so viel ich höre, ein herzensguter, wohlmeinender Mann, aber einer jener schwachen Geister, welche, weil sie es herzlich gut meinen, keines Zweifels fähig sind, daß sie ganz das Rechte treffen. Er hat von Hause aus ganz verkehrte und obendrein unklare Ansichten über das Volk, seine Bildung und Bestimmung, und ist darin völlig incurabel.
[...]

Springer an Gotthelf am 26.1.46
[...]
Ich bin entschlossen, die mir von Ihnen offerierte Schrift «Der Handwerksbursche» unter folgenden Bedingungen in Verlag und Eigentum zu übernehmen:
1. Sie liefern mir das vollständige Manuskript im Lauf des Monats Februar. 2. Das Honorar erhalten Sie, bei Ausstattung in ungefährer Art Ihres «Geldstags» für die erste auf zweitausend und fünfhundert Exemplare bestimmte Auflage für den Druckbogen zwanzig Taler preußisch Courant, nach Beendigung des Druckes, nebst zehn Freiexemplaren. 3. Bei nötig werdender neuer Auflage von gleicher Anzahl wie oben (2500 Exemplare), was zu bestimmen mir zusteht, erhalten Sie als Honorar für den Druckbogen zwölf Taler preußisch Courant für jede neue Auflage. 4. Ich sorge für eine anständige Ausstattung und übernehmen Sie, wenn dies wünschenswert sein sollte, eine Korrektur. 5. Sie verpflichten sich für die nächsten acht Jahre, von 1846 bis 1853, alles was Sie in dieser Zeit erscheinen zu lassen beabsichtigen, *zuerst* mir unter gleichen Bedingungen wie die sub 2., 3. und 4. zum Verlage zu offerieren und erst, wenn *ich* auf den Verlag des Offerierten Verzicht geleistet, worüber ich nach vier Wochen nach Empfang des offerierten Manuskripts zu entscheiden habe, es einem anderen Verleger zu übergeben. 6. Die Bearbeitungen einiger bereits für die Schweiz erschienener Werke für Deutschland bin ich auch bereit in Verlag zu nehmen, und zwar, wenn Sie bei diesen mit einem Honorar von zwei Friedrichsd'or = elf $\frac{1}{3}$ Taler für den Druckbogen und einer Auflage von ebenfalls 2500 Exemplaren, zahlbar nach beendigtem Druck und gleichfalls zehn Freiexemplaren zufrieden sind. 7. Auch bei den in § 6 behandelten Bearbeitungen steht mir in den Jahren 1846 bis 1853 das Verlagsvorrecht laut § 5 zu. 8. In bezug auf etwa von Ihnen zu edieren beabsichtigte *Jugendschriften,* deren *Format* füglich ein kleineres, etwa wie das des

«Knaben des Tell», sein müßte, bestimmen wir, daß der mit 20 Taler bei 2500 Auflage Ihnen zu honorierende Bogen als statt 16, dann 32 Seiten umfassend betrachtet werden soll. Ein Gleiches gilt, wenn wir auch sonst bei einem zu verlegenden Buche das kleinere Format statt des großen des «Geldstages» wählen.

Sind Sie mit diesen Bedingungen einverstanden, so haben Sie die Güte, in Ihrem nächsten Briefe mir dies unter Anführung der Punkte 1 bis 8 anzuzeigen, was indes bis zum 1. März des Jahres geschehen muß, und betrachte ich dann unsere Übereinkommen auf die Jahre 1846 bis 1853 als fest verabredet und geschlossen, was auch Sie gefälligst beifügen wollen.

Berlin, den 26. Januar 1846   Julius Springer

Mit Ihrer gefälligen Bestätigung erwarte ich dann auch sogleich das Manuskript zum Handwerksburschen. Ich habe noch einen Punkt auf dem Herzen, der mir in bezug auf das von Ihnen herausgegebene Neue von Wichtigkeit scheint. Behalten Sie aber denselben ganz für sich! Man kann mir in Ihrer Schweiz leicht die bei mir (in Preußen) erscheinenden Werke Ihrer Feder *nachdrucken*, im wirklichen schweizerischen Buchhandel würde solcher Nachdruck mir nicht weiter schaden, aber im sonstigen Kleinverkehr doch. Ich werde daher versuchen, den *Titel* des Buches jedesmal in *Zürich* mit Hoehrs Firma und auf der Rückseite der Firma einer *Zürcher Buchdruckerei* drucken zu lassen, wodurch ich wenigstens ein ostensibles Recht in der Schweiz erlange und womit auch Sie einverstanden sein werden.

[...]

Springer an Gotthelf am 1.3.46
[...]

Ihr sehr wertes Schreiben vom 18. Februar habe ich erhalten. Sicher hatte ich geglaubt, damit auch gleich das verheißene Manuskript zum Handwerksburschen erwarten zu können. Daß Sie solches nun doch den Herren von Zwickau gesandt, weiß ich mir um so weniger zu erklären, als Sie ja schreiben, daß Sie sehr zufrieden mit einem Honorar von 20,– pro Bogen seien.

Freilich – Sie fahren dann gleich fort, daß Sie doch nicht glaubten, wir würden uns einigen, da ich nur zehn Freiexemplare bewilligen wolle, Sie aber 30 bedürften! Seien Sie offen, hochgeehrter Herr, und sagen Sie, daß Sie etwas Mißtrauen gegen mich haben – vielleicht auch eben nicht gegen mich und meine Person, sondern überhaupt gegen *den Buchhändler*. Sie haben freilich vielfache trübe und leicht Mißtrauen erweckende Erfahrungen gemacht; indes ich darf dies sagen: es gibt noch immer Buchhändler, die den Autor nicht hintergehen, sondern es sich zur Pflicht und Ehre machen, das Vertrauen, welches durchaus der Autor zu seinem Buchhändler haben muß, auch zu rechtfertigen. Ich muß daher innigst wünschen, daß Sie zu mir und meiner Firma auch ein Vertrauen haben, weil ohne dieses eine Verbindung zwischen uns gar nicht zuwege zu bringen. – 30 freie Exemplare ist eine *sehr* bedeutende Angelegenheit, Sie sollen sie indes von den *neuen* Sachen, welche Sie meiner Firma anvertrauen, erhalten, sobald ich eben 30 Exemplare *über* die stipulierte Auflagenzahl drucken darf, was Sie nicht unbillig finden werden.

[...]

Springer an Gotthelf am 27.3.46
[...]
Schade, daß der Handwerksbursche schon nach Zwickau gewandert ist; es war also ein Mißverständnis, ist aber nun einmal nicht mehr zu ändern.
[...]

Döhner an Gotthelf am 23.4.46
[...]
Sie erhalten hierbei endlich den von uns vollzogenen Kontrakt, der nur darum aufgehalten worden ist, daß die mit der hiesigen Buchhandlung angeknüpften Unterhandlungen behufs ihrer Teilnahme an der Herausgabe der guten Ausgabe zu keinem Resultate geführt, sondern sich völlig zerschlagen haben. Das Direktorium hat sich in dessen Folge entschließen müssen, den Jakob allein in Verlag zu nehmen, wodurch wir freilich in ein großes Risiko geraten sind, weil wir nun die Verbindlichkeit haben, jedem Vereinsmitgliede erster Klasse ein Exemplar eigentümlich zukommen zu lassen. Wüßten wir, wieviel Mitglieder der Verein im nächsten Jahre, das mit Juni beginnt, behalten wird, so würde sich die Anzahl der Exemplare der für den Verein bestimmten Ausgabe haben ebenfalls angeben lassen; allein da jenes so ganz ungewiß ist, so mußte der betreffende Paragraph dies unbestimmt lassen.
[...]
Unter den besten Wünschen für Ihr ungestörtes Wohlsein zur Vollendung des Jakob in dem statu exaltationis verbleibe ich
Ihr aufrichtiger   D. Döhner

Döhner an Gotthelf am 30.9.46
[...]
Endlich, mein teuerster Herr Pastor, ist der Jakob vom Stapel gelaufen und hat seine Weltreise angetreten. Möge es ihm an gutem Winde nicht fehlen, damit er glücklich und gesegnet in die Herzen vieler Tausende einlaufe! Wie ich ihn im Berichte kurz charakterisiert und seiner weiteren Kur, der Sie ihn unterwerfen, gedacht habe, ersehen Sie aus diesem Berichte selbst. Möglich, daß ich mich geirrt habe, und daß Sie ihn im zweiten Bändchen untergehen lassen, weil er incurable wird, – nun

das schadet auch nicht – ich habe mich dann geirrt, und decke mich durch das allgemeine errare humanum est. Lassen Sie mich nun nicht allzulang auf den Burschen warten, weil der Druck und das Heften so vieler Exemplare unter vier Monaten nicht zu erzwingen ist, und wir doch gern mit Ostern 1847 das Ganze vollendet sehen möchten.
[...]

Springer an Gotthelf am 21.10.46
[...]
Sie sind übrigens, geehrter Herr, jetzt sehr fleißig: Ihren Handwerksburschen erhielt ich diese Woche aus Zwickau. Das Buch ist jämmerlich ausgestattet und schauderhaft gedruckt, ich habe mich wirklich darüber geärgert. Dabei ist der Preis von ½ Taler *sehr teuer* und stimmt zu der Aufschrift des Titels «Verein *wohlfeiler* Volksschriften» gar nicht. *Unsere* Volksbücher hoffen wir viel wohlfeiler zu liefern.
[...]

Springer an Gotthelf am 1.12.46
[...]
Ihr Handwerker Jakob ist nun tüchtig von mir verbreitet; ich will aber offen sein und Ihnen gestehen, daß das Buch hier im allgemeinen, selbst unter den Ihren Ansichten ganz Beipflichtenden *nicht* gefällt. Sie nehmen diese offene Mitteilung Ihres Verlegers sicher nicht übel; *ich* selbst habe das Buch in meinem sehr in Anspruch genommenen Geschäftsleben noch nicht gelesen und weiß daher nicht, inwieweit ich in den dem Buche gemachten Tadel einstimmen würde, – aber daß dieser Tadel selbst von Ihren *Verehrern* kommt, muß ich offen Ihnen aussprechen.

Meine Frau hat jetzt zu viel mit unserm Buben zu tun und kommt wenig zur Lektüre, sie soll mir aber den

Handwerksburschen auch lesen und dann will ich ihr gesundes Urteil annehmen.
[...]

Springer an Gotthelf am 31.1.47
[...]
Über die unzweckmäßige Verbreitung von «Jakobs Wanderungen» bin ich mit Ihnen erstaunt. Dieser Zwikkauer Verein ist eben kein Buchhändler und versteht nicht, wie man mit einem Buche umzugehen hat. Das kann auch dem Verfasser gleichgültig nicht sein; denn der schreibt ja nicht bloß, damit das Geschriebene gedruckt, sondern damit es auch *vertrieben* und *verbreitet* werde, – und Letzeres kann nur, wer das Geschick dazu hat.
[...]

Döhner an Gotthelf am 28.2.47
[...]
Sie haben mich durch Ihren lieben Brief betrübt und erfreut, das erste hauptsächlich durch den wohl kaum in Ihrem Herzen wurzelnden und von da stammenden Gedanken, als sei vom Vereine der Vertrag verletzt worden, das andere durch die Verheißung auf die baldige Vollendung Ihres Jakob.

Der Kontrakt ist nicht in einem Jota verletzt worden. Exclusive Ihrer Freiexemplare sind für den Buchhandel nur 2000 Exemplare gedruckt worden, und zwar auf Maschinenpapier, das sich wegen unsers Muldenwassers etwas bläulicher ausnimmt als das Papier aus der Schweiz, übrigens aber demselben wohl in keinem Falle nachsteht. An Exemplaren für die Mitglieder des Vereins, deren wir im sechsten Vereinsjahre aus allen drei Klassen (cf. die Statuten) nach und nach an 12000 bekommen haben, sind auf ein ordinäres Druckpapier, wie wir es zu allen anderen Vereinsschriften nehmen, 9000 gedruckt worden, und diese auch bis auf einen Rest von etlichen hundert zur

Gratisverteilung an und unter die Mitglieder gelangt. Aus dem nächsten Rechenschaftsberichte werden Sie ersehen, daß wir jede Schrift des verflossenen Jahres, von der wir keine besondere Auflage für den Buchhandel drucken ließen, in 10000 Exemplaren haben drucken lassen, (eine sogar, weil sie auch den Mitgliedern der Klasse III eigentümlich zukommt, sogar zu 12000). Hätten wir diese Verhältnisse beim Jakob zum Anhalten genommen, so hätten eigentlich 10000 auf ordinäres Druckpapier, und die 2000 kontraktmäßig für den Buchhandel abgezogen werden müssen. Es ist aber davon abgesehen worden, weil wir hoffen durften, mit 9000 für den Verein zu langen, und die guten Exemplare dagegen auf dem Wege des Buchhandels abzusetzen. Hätten wir uns in jener Hoffnung getäuscht, wären dem Vereine noch 1000 und mehr Mitglieder im verwichenen Jahre beigetreten, dann würden wir sie noch mit Exemplaren der guten Ausgabe haben versorgen müssen, weil wir mit den ordinären nicht gereicht hätten, was allerdings die schnellere Absorbierung der für den Buchhandel bestimmten Exemplare nicht auf dem Wege des Buchhandels zur Folge gehabt haben würde, und daher dem Vereine großen Verlust zugezogen hätte, vorausgesetzt, daß wir die für den Buchhandel bestimmten 2000 auch verkaufen. Sie sehen, lieber Herr Pastor, aus dem allem, daß wir treu, unverbrüchlich treu an allen Bestimmungen unseres geschlossenen Kontrakts gehalten haben, und ich würde mich vor mir selbst schämen, wenn ich, der ich das Ganze zu überwachen habe, zugelassen hätte, daß auch nur in *einem Pünktlein* davon abgewichen worden wäre. Gewiß werden Sie mir nun aber auch glauben, daß ich ohne Betrübnis Ihren Brief nicht lesen konnte, und kennten Sie mich von Angesicht, auch anmerken, wie tief sie habe gehen müssen.

[...]

Welche Verbreitung auch endlich alle Ihre Bücher gefunden haben mögen, mit der des Jakob kann sich keine messen; wie alle seine Geschwister, die der Verein ausgesandt hat, ist er in seinem Alltagsgewand in tausend und aber tausend Häuser des *Volks* gekommen und wird gewiß des Segens viel stiften. Denn daß Jakob nicht gefallen hätte, habe ich von Vereinsmitgliedern noch nicht vernommen, dagegen von mehr als einer Seite, daß er angesprochen hat und für höchst zeitgemäß erklärt worden ist. Daß dabei dem einen dies, dem andern jenes nicht recht gewesen sein kann, daß hier über zu viel Derbheit geklagt, dort die Breite getadelt worden ist, mag sein und ist mir zum Teil zu Ohren gekommen, aber das ist mit jedem Buche der Fall, wie ich nun an etlichen und 50 Büchern erfahren habe, die der Verein verbreitet hat. Ihr Jakob ist ein *gutes Buch*, dafür wurde er jüngst in einem Leipziger Blatte öffentlich erklärt und sehr empfohlen.

[...]

Wir sind der Handelswelt ein Dorn im Auge; sie möchte uns tot machen und hört darum nicht auf, es uns nach zu machen – aber es geht nicht, weil sie zugleich spekulieren *muß*, was wir nicht brauchen. Nun ärgert man sich, unterminiert, knifelt, geifert, spöttelt, u.s.w., aber das Ende vom Liede ist, wir leben fort und fort, und nun schon sechs Jahre, ohne ab- sondern nur zuzunehmen. Niederträchtige Seelen, die sich nicht denken können, wie man ein allerdings jetzt sehr umfänglich gewordenes Geschäft aus Gottes- und Menschenliebe ohne Gewinn leiten könne, mögen vielleicht uns sogar Böses andichten. Das kümmert mich aber alles nicht, das hab ich vorher gewußt, ehe ich die Hand an den Pflug legte.

[...]

Döhner an Gotthelf am 22.2.50
[...]
Gern will ich es glauben, daß Ihnen die Zeit der Vertreibung Ihres Jakob lang geworden ist und noch lang werden wird.
[...]
Wir sind zur Zeit noch nicht so weit; nach einer veranstalteten Revision unseres Lagers haben sich noch 600 Ex. vom 1. und 800 Ex. vom 2. Bande der bessern Ausgabe vorgefunden. Da aber fortwährend Bestellungen eingehn, wenn auch nur auf einzelne Exemplare, so dürfte doch die Zeit nicht mehr allzufern sein, wo Sie dann weitere Disposition rücksichtlich einer neuen Auflage treffen können, wie ich denn nicht verfehlen werde, Sie zu seiner Zeit davon zu benachrichtigen.
[...]

Springer an Gotthelf am 26.5.51
[...]
An die Herren in Zwickau mag ich fürs Erste nicht wieder schreiben. Sie haben sich damals zu exigant und unsolide bewiesen. Das Einzige, womit auch diesen Leuten beizukommen wäre, ist die *Gesamt-Ausgabe*. Möglich daß die bloße Drohung damit schon hilft. Jedenfalls würde ich Ihnen raten, von den Herren eine genaue Rechnungslegung zu verlangen: *wieviel Exemplare sie gedruckt* haben, dem *müssen* sie entsprechen. Tun sie es auf *Ihre* Anforderung hin nicht, so will *ich* die Sache in die Hand nehmen. Ich denke, daß wir auf diese Weise die Festung stürmen.
[...]

Springer an Gotthelf am 1.3.52
[...]
Wegen der Herren Zwickauer muß ich doch einmal mit meinem Advokaten sprechen, so geht das Ding doch

nicht. Die Leute verkaufen und es werden immer mehr Exemplare. Ich bin auf die verheißene Berechnung, die Sie mir auch beilegen wollen, begierig.
[...]

Springer an Gotthelf am 5.4.52
[...]
Die Briefe der Herren in Zwickau sind doch wirklich etwas albern. Einmal wollen sie mir geschrieben haben, daß der Verein ganze Auflagen seiner Bücher nicht veräußern könne – was mir übrigens *nicht* geschrieben ist, und dann fragen sie, warum ich den Rest der Auflage ihnen denn nicht abkaufe. Das verstehe, wer kann!
[...]

DIE ANFÄNGE DER «ALLGEMEINEN DEUTSCHEN
VOLKSBIBLIOTHEK» VON MOSES SIMION
UND JULIUS SPRINGER

Simion an Gotthelf am 28.1.46

[...]

Schon vor einigen Monaten habe ich an meinen Freund und Kollegen Springer die Bitte gerichtet und das Versprechen von ihm erhalten, daß er sich bei Ihnen für mich verwenden wolle, um mir eine Volkserzählung von Ihnen zu erwirken. In derselben Absicht hat Dr. Röse [4], den die Sache gleichfalls angeht, vor einiger Zeit an seinen Freund und Ihren Landsmann Dr. E. Schaerer mit Dalp [5] in Bern, jetzt Redakteur der Basler Zeitung in Basel, geschrieben, damit derselbe ein gutes Wort für diese Sache bei Ihnen einlege.

Nunmehr glaube ich aber, mich direkt an Sie wenden zu müssen. Es handelt sich nämlich um die Gründung eines allgemeinen deutschen Volksschriften-Vereins, dessen Idee ganz im allgemeinen Dr. Röse in seinem Aufsatz «Das Volksschriftenwesen etc.» in der Cottaschen Vierteljahrsschrift (1845, vierte Lieferung) behandelt hat. Indessen ist der Plan zur Ausführung bis jetzt nur zwischen Dr. Röse und mir besprochen. Wir gehen von dem Grundsatz aus, erst eine Anzahl *tüchtiger* Bücher beisammen zu haben und dann wohlgerüstet sogleich mit einem Hauptschlage hervorzutreten. Die beitragenden Schriftsteller (unter andern Spindler, Berthold Auerbach [6] etc.) werden den *Stamm* des zu gründenden allgemeinen deutschen Vereins bilden, um den sich dann bald auch andere tüchtige Kräfte und Autoritäten gruppieren werden. Statuten oder dergleichen mögen dann nachträglich entworfen werden. Wir wollen mit der Tat voranschreiten.

Also meine Bitte an Sie, hochgeehrter Herr Pfarrer,

geht dahin, mir das Manuskript einer Volkserzählung zu dem angegebenen Zwecke möglichst bald zu liefern und dann so viel als möglich fortdauernd eine Hauptstütze meines Unternehmens zu bleiben. Ich möchte nicht gern, daß die erste Erzählung den Umfang von zehn Bogen (Format und Druck wie der bei mir erscheinende Volkskalender von Dr. Steffens [7]) *bedeutend* überschritte, und bin so frei, Ihnen ein Honorar von 200 Talern preußisch Courant in Bausch und Bogen dafür anzubieten.
[...]

Springer an Gotthelf am 13.3.46
[...]
Erlauben Sie mir, Ihnen nun noch Mitteilung von einem weiteren Vorhaben zu machen, zu welchem uns Ihre Mitwirkung durchaus nötig ist. Im Vereine mit einem mir nahe befreundeten Verleger hier am Orte beabsichtigen wir in der nächsten Zeit einen Zyklus von guten Volksschriften in weitem Umfange und großer Ausdehnung zu bringen. Um die Verbreitung derselben allgemeiner, als dies bei gewöhnlichen Mitteln irgend tunlich ist, zu machen, werden wir mit der Zeit einen förmlichen Verein bilden, der in hohen geistlichen und weltlichen Personen seine Beschützer und in den *Käufern* seiner Produkte seine Mitglieder haben wird.

Ich glaube, daß mein Freund Simion Sie des breiteren über unsern Plan vor längerer Zeit schon benachrichtigt hat, und bin überzeugt, daß Sie denselben billigen und uns Ihre Mitwirkung mit Wort und Tat nicht versagen werden. Wir wünschen vierteljährlich *zwei* Bändchen von etwa zehn Bogen jedes, zu bringen. Auerbach, Spindler, Schubert [8] in München und andere gefeierte Männer haben uns ihre Unterstützung und Mitwirkung zugesagt und wir rechnen zuversichtlich auch auf die geschätzte Ihrige. Lassen Sie mich, ich bitte, etwas Gewisses hierüber hören.

Wir werden mit dem Ganzen übrigens erst in die Öffentlichkeit treten, sobald wir mehrere Manuskripte liegen haben, da wir, ist der Plan einmal dem Publikum entwickelt, auch sofort mit der Tat in Beifall gewinnender Weise hervortreten wollen. Aus diesem Grunde nehme ich übrigens Ihre beste Diskretion in Anspruch und ersuche Sie, über den Plan des weitern nichts verlauten zu lassen.

Können Sie uns aber, geehrter Herr, auf den Schluß des Sommers entsprechendes Manuskript senden, so werden wir Ihnen sehr dankbar sein und Sie können für zehn Bogen in einem übrigens kleineren Formate auf ein Honorar von zweihundert Taler sicher rechnen.
[...]

Springer an Gotthelf am 27.3.46
[...]
Meinen Brief vom 13. dies werden Sie indes erhalten haben und daraus ersehen, daß allerdings der Freund, mit dem ich zusammen das große Volksschriftenunternehmen beabsichtige, Herr Simion ist. Wir gratulieren uns, auch Sie, geehrter Herr, für unser Vorhaben gewonnen zu haben, und sehen in Bälde eines Beitrages von Ihnen entgegen.
[...]

Simion an Gotthelf am 27.3.46
[...]
Freund Springer sagt mir, daß manche leidige Erfahrungen mit unsern Standesgenossen Sie mit einigem Mißtrauen gegen Buchhändler erfüllt zu haben scheinen. Ich bitte Sie daher, in betreff meiner Solidität bei irgendeinem Schweizer Kollegen Erkundigung einzuziehen und demnächst mir zu schreiben, auf welchem Wege Sie das Honorar zu empfangen wünschen.

Auf unser Volksschriftenunternehmen freue ich mich sehr. Ich bin überzeugt, daß Sie aus Ihrem einfachen Stoff ein reiches Buch schaffen werden. Springer zeigte mir Ihren Brief, worin Sie den Wunsch aussprechen, über Plan, Auflagen und dergleichen Näheres zu erfahren. Unser Plan, dessen Grundzüge ich Ihnen früher mitgeteilt, ist noch nicht ganz zur Reife gediehen. Jedenfalls werden wir beide, Springer und ich, den Verein in geschäftlicher Beziehung vertreten, und Sie haben keine ähnlichen Ärgereien zu befürchten, als, wie ich höre, Sie früher betroffen. Neue Auflagen werden wir auch von neuem honorieren und Ihr Eigentumsrecht in jedem Betracht respektieren. Groß werden die Auflagen freilich sein müssen, und in dieser Beziehung uns die Hände nicht gar zu eng gebunden werden können, da wir einen erstaunlich billigen Preis festsetzen und mit aller Kraft werden arbeiten müssen, den Büchern die Verbreitung zu geben, die bei so niedrigem Preise zunächst die beträchtlichen Kosten deckt.
[...]

Springer an Gotthelf am 15.6.46
[...]
Die kleineren Sachen, welche Sie an Herrn Simion gesandt, wird dieser behalten und benützen, er schreibt Ihnen selbst darüber noch.
[...]

Springer an Gotthelf am 6.8.46
[...]
Ihrer «alten Frau» [9], d.h. nicht Ihrem Vreneli und Mädli, sondern Ihrem neuen Schriftchen sind Simion und ich sehr bald gewärtig.
[...]

Springer an Gotthelf am 14.9.46
[...]
Herr Simion hat mir nun heute *bestimmt* einen Brief an Sie versprochen. Mit unserem gemeinschaftlichen Unternehmen geht es gar langsam fort; die Vorbereitungen erfordern *gar zu viele* Zeit und Arbeiten und es sind dieselben noch nicht überwunden. Den Erbvetter und das arme Mütterchen [9] nehmen wir aber *jedenfalls*, und wenn letzteres auch 15 Bogen gibt, so schadet das nichts. Das Honorar wird jedenfalls *sehr* anständig ausfallen, und Herr Simion wird Ihnen darüber wohl schreiben.

Ihre beiden Erzählungen «Der Mordiofuhrmann» und «Wurst wider Wurst» [7] haben mir sehr gefallen und werden dem Steffenschen Kalender neue Freunde bringen. Es hat mich dies auf den Gedanken gebracht, daß *Sie* doch überhaupt an einen Kalender der Art sich machen sollten, es brauchte sogar ein astronomischer Kalender gar nicht dabei zu sein, es genügte ein jährlich erscheinendes *Volkstaschenbuch*, kleinere Erzählungen enthaltend! Was meinen Sie dazu? Nehmen Sie die Sache auch gelegentlich in Bedenken!
[...]

Simion an Gotthelf am 14.9.46
[...]
Nun sagt mir aber Springer, Sie fragten bei ihm an, wie es mit dem «Erbvetter» stehe. Ich glaubte dies längst durch Springer abgetan. Ich war und bin nämlich sehr gern bereit, dies treffliche Werkchen als selbständiges Buch zu verlegen; noch besser schien mir aber, es für unsern projektierten Verein zurückzulegen. Springer stimmt damit überein und sollte es Ihnen mitteilen. Wir hoffen, daß Sie einverstanden sein werden. Es macht sich um so besser, ein *kleines* Buch zu geben, da, wie Sie schreiben, die «Großmutter» das eigentliche Maß dafür überschreiten wird. So gleicht sichs aus.

Die beiden kleinen Erzählungen «Wurst wider Wurst» und «Mordiofuhrmann» sind bereits in meinem Kalender abgedruckt und werden sich sicher viel Freunde erwerben. Dieselben haben etwas über zwei Bogen gegeben, wofür Sie 48 Mark Preußisch Courant bei mir gut haben. Ich bat Sie in meinem Schreiben vom 27. März, mir mitzuteilen, auf welchem Wege Sie das Honorar einzuziehen wünschen. Da Sie nicht darauf erwidert, so bin ich deshalb in der Tat auch jetzt noch in Verlegenheit. Direkte Sendung würde gar zu großes Porto kosten, und was für Geld sollte ich senden? Auch ein Exemplar des Kalenders schicke ich Ihnen wegen des hohen Porto nicht direkt, bitte vielmehr, es in einigen Wochen (dann wird es dort sein) aus irgendeiner Schweizer Sortimentshandlung zu entnehmen.

Herzlich bitte ich, mir auch für nächstes Jahr wieder einige kleine Beiträge zum Volkskalender zuzuwenden.

Zu unserm Volksschriftenunternehmen wird Ihr «Großmütterchen» [9] hoffentlich bald fertig sein. Von Berthold Auerbach erwarte ich täglich ein Manuskript. Spindler, der zum Herbst gleichfalls eines versprochen hat, ließ lange nichts von sich hören. Hoffentlich kommt alles zusammen und dann freue ich mich, wie wir mit so Tüchtigem hervortreten und die Ehre deutscher Volksschriftenvereine retten werden, die letzthin manchmal in Gefahr war.

[...]

Springer an Gotthelf am 21.10.46
[...]
Simions und mein größeres Vorhaben ist kaum zum ersten Beginnen gelangt. Simion hat die Idee, einen vollständigen Verein zur Verbreitung von Volksschriften zu gründen und durch diesen letztere dann auf den Markt zu bringen. Er will zu diesem Behufe gewiegte Autoren gewinnen und durch die von diesen gelieferten Schriften

und solchen sich anschließender Männer dann den Verein gewiegter machen. Nachdem ich mich in diesen Plan mehr und mehr eingearbeitet, bin ich zu der Überzeugung gekommen, daß unser ganzes Gebäude verkehrt konstruiert ist. Es will mir nämlich scheinen, daß es durchaus falsch ist, wenn *wir spekulierenden Buchhändler zuerst* uns sozusagen Bücher schreiben lassen und sie drucken und dann, solche zu verbreiten, einen großen Verein bilden wollen. Wie wird sich da eine sonstige Berühmtheit finden, die sich *uns* Spekulanten anschließt, während wir uns doch eigentlich *ihr* anzuschließen haben! Mein unmaßgeblicher Vorschlag ist daher, gute Volksbücher zu drukken und die Verbreitung zu besorgen, so gut es geht und wie solche wirklich *Gutem* nicht fehlen wird. Also senden Sie nur Ihr «Großmütterchen», sobald es fertig, her; vor Ostermesse soll die Schrift auf dem Markt sein und sollte *ich* sie für mich verlegen. Allerdings würde ich dann überhaupt vorschlagen, nicht die horrende Auflage von zehntausend Exemplaren, die Simion im Sinne hatte, zu drukken, sondern nur fünf- bis sechstausend, was auch für Sie besser ist. Das Honorar von 200 Taler bleibt und Sie haben solches zur Ostermesse! Also senden Sie mir, ich bitte, das Manuskript nach der Beendigung nur zu. Simion scheint auch einzusehen, daß wir durch den Verlag einer Reihe wahrhaft guter Volksbücher das Publikum zu uns viel besser heranziehen als durch einen Verein, der erst Königliche Erlaubnis haben muß und in welchem viele Köche den Brei oft verderben.
[...]

Gustav Mayer an Gotthelf am 18.4.49
[...]
Bei dem Springer-Simionschen norddeutschen Volksschriften-Verein habe ich nur die Verbindlichkeit zu tadeln, welche derselbe übernommen hat, alle Jahr *bestimmt so und soviel* Bände zu liefern. Er wird jedenfalls

durch diese Verpflichtung mitunter in den Fall kommen, Mittelmäßiges oder Unbedeutendes zu verlegen, um das Quantum aufzubringen.
[...]

Springer an Gotthelf am 15.11.50
[...]
Sie fragen nach dem Schicksale der «Käthi»? Sie wissen, daß davon nach dem Vertrage eine große Auflage gedruckt ist und wenn das Buch auch gut geht, ist an deren Erschöpfung fürs Erste noch nicht zu denken. Mit der Fortsetzung der «Volksbibliothek», die Simion und ich unternommen, geht es, seitdem Sie, geehrter Herr, für dieselbe nichts mehr geliefert, matt, und es steht in Frage, ob wir das Unternehmen für nächstes Jahr fortsetzen. Verneinenden Falls werde ich suchen, Ihre in der Volksbibliothek erschienenen Schriften an mich zu bringen, was auch Ihnen sicher lieb sein wird.
[...]

[1] *Diesterweg:* Der Pädagoge Friedrich Adolf Wilhelm Diesterweg (1790–1866).
[2] *Geschichten von Ruppius: Ernsthafte und kurzweilige Geschichten. Eine Gabe für Bürgers- und Bauersleute*, 1. Bändchen, hrg. vom norddeutschen Volksschriftenverein, Berlin 1847.
[3] *Schützennovelle:* der Roman *Herr Esau*, der erst 1922 aus dem Nachlaß herausgegeben wurde.
[4] *Dr. Röse:* Johann Anton Friedrich Röse (1815–1859), Privatgelehrter und Volksschriftsteller; veröffentlichte 1846 bei Springer *Schwänke und Geschichten für das Deutsche Volk*.
[5] *Dr. E. Schaerer:* nicht nachweisbar.
Dalp: Johann Felix Jakob Dalp (1793–1851), seit 1831 Buchhändler und Verleger in Bern, Vorgänger der Buchhandlung Francke.
[6] *Spindler:* Karl Spindler (1796–1855), Schauspieler und erfolgreicher Romanschriftsteller, Nachahmer von Scott.
Berthold Auerbach: (1812–1882), Verfasser der *Schwarzwälder Dorfgeschichten* (1843 ff.); wurde immer wieder mit Gotthelf verglichen.

[7] *Volkskalender von Dr. Steffens:* erschien im Verlag von Moses Simion. Gotthelf steuerte bei: 1847 *Wurst wider Wurst* und *Der Mordiofuhrmann*, 1848 *Die Wege Gottes und der Menschen Gedanken*.

[8] *Schubert:* Gotthilf Heinrich Schubert (1780–1860), seit 1809 Direktor des Polytechnikums Nürnberg, 1819 Professor der Naturgeschichte in Erlangen, 1827 in München. Verfasser der in der Romantik einflußreichen *Ansichten von der Nachtseite der Naturwissenschaft* (1808), schrieb auch Jugend- und Volkserzählungen.

[9] *das arme Mütterchen:* der Roman *Käthi die Großmutter* (1847). *Erbvetter:* die Erzählung *Hans Joggeli der Erbvetter* (1848). Beide erschienen in der «Allgemeinen deutschen Volksbibliothek» von Simion und Springer.

5. Kapitel
«...INMITTEN DIESER ZEIT, IN WELCHER EBEN
NIEMAND BÜCHER KAUFT...»
BRIEFE 1847–1849

Die um das Revolutionsjahr 1848 an Gotthelf gerichteten Briefe Springers sind nicht nur Zeugnisse für das Engagement und die direkte Verwicklung des Verlegers in die Märzereignisse in Berlin, sie werfen auch die Frage nach der politischen Richtung der beiden Partner auf. Dabei scheint die Antwort bald und leicht ausgemacht: Springer war ein Achtundvierziger, er begrüßte die Revolution als den Anbruch einer besseren Zeit: «Gebrochen ist der *Militär*-Staat, der *Bürger*-Staat wird sich organisieren, gebe Gott mit Verstand und Ruhe!» «Es ist eine große, ganz neue Zeit, in der wir leben; es ändern sich alle Verhältnisse und Beziehungen der Menschen im Staatenverbande, wir sind in der *größten* Revolution, welche menschliche Verhältnisse bisher erfahren...» Springer müßte demnach als «liberal», «radikal» und «deutsch-national» eingestuft werden – was an der Oberfläche auch zutreffen mag. Da Gotthelf die Aktivitäten der 1846–50 amtierenden radikalen Regierung, die er auch als «Antichrist» (7:237) bezeichnete, heftig bekämpfte, bietet sich Gottfried Kellers Etikette an: «Er gehört der konservativen Partei des Kantons Bern an, welche schon seit mehreren Jahren gründlich in Ruhestand versetzt ist.»

Die Sache ist aber weniger klar und widersprüchlicher, als es scheint. Wenn Springer auf die gegensätzlichen Positionen beider zu sprechen kommt, will er nie etwas Ausschließendes und Trennendes zum Ausdruck bringen: «Was die von Ihnen, geehrter Herr, vertretenen und verfochtenen allgemeinen Tendenzen betrifft, so sind mir diese wohl bekannt: wir gehen, wie ich Ihnen schon früher schrieb, in unseren *politischen* Ansichten sehr voneinander ab, aber in unseren sittlichen Bestrebungen werden wir nur harmonieren. Ich weiß, daß Sie nie ein *politisches* Volksbuch schreiben, und würde auch ein solches nie gerne sehen. Die Kluft, welche zwischen den Besitzenden und Nichtsbesitzenden tagtäglich größer wird und welche leider ganz bestimmt einmal den Kampfplatz abgibt, auf welchem die Wendung der jetzigen sozialen Verhältnisse ausgefochten werden wird, darf nie mit Gift ausgefüllt, noch absichtlich erweitert werden. Aber das Volk muß *zu uns* herangezogen werden, es muß sich und seine Zustände kennen lernen, weil diesen *nur dann* geholfen werden kann. Die Verhältnisse des Staates müssen so geregelt werden, daß der Einzelne, wenn er den Anordnungen des Staates nachlebt und arbeitet und schafft, entsprechend in dem Staate und als ein Teil desselben mitwirkend *leben* kann. Da haben Sie mein soziales Glaubensbekenntnis, das auch Sie gewiß allgemein unterschreiben» (21.10.46).

«Überhaupt verkennen Sie mich», heißt es ein Jahr später, «wenn Sie mich auf der äußersten Linken, politisch und kirchlich zu den Radikalen haltend, wähnen! Dem ist nicht so; ich tadle das Verfahren der Radikalen, sofern es ein kopflos unvernünftiges, und verachte die Bestrebungen, die *äußerliche* Religion zu nehmen, weil beim Menschen damit auch die *innerliche* fallen muß. Aber ich achte dafür, daß im Staate Gesetz und Einrichtung ein Produkt der Vernunft und nicht der Willkür und daß die Äußerlichkeiten der Religion nicht *bloß* dies und der Deckmantel anderer Bestrebungen sein müssen. – Sie werden hieraus am besten ersehen, daß am Ende unsere Ansichten so gar weit auseinander nicht liegen...» (29.10.47). Das klingt doch ganz ähnlich wie Gotthelfs Worte an den Luzerner Radikalen Maurus August Feierabend: «Den Radikalismus liebe ich im Gemüte, das für Ideale schwärmt, in Begeisterung erglüht; dem Radikalismus wehre ich, der Spargel pflanzen will in wildem Weidboden, oder Pfersichte zweien auf Bärendalpen, oder andere Doldengewächse, oder Nelken auf alte Buchenstöcke; den Radikalismus hasse ich, der nichts ist als der Schweinetrog, aus welchem man seine Treber frißt, der nichts ist als der Pietismus der Speiseprediger, die Musik der Speisgeiger, nur alles um so schlechter, herz- und ohrzerreißend, je gieriger die Gier der Gierigen ist» (6:69f.).

Bei der Einschätzung der Revolution von 1848 muß man auch berücksichtigen, daß Springer zwanzig Jahre jünger war als Gotthelf und über keine eigenen Erfahrungen mit nach-revolutionären Entwicklungen verfügte. Gotthelf hatte die Julirevolution 1830 in Paris und ihre Auswirkungen auf die Schweiz 1831 begrüßt, weil er davon ausging, daß republikanische und christliche Werte und Tugenden identisch seien. «Unsere Religion heißt uns alle Brüder, unsere Verfassung stellt uns alle gleich» (XV:118). Diese Verbindung hielt er 1848 für gescheitert, seinen Optimismus hatte er inzwischen verloren. Seine große Auseinandersetzung mit dem Parlamentarismus, dem neuen Bundesstaat und seiner Verfassung, aber auch mit dem Frankfurter Parlament und seinem Scheitern, lieferte er im Roman *Die Käserei in der Vehfreude*, der auf *Uli der Pächter* folgte und Anfang 1849 bereits unter der Feder war – also unmittelbar auf die Ereignisse um 1848 reagierte. Springer dagegen spricht zwar vom Stocken der Geschäfte, vom Desinteresse an Büchern, von der bösen, gestörten Zeit, vom Zustand der Gewalt und Gesetzlosigkeit, dem Tummeln aller Leidenschaften im Wahlkampf – und dem wiederholten Streik der Buchdrucker –, aber seinen Optimismus kann das nicht erschüttern: «Stehen wir beide in unseren politischen Ansichten auch von einander etwas entfernt, darin werden wir übereinstimmen, daß *aus* der Revolution aller Verhältnisse ein für alle besserer Zustand hervorgehen muß und daß die Welt und auf ihr die Menschheit nicht durch sich oder die Natur kann zu Grunde gerichtet werden. Diese Überzeugung meiner Seele gibt mir Kraft, Mut und Vertrauen und läßt mich freudig in eine Zukunft blicken, zu deren Erlangung ich stolz bin, mitgewirkt zu haben» (1.6.48).

Der Altersunterschied von zwanzig Jahren erklärt auch die unterschiedliche Reaktion der beiden auf den Staatsstreich von Louis Napoleon am 2. Dezember 1851, und dies in aller Kürze. Springer fragt in einem Postskript am 15.12.51 Gotthelf: «Wie haben Sie dort den Gewaltstreich in Frankreich aufgenommen? Er ist sittlich eine Schmach und politisch ein Unglück.» Gotthelf schreibt am 11.1.52 an Hagenbach: «Es will nichts vorwärts bei uns, es ist als wäre alles in einem Harzloch. Louis Napoleon macht rascher. Gott gebe, daß er Friede bringt, nicht Krieg. Mein radikaler Verleger in Berlin schreibt mir, sein Streich sei sittlich eine Schmach und politisch ein Unglück. Dort scheinen die juten Herren böse zu sein» (8:237).

In einem entscheidenden und für Gotthelf wichtigen Punkt hat Springer den Berner falsch eingeschätzt und durch eine kurze Bemerkung eine Einstellung verraten, die bis auf den heutigen Tag bei Deutschen gegenüber Schweizern anzutreffen ist: Man erklärt die Schweiz als zu klein, um irgendwie relevant sein zu können. Im Zusammenhang mit einer Verleumdungskampagne seines Erzfeindes, des Radikalen Jakob Stämpfli, gegen Gotthelf, die Anfang 1852 die Gemüter im Kanton Bern aufwühlte und auch durch deutsche Zeitungen ging, teilt Springer mit, das Faktum sei durch die Presse zwar berichtet worden, der Zusammenhang aber nicht: «Dazu beurteilen wir die Schweizerischen und namentlich die Kantönli-Zustände, wie sie beurteilt werden müssen – nach einem sehr kleinen Maßstabe» (1.3.52). Aus dieser Einstellung heraus entsprangen seit 1848 die ständigen Forderungen Springers, Politik und Parteiwesen zu lassen und dafür mehr «Seelenmalerei» zu bieten – denen Gotthelf immer weniger nachkam. Parteilichkeit und politische Ausfälle wurden bald zum Markenzeichen von Gotthelfs

Schreiben erklärt. In dieses Horn hat Gottfried Keller gestoßen, und Gotthelfs Tochter Henriette wußte es auch nicht besser. «Bitzius war kein Politiker, noch weniger ein Diplomat; er stund nicht über den Parteien, sondern mitten im Kampfe... Da er unten im Volke lebte, so gewann er keinen freien Aus- und Überblick über das Ringen und Streben einer bewegten Zeit...» (Muschg, S. 53).

Aber nicht nur Springer war überzeugt, er sei kein «Clubb-Mensch» (5.4.52), Gotthelf wollte schon als Vikar, als Feldprediger, als Geistlicher *über* den Parteien stehen. Nur: Ganz im Gegensatz zu Springer beurteilte er den Weg der Schweiz nicht als Sonderfall, den man mit dem Wort «Kantönli-Zustände» abtun konnte. Er rede zwar «nicht vom großen Weltkampfe, sondern vom Kampf um mein liebes Vaterland... Freilich ist dasselbe auch ein Stück Welt, und die Erscheinungen in demselben sind nicht aparte, sondern gehören mit zum Ganzen und finden sich überall» (18:67).

Die Briefe dieser Jahre geben zahlreiche Hinweise auf Springers öffentlich-politische Aktivitäten. Sie schweigen fast ganz von seiner Wirksamkeit in der Korporation der Berliner Buchhändler, die er im November 1848 mitbegründet hat, und von seiner Tätigkeit im Börsenverein des deutschen Buchhandels, durch die Springer in die Geschichte des deutschen Buchhandels eingegangen ist.

Springer an Gotthelf

Berlin, den 2. Jenner 1847

Hochgeehrter Herr!

Zürnen Sie nicht, wenn ich auf Ihren sehr werten Brief vom 18. November vorigen Jahres, den ich mit dem Manuskript zu «Käthi» einen Tag nach Absendung meines Ihnen durch Huber & Co.[1] gesandten Briefes erhielt, erst heute antworte. Teils nahm die dazwischen liegende

Weihnachtszeit, die dem Geschäfte hier viel Leben gibt, mich totaliter in Anspruch und ich hatte Arbeit und Mühe, nur das Laufende zu besorgen, teils bedurfte es, Ihnen recht vollständig antworten zu können und alles Nötige zu bemerken, verschiedener Erledigungen, die ich Ihnen erst jetzt bringen kann. Zuerst mögen Sie aus dem mitfolgenden Zirkular [2], das für den *Buchhandel* bestimmt ist, ersehen, *welche Form* wir beschlossen, die Sammlung guter Volksbücher auf den Markt zu bringen. Wir schmeicheln uns, daß solche sich auch Ihres hochgeschätzten Beifalls zu erfreuen haben wird. Das Zirkular wird erst Mitte des Monats versandt, wünschen Sie also wesentliche Änderungen, so wollen Sie die Güte haben, mir solche so bald als möglich mitzuteilen.

Wir hoffen, durch die Anlage des Ganzen dem Unternehmen eine mehr denn gewöhnliche Ausdehnung geben zu können. Dies macht es möglich, auch gegen die Herren Autoren freigebiger sein zu können.

Ihr «Käthi» soll nun den Anfang machen. Es wird zwei Bändchen füllen und erhalten Sie für jedes derselben 200 Thaler, also zusammen 400 Thaler, womit Sie, geehrter Herr, gewiß zufrieden sein werden. Es ist überhaupt für Sie und uns besser, wenn wir ein *Pausch-Honorar für den Band* immer festsetzen; dann hört alles Markten auf, und während Sie bei einem Honorar von 200 Thalern für das Bändchen gewiß zufrieden sind, haben auch wir nicht nötig, ängstlich darauf zu sehen, ob auch, da der *Verkaufspreis* einmal im Buchhandel mit 1⅓ Thalern für sechs Bändchen feststeht, nicht ein halber oder ganzer Bogen mehr im Bändchen gegeben werden muß, wodurch die schon bedeutenden und erst bei einem hohen Absatze gedeckten Kosten noch vergrößert werden. Bis zur Ostermesse hoffen wir beide Bändchen der «Käthi» erscheinen zu lassen, und das Honorar werden wir Ihnen durch Huber & Co. *dann*, oder die Hälfte schon nach Ausgabe des ersten Bändchens zugehen lassen.

Bei den vielen eigentümlichen Ausdrücken in Ihrer Schreibweise haben wir zur Vermeidung aller sinnentstellenden Druckfehler das Manuskript dem Lehrer Schmidt [3] zur Durchlesung übergeben, damit er das Unleserliche und nach den Buchstaben nicht zu Lösende sich bemerke. Er hat dies in dem mitfolgenden Briefe getan, und Sie wollen die Güte haben, die wenigen unklaren Stellen uns *recht bald* berichtigt zurückzusenden, damit der Druck nicht gehemmt werde. Ich fürchte freilich, daß Sie die so aus dem Zusammenhange gerissenen Stellen des Manuskriptes selbst nicht kennen werden, aber das Manuskript mitzusenden, geht nicht gut, und so müssen wir uns schon helfen, so gut es eben geht.

Die Anzahl der Freiexemplare, welche Sie wünschen, wollen Sie uns nur geneigtest aufgeben, und versteht es sich von selbst, daß Sie auch von den weiteren Nieritz'-schen, Auerbach'schen [4] etc. Werken der Sammlung die gewünschten Freiexemplare erhalten. Was nun den «Erbvetter» betrifft, so ersehen Sie aus dem Zirkular, daß wir solchen als 5. Bändchen der Sammlung zu bringen gesonnen sind. Ich bitte Sie daher, geehrter Herr, ihn uns zu diesem Behufe zu lassen. Freilich würde er überschläglich *kaum fünf Bogen* füllen, vielleicht geben Sie uns aber noch eine kleine Erzählung von drei bis vier Bogen zu, so daß es ein Bändchen, wie wir in dem Zirkular versprochen, gibt, das wir Ihnen dann gleichfalls mit 200 Thaler honorieren. Auch hierüber darf ich Ihrer recht baldigen Mitteilung wohl gewärtig sein.

Wenn die Anlage unseres Unternehmens, hochgeehrter Herr, sich Ihres Beifalls zu erfreuen und Sie auch namentlich in der gemachten Honorar-Offerte unser Bestreben zu erkennen vermöchten, uns Ihre schätzenswerte Gunst zu bewahren, so hoffen wir auch zuversichtlich, daß uns dies gelingen werde, und wir halten uns Ihrer gütigen Unterstützung des Unternehmens versichert.

Es wird Ihnen Freude machen zu hören, daß mein

Bemühen, Ihren Schriften hier im Norden immer mehr Eingang zu verschaffen, von Tag zu Tag mit größerem Erfolge sich belohnt sieht. Gerade während des Weihnachtsfestes konnte ich dies so recht wahrnehmen. Die Gotthelfischen Sachen fangen an sich in den Familien einzubürgern, und wenn es nicht ihrer gar *zu viele* wären, würde sich mancher gerne *alle* anschaffen.

Ihre neue Erzählung in den «Elsässischen Blättern» [5] vom Jakobli und Sime Sämelis Töchtern (die Überschrift ist mir entfallen) hat im Kreise der Meinen großen Beifall gefunden und wird auch als *Einzel*schrift allgemein anklingen. Haben Sie letztere noch nicht mit Schweighausers verabredet, so stehe ich gerne zu Diensten.

Meine Ihnen in Bezug auf den «Schulmeister» gemachten Mitteilungen und namentlich, daß das Buch bei Jenni vergriffen, werden Sie wohl nun in Bedenken genommen haben, und ich darf vielleicht auch hierüber Ihrer baldigen Benachrichtigung gewärtig sein. Der «Schulmeister» müßte ein Buch von höchstens 30 Bogen werden. Das Staatliche und Lokale heraus! Es ist des Menschlichen so überviel und so Herrliches darin, daß es eine *wahre* Erbauungsschrift abgibt. Gerade der «Schulmeister» ist in Deutschland sehr wenig verbreitet; teils mag dies darin seinen Grund haben, daß Gotthelfs gefeierter Name auf dem Titel fehlt, teils eben auch in dem streng schweizerischen Gewande und Dialekte. Ich hoffe, bei Veränderung solcher dem Buche ein recht großes Publikum schaffen zu können und sehe *sehr bald* Ihrer freundlichen Benachrichtigung entgegen.

Wegen der *Fortsetzung* zum «Uli», dessen Leben als Meister Sie noch schildern wollen, werden wir uns dann wohl auch verständigen.

Apropos «Schulmeister»! Wenn Sie das Buch *deutsch* bei mir, in der so veränderten Art an Inhalt wie Gewand, erscheinen lassen wollen, haben Sie gar nicht nötig, Herrn

Jenni, der auch in meinen Augen der Ehrenwerteste nicht ist und erst kürzlich noch im Buchhändlerbörsenblatt eine schmutzige Geschichte von sich erzählen ließ, um Erlaubnis zu fragen. Er scheint auch in seinen Verhältnissen etwas reduziert und wird zufrieden sein, wenn man ihn in Ruhe läßt.

Das neue Jahr hat begonnen, und ich sage Ihnen, hochgeehrter Herr, zu Beginn, Verlauf und Ende für Sie und Ihr Haus meine herzlichsten und aufrichtigsten Glückwünsche. So ein Zeitabschnitt mahnt zu Blicken in Vergangenheit und Zukunft. Glücklich, wer auf erstere mit Zufriedenheit und auf die Zukunft mit Ergebung blicken kann.

Ihrem tapferen Bübchen [6] meinen Gruß; er soll sich nur seine Tänzerin [6] niemals nehmen lassen! Ich hoffe, daß dies auch unser Bube nicht tun wird, der liebe Gott scheint ihm Kräfte genug dazu verleihen zu wollen und möge ihn uns erhalten!

Ihren recht baldigen Mitteilungen gewärtig, nenne ich mich mit bekannter Hochachtung Ihren ergebenen
Julius Springer

[Gotthelf an Springer am 10.1.47 (verloren)]

Springer und Simion an Gotthelf
Berlin, 29. Januar 1847
Hochgeehrter Herr Pfarrer!

Ihr jüngstes Schreiben an den mitunterzeichneten Springer regt einige geschäftliche Fragen an, auf die wir hiermit einzugehen uns erlauben.

Was die Stärke der Auflage betrifft, so war dies schon Gegenstand einer vorläufigen Korrespondenz zwischen Ihnen und dem mitunterzeichneten Simion, der Ihnen am 27. März vorigen Jahres bereits schrieb, daß wir neue Auflagen auch von neuem honorieren und Ihr Eigentumsrecht in jedem Betracht respektieren werden; daß die Auflagen jedoch groß sein müßten und uns die Hände in dieser Beziehung nicht zu eng gebunden werden könnten, da wir einen erstaunlich billigen Preis festsetzen und mit aller Kraft werden arbeiten müssen, den Büchern die Verbreitung zu geben, die zunächst die beträchtlichen Kosten deckt.

[...]

Was die Volksbücher betrifft, so sind wir in der Tat erst dann im Stande, die Auflage fest zu bestimmen, wenn die Teilnahme des Volks sich herausgestellt haben wird. Von vornherein gingen wir aber hier von der Ansicht aus, daß *große* Auflage und *geringer* Preis dabei der richtige Grundsatz sei, wobei Autor, Verleger und Publikum am besten fahren würden.

Die Aufnahme in eine Gesamtausgabe Ihrer Schriften betreffend, so gehn wir ungern in Ihren Wunsch ein, dies von vornherein zu gestatten. Indes wir hoffen ernstlich, daß, wenn Sie überhaupt mit uns zufrieden sind, wir vielleicht selbst das Vergnügen haben werden, dereinst eine solche zu veranstalten, dann setzen wir voraus, daß eine Reihe von Jahren vergehen wird, wir also Zeit genug haben, die Sachen inzwischen zu vertreiben, bis eine Gesamtausgabe erscheint, und endlich daß die betreffenden Werke von dem Verleger der Gesamtausgabe *nicht einzeln* verkauft werden dürfen. So geben wir denn auch in dieser Beziehung Ihrem Wunsche nach.

[...]

Wir hoffen zwar, überall in Deutschland und auch in der Schweiz zahlreiche Subskribenten für unsere Volksbibliothek im Ganzen (bei so niedrigem Preise) zu gewinnen, indes sind wir auch damit einverstanden, die Bücher bald nachher, spätestens ein Vierteljahr nach dem Erscheinen in der Volksbibliothek, namentlich in der Schweiz, auch einzeln zu verkaufen.

[...]

Hiermit hoffen wir, uns in allem verständigt zu haben, und drücken Ihnen herzlich die Hand, indem wir Ihnen wie uns selbst zu dem Unternehmen Glück und Gottes Segen dazu wünschen.

In aufrichtiger Verehrung die Ihrigen

Julius Springer   M. Simion

Springer an Gotthelf

Berlin, den 31. Jenner 1847

Hochgeehrter Herr!

Ihre freundlichen Zeilen vom 10. dies darf ich diesmal nicht wieder so gar lange unbeantwortet liegen lassen. Ich verweise Sie zuerst auf den inliegenden, von Simion und mir in unserer gemeinschaftlichen Angelegenheit auch gemeinschaftlich an Sie gerichteten Brief, aus welchem Sie namentlich auch wegen der Auflage der «Käthi» etc. das Nähere auf Ihre Anfrage hin ersehen werden.

Ich für meine Person, geehrter Herr, füge den Ihnen gemachten Auseinandersetzungen noch bei, daß Sie im allgemeinen wohl zu uns etwas mehr Vertrauen haben dürfen. Jennis gibt es nicht überall, und wie es mein eigenes Bestreben ist, Sie gerade die Ehrenhaftigkeit und Billigkeit *deutscher* Verleger kennen zu lehren, so teilt Freund Simion dieses Bestreben mit mir. Wir hoffen namentlich, wenn unser Unternehmen gelingt, Ihnen zu zeigen, daß wir einem so gefeierten und von uns so verehrten Manne wie Sie gegenüber in Bezug auf das Honorar keinen ängstlichen Kalkül machen, und Sie werden uns, auf Ihre Wünsche einzugehen, sofern dies nur irgend geht, stets bereit finden.

Namentlich aber wollen Sie – und hierum bitte ich Sie persönlich – bei Zeiten, wie die in Ihrem letzten Briefe gemeldeten, wo Sie sagen möchten: omnia mea mecum porto, ganz über uns verfügen, und es bedarf nur eines kleinen Anstoßes, worauf wir Ihnen jederzeit mit unserer Kasse zu Diensten stehen, wie sich dies bei coulanten

Verlegern von selbst versteht. 300 Thaler lassen wir Ihnen sogleich durch Huber [1] auszahlen.

Wenn wir sehen, daß aus der Schweiz gerade die Bestellungen *auf die ganze Reihe* unserer Volksbücher nicht so zahlreich eingehen, werden wir natürlich und namentlich, was *Sie* in die Sammlung liefern, *einzeln* bald erlassen, wie die Verbreitung überhaupt von uns in zweckmäßigster Weise geschehen soll. Plumpheiten, wie die von der Schweighauserischen Buchhandlung [5] mit den Neujahrsblättern begangenen, welche eher in Berlin denn in Lützelflüh waren, können bei der fürtrefflichen Organisation *unseres* Buchhandels gar nicht vorkommen und wir hoffen, Sie auch davon, daß der *norddeutsche* Verlag in jeder Beziehung den *Vorzug* verdient, überzeugen zu können.

Sie schreiben mir von Ihrer nun vierzehnjährigen Ehe. Darf ich fragen, wie alt Sie denn sind? Ich denke mir: ein Mittler-Vierziger, nicht? Und da denken Sie schon immer und immer an eine *Gesamt*ausgabe Ihrer Schriften! Die hat doch Zeit, wenn das Haar erst bleich geworden und die Finger steif und der Blick statt in die Zukunft sich lieber zur Vergangenheit wendet – das ist ja aber noch lange hin! Ihre *Rechte* zu einer Gesamtausgabe tun Sie freilich gut sich vorzubehalten, aber wie gesagt, doch erst für spätere, viel spätere Zeiten.

Was nun die deutsche Bearbeitung des «Schulmeisters» betrifft, so kann ich also die Sache als verabredet zwischen uns ansehen: das Honorar 2 Louisd'or pro Bogen will ich in zwölf Thaler pro Bogen erhöhen, sofern Sie mir statt 2500 zu drucken 3000 gestatten. Ich setze nämlich voraus, daß das Buch mehr denn 30 Bogen umfassen wird, für welche ich bei einer so kleinen Auflage wie 2500 keinen so geringen Preis stellen kann, als vom Volke verlangt wird. Der Preis für «Uli» ist gewiß niedrig, und wird doch für ein Volksbuch für zu hoch gehalten. Bei 3000 Exemplaren kann ich den Preis schon verhältnismäßig niedriger setzen, so daß die Auflage eher zu Ende gehen, also auch Ihnen dies zum Vorteil gereichen wird. Indes mögen *Sie* hierüber bestimmen. Nur bitte ich, die Arbeit soviel als möglich zu beschleunigen. Jenni scheint *gar kein* Exemplar mehr zu haben, und lange fehlen darf so ein Buch auch nicht, sonst verlernt das Publikum seine Bekanntschaft. Über den *Titel* müssen wir noch besonders nachdenken: «Leiden und Freuden eines Schulmeisters» ist viel zu eng; das Buch ist wahrlich mehr als nur dies. Nehmen Sie, ich bitte, den Titel also in Bedenken; auch *ich* will es tun.

Daß Sie einen *dritten* Teil dazu, deutsch oder schweizerisch, schreiben, steht selbstredend bei Ihnen. Gewiß werden Sie mir aber den Verlag, sofern wir uns über die Bedingungen einigen, geben. Das Gleiche hoffe und erwarte ich mit der *Fortsetzung zum «Uli»*, an die Sie ja nun auch zu gehen mir verheißen. Das Honorar würde, nach unserer früheren Korrespondenz über solches, bei 2500 Auflage pro Druckbogen *vier* Louisd'or sein, indes offeriere ich Ihnen bei 3000 Auflage pro Bogen 25 Thaler, und wäre mir die letztere Proposition, auch in Bezug auf *den schnelleren Absatz*, also auch in Bezug auf *Ihren* Vorteil, lieber, da ich dann den Verkaufspreis geringer stellen kann.

Auch hierüber bin ich Ihrer recht baldigen Mitteilung gewärtig.

[...]

Ich sehe nun, mein hochgeehrter Herr, recht bald Ihren Mitteilungen entgegen und grüße Sie, indem ich auch meiner Frau höfliche Empfehlung Ihnen ausspreche, mit Wertschätzung und Ergebenheit

Julius Springer

[Gotthelf an Springer am 10.2.47 (verloren)]
[Gotthelf an Springer am 8.3.47 (verloren)]

Springer an Gotthelf

Berlin, den 15./25. März 1847

Geehrter Herr!

[...]

Die Geldnot und Klemme ist hier nicht minder groß denn bei Ihnen und läßt einen jeden darunter leiden. Bleiben kann das nicht so; wenn wir ein besseres Jahr haben und die trüben Eisenbahnverhältnisse sich mehr ausgeglichen und verblutet haben werden, wird es wieder besser werden – denn untergehen tut die Welt nicht. Was Sie mir von Jent, Solothurn, schreiben, wundert mich; ich glaubte den Mann ebenso reell als wohlhabend. Langlois traute ich gleich weniger zu und wunderte mich, daß Sie sich abermals mit ihm eingelassen haben [7].

Daß Sie mit meinen Vorschlägen wegen «Uli» 2. Teil und «Leiden und Freuden» einverstanden, freut mich aus Ihrem sehr Werten vom 10. Februar zu ersehen. Der Titel zu letzterem: «Peter Käser der Schulmeister. Ein Buch fürs Volk (oder für Lehrer und Lernende)» gefällt mir ziemlich; vielleicht kommt mir noch was Besseres in den Sinn, das auch wohl Ihnen noch füglicher beifällt. «Uli» 2. Teil dürfte vielleicht lauten: «Der Knecht Uli als Meister so und so»!

Da Sie mir verheißen, sich *recht bald* an beide Bücher zu machen, so sehe ich auch Ihrer recht baldigen Benachrichtigung entgegen, *wann* wohl *ungefähr* die Beendigung beider Arbeiten zu erwarten steht, da es für mich von Nutzen ist, dies ungefähr schon längere Zeit vorher zu wissen.

[...]

Mein Frauchen läßt für Ihre so freundlichen Grüße vielmals unter herzlichster Erwiderung für Sie und Ihre Frau Gemahlin danken. Ihr «Käthi» sagt ihr sehr zu und unser beider Urteil stimmt wie in vielem anderen auch hierin überein.

Ich bin also Ihren geneigten Mitteilungen auf obige Anfragen in Bälde gewärtig und grüße Sie mit achtungsvoller Ergebenheit

Julius Springer

[Simion und Springer an Gotthelf am 24.3.47
(nicht abgedruckt)]
[Gotthelf an Simion am 23.4.47 (verloren)]
[Gotthelf an Springer am 25.4.47 (verloren)]

Springer an Gotthelf

Berlin, den 15. Mai 1847

Hochgeehrter Herr!
[...]
In Bezug nun auf die neue Ausgabe des «Schulmeister», zu der wir den Titel: «Peter Käser, der Schulmeister von Gytiwyl» also wählen, so bin ich zwar damit einverstanden, daß Sie das Buch nicht von A bis Z umschreiben, aber die Bemerkungen unseres biedern Schmidt[3] werden in der deutschen Ausgabe doch die sorgfältigste Beachtung finden müssen. Namentlich werden die Kapitel, in welchen die Volksschulen- und Schullehrer-Zustände Ihres Landes geschildert sind, zum Teil ganz fortfallen, zum Teil ganz verändert werden müssen, wenn das Buch für Deutsche völlig genießbar sein soll. Das wird auch dem Umfange des Buches sehr zustatten kommen, den ich über 30 Bogen nicht ausgedehnt wünsche. Die Bearbeitung und was Sie sonst in die für Deutschland bestimmte Ausgabe aufgenommen wünschen, steht natürlich ganz bei Ihnen und bin ich, zumal Sie selbst den Schmidt'schen Bemerkungen Vertrauen schenken, ganz beruhigt darüber.
[...]
Von Freund Koerber (Huber & Co.)[1] erhielt ich kürzlich auch eine traurige Schilderung Ihrer politischen

Verhältnisse; es ist ein Jammer, daß bei den vielen fürtrefflichen Schöpfungen Ihrer Republik die Parteien in der Schroffheit ihrer Stellungen zu einander das Herrlichste zu Schanden machen; man lernt daraus, daß die Institutionen an sich, und seien sie noch so fürtrefflich, wenig Wert haben, wenn die Menschen selbst ohne Gehalt und ohne Wert sind. Es wird sich aber auch bei Ihnen dies ändern und bei Kühlung der Leidenschaften die Vernunft die Oberhand gewinnen.

Die großen Veränderungen in dem politischen Leben der Deutschen und namentlich unseres Vaterlandes werden Ihnen, wenn schon Sie einen sehr großen Anteil an solchen auch nicht nehmen mögen, doch nicht entgangen sein. Unsere Zustände entwickeln sich aus sich selber, und wenn wir auch ganz andere Übelstände zu überwinden haben denn Sie dort, so hoffe ich, wird uns dies nicht minder gut gelingen.

In meinem Hause gab es auch Tage der Angst und Trübsal. Unser Junge war uns sehr krank geworden und mehrere Tage in Lebensgefahr, aus der ihn der liebe Gott uns aber gerettet hat. Diese Angst um das Leben eines Kindes ist die größte, die ich bis jetzt empfunden, und sie zeigt recht, wie innig so ein kleines Wesen uns ans Herz gewachsen. Wir wollen nun in den nächsten Tagen unsere Sommerwohnung außerhalb der Stadt beziehen, wo sich Mutter und Kind erholen werden.

Sie, geehrter Herr, hoffe ich, treffen diese Zeilen wohlauf und munter an und grüße ich Sie, dem versprochenen Manuskripte zum «Schulmeister» also im Juli gewärtig, mit bekannter Achtung

Ihr Julius Springer

[Simion an Gotthelf am 17.5.47 (nicht abgedruckt)]
[Gotthelf an Springer am 16.7.47 (verloren)]

Springer an Gotthelf

Berlin, den 28. August 1847

Hochgeehrter Herr!

[...]

Ich sende Ihnen da zunächst nun den Prospektus zu unserm Unternehmen und hoffe, daß solcher Ihren sehr werten Beifall haben wird. Damit ist auch «Käthi», beide Bändchen, vollendet und soll nun im nächsten Monat zur Versendung kommen, nachdem der Prospekt erst eine *allgemeine* Verteilung erhalten haben wird. Dann erhalten Sie auch Ihre bedungenen Freiexemplare, deren eines, schön gebunden, ich gestern per Huber & Co. schon an Sie abgeschickt.

Ich kann nicht umhin, Ihnen, mein hochgeehrter Herr, es offen auszusprechen, daß die Käthi in den Kreisen, wohin wir dieselbe bis jetzt behufs allgemeiner Empfehlung unseres ganzen Unternehmens haben gelangen lassen und wo gerade Sie und Ihre Schriften viel Freunde haben, hauptsächlich der *kirchlichen* Richtungen wegen, die in dem Buche sich aussprechen, manche Anfechtung erhalten hat und selbst von Ihren Amtsgenossen am Orte hier sich solcher angeschlossen haben. Es steht mir selbstredend nicht zu, Ihnen deshalb Vorwürfe zu machen, aber ich habe von meinem Standpunkte aus doch Ihnen diese Umstände offen zu nennen. Sie befinden sich, mein sehr werter Herr und Freund, zur Zeit in einer sehr gereizten Stimmung, die sich ob der Zustände Ihres Kantons [8] nur zu gerne und zu oft bei jedem Anlasse ausspricht und sozusagen Luft macht. Dies nun eben ists, was Ihre Freunde in die Journalistik, aber nicht in die Volksschrift wünschen. Ich hoffe, Sie werden mich und jene nicht mißverstehen.

Gerade nun aber bei der Bearbeitung des «Schulmeister» verdient diese Seite Ihrer derzeitigen Stimmung die sorgfältigste Beachtung, und ich möchte Sie dringendst bitten, in Ihrem Interesse und in dem speziellen des Buches derselben nach Möglichkeit Herr zu werden. Ich muß es offen heraussagen, die Partei des Sonderbundes [9] in Ihrer schönen und mir so lieben Schweiz hat in Deutschland nirgends und in keiner Schicht der Gesellschaft irgend Freunde, und es will immer scheinen, als wenn Sie deren Sache zu halten suchten, von der politischen und religiösen Seite, und letztere will man in Deutschland nirgends und durchaus nicht.

Auf Ihr politisches wie religiöses Glaubensbekenntnis kann und will ich niemals einwirken, und es wird solches über jede Einwirkung fest stehen; aber Jeremias Gotthelf ist *Volksschriftsteller* und hat als solcher von den Zuständen der Parteiungen seines Vaterlandes abzusehen!

Ich denke, Sie werden mir, hochgeehrter Herr, diese kleine Abschweifung nicht übel deuten.

[...]

Herr Jenni scheint Sie an der Nase herumziehen zu wollen; ich sende Ihnen anbei die *Original*-Antwort auf meine damalige Anfrage. Würde ich Ihren Vertrag mit Jenni des Genauen kennen, könnte ich Ihnen gleich sagen, ob Sie noch Jenni irgend nachzufragen nötig haben. Scheint Ihnen eine neue Auflage des «Schulmeister» *für die Schweiz* in der Schweizer Mundart gut, so wäre ich nicht abgeneigt, auch solche in Verbindung mit einer Schweizer Buchhandlung zu verlegen. Letztere wäre dabei, um das Buch vor schweizerischem Nachdruck zu schützen, nötig. Jedenfalls müßte ich aber dazu Ihren schriftlichen Verlagsvertrag mit Jenni kennen und bin hierüber Ihrer gefälligen Mitteilung gewärtig.

[...]

Mein Junge [10] hat mit den Zähnen viel zu schaffen, sonst gedeiht er unter Gottes Beistand zu unserer großen Freude, ja fängt an, schon recht ungezogen und eigensinnig zu werden. Die Rute muß nun bald angeschafft werden, zumal der Bengel mit einer enormen Lebhaftigkeit eine bis in das Kleinste gehende Aufmerksamkeit verbindet, bei der er keine Schranken kennt.

[...]
Der Wein, den Sie so freundschaftlich für mich einzukellern mir verheißen, wird alt werden, ehe ich ihn bei Ihnen trinke; allerdings gehört es zu meinen innigsten Wünschen, mit Frau und Kind meine liebe Schweiz, in der ich so glückliche Tage verbracht, noch einmal wiederzusehen; indes wird dies wohl erst spät, viel später geschehen können, wenn ich einmal mehr als nur ein gutes Geschäft habe, wenn mir Jeremias Gotthelf einmal ein Buch geschrieben haben wird, das schnell viele Auflagen erlebt. Sie sehen also, es liegt bei Ihnen, mich dort zu sehen, und ich bin überzeugt, Sie werden das Mögliche dazu tun.

Die Wirren in Ihrem Vaterlande müssen sich bald lösen; zum Kriege wird es nicht kommen; die Sonderbundsherren [9] müssen und werden nachgeben. Hier haben wir alle die Überzeugung, daß es fremde und schlechte Elemente sind, die die unglücklichen Verhältnisse in Luzern, Freiburg, Wallis etc. erzeugt haben; diesen Vernichtung!

Ich bin Ihrer recht baldigen und ausführlichen Antworten und Mitteilungen gewärtig und grüße Sie
mit Achtung und Freundschaft
Ihr Julius Springer

Simion an Gotthelf
Berlin, den 29. October 1847
Hochgeehrter Herr Pfarrer!
[...]
Vielleicht wären Sie doch wenigstens davon zu überzeugen, daß wir Stadtleute (wiewohl ich kein *Berliner* bin), wenn auch in *manchen* Stücken borniertes Kinder, doch nicht gerade Sklaven des herrschenden Windes sind, daß, wenn auch der Wind hier auf der Höhe des gesellschaftlichen Lebens und Treibens stärker weht als in den Tälern, wir auch «in dem Strom der Welt» [11] uns eher gewöhnen, uns diesen Wind um die Ohren pfeifen zu las-

sen, ohne unsern Weg zu verlieren, als der ruhige Talbewohner ahnt, und daß die luftige, windige Höhe doch auch den Vorzug einer freieren Umsicht und der häufige Wechsel des herrschenden Windes *den* Vorzug darbietet, daß wir uns nicht so leicht von einer einseitigen Luftströmung, wie sie zuweilen in flachen Gegenden herrscht, hinreißen lassen.

[...]

Springer an Gotthelf

Berlin, den 29. October 1847

Hochgeehrter Herr!

Wer weiß, wie kriegerisch es in meiner lieben Schweiz zugeht, wenn diese Zeilen zu Ihnen gelangen und welchen Krieg auch Sie, kriegslustig wie das Bernerland jetzt sein soll, aus denselben, nachdem Sie so manchen Angriff in Ihrem werten letzten Briefe gegen mich, gegen uns Berliner, gegen alle Städter etc. gemacht, zu lesen erwarten, wenn nicht gar hoffen! Doch ich denke, wie es zu dem wirklichen Kriege in Ihrem Vaterlande [12] nicht kommen wird, werden auch wir, hochgeehrter Herr, uns verständigen und haben uns gewiß verständigt, wenn ich Ihnen sage, daß ich jede gesunde Ansicht achte und zumal Ihre, die eine so wahrhafte ist! Überhaupt verkennen Sie mich, wenn Sie mich auf der äußersten Linken, politisch und kirchlich zu den Radikalen haltend, wähnen! Dem ist nicht so; ich tadle das Verfahren der Radikalen, sofern es ein kopflos unvernünftiges, und verachte die Bestrebungen, die *äußerliche* Religion zu nehmen, weil beim Menschen damit auch die *innerliche* fallen muß. Aber ich achte dafür, daß im Staate Gesetz und Einrichtung ein Produkt der Vernunft und nicht der Willkür und daß die Äußerlichkeiten der Religion nicht *bloß* dies und der Deckmantel anderer Bestrebungen sein müssen.

Sie werden hieraus am besten ersehen, daß am Ende unsere Ansichten so gar weit auseinander nicht liegen, und daß wir uns nur, verfolgen wir ein jeder sein Bekenntnis, *leidenschaftlich, nur dadurch* von einander entfernen.

[...]

So gehe ich zu dem praktischen Teile Ihres sehr werten Briefes über und bemerke Ihnen zunächst, Ihren Verlagsvertrag mit Jenni betreffend, daß Sie nach demselben, nachdem, was ja der Fall, die erste Auflage vergriffen, über eine *zweite* «von neuem verhandeln müssen». Dies wird am besten derart geschehen, daß Sie Jenni durch Ihren Anwalt, damit es gesetzliche Gültigkeit hat, anzeigen lassen, wie Sie gegen sofortige Zahlung von zehntausend Franks die zweite Auflage ihm lassen wollten und binnen dreimal 24 Stunden seinen Entscheid erwarten. Da er selbstredend nicht darauf eingehen wird, so haben Sie dem Vertrage mit ihm Genüge geleistet und dann vollständig freie Hand. Einen ungesetzlichen Wiederabdruck fürchte ich seitens Jenni nicht, er würde den *Buchhandel* nicht für solchen haben, also ein Diebstahl der Art nicht einmal lohnend sein. Es würde demnach nichts im Wege stehen, daß Sie uns die neue Bearbeitung des «Schulmeisters» und zwar *für die Volksbibliothek* übergeben. Wir sind entschlossen, in dem Jahrgang 1848 das Buch erscheinen zu lassen, und offerieren Ihnen, ohne freilich zu wissen, welche Bogenzahl dasselbe geben wird, ein gleiches Honorar wie für «Käthi»: 400 Thaler, womit Sie in Betracht des Umstandes, daß der «Schulmeister» doch schon in einer Auflage verbreitet, ein großes Terrain uns also genommen ist, und daß Sie die zweite Auflage gleich hoch wie die erste honoriert erhalten, zufrieden sein werden. Ich bin Ihrer zusagenden Antwort deshalb gewärtig und werde, wenn Sie es wünschen, einen besonderen Kontrakt darüber fertigen lassen.

[...]

Daß Sie mir, hochgeehrter Herr, Anfang 1848 das Manuskript zum *zweiten* (und letzten) Teil des «Uli» schon senden können, war mir sehr erfreulich, aus Ihrem werten letzten Briefe zu ersehen. Senden Sie es mir dann gefälligst mit *direkter* Post zu. Wünschen Sie auch darüber einen ausführlichen Kontrakt mit mir zu machen, so steht Ihnen solcher zu Diensten.

[...]

Ihr Bube[13], der den Jennischen Kontrakt abgeschrieben, verdient mein ganzes Lob; die Handschrift ist *fest*, deutlich und läßt auf Charakter schließen, der Gotthelfs Sohn gewiß nicht fehlen kann. Wäre mein Junge erst so weit! Der arme Kerl hat viel mit den Zähnen zu tun und ist deshalb in seiner körperlichen Ausbildung gegenüber seiner geistigen Entwicklung zurückgeblieben. Ich wünsche oft, der Bengel wäre *dümmer* und dafür *dicker*; aber in dem kleinen Geschöpf arbeitet ordentlich schon Geist und geistiges Belebtsein, was den zarten Körper natürlich angreift.

[...]

Von meinem Preßprozeß werden Sie, geehrter Herr, wohl gehört haben. Ich hatte vor über einem Jahr in unserm Buchhändlerbörsenblatte ein Buch empfohlen, in welchem Zensureinrichtungen getadelt werden, die auch in Preußen statthaben, und hatte solche allgemein, ohne die preußischen zu nennen oder zu bezeichnen, die schreiendste Willkür genannt. Hierin wollte unser Gouvernement ein Preßvergehen, wenn auch unsere liebenswürdige Zensur die Druckerlaubnis erteilt hatte, erblicken und stellte mich vor Gericht. Ich verteidigte mich gehörig und wurde für «nicht-schuldig» erkannt. Das Gouvernement appellierte hiegegen und der zweite Richter erkannte mich des *Versuches* eines Preßvergehens für schuldig und verurteilte mich zu drei Monat Gefängnis. Ich habe mich an den *dritten* Richter darauf gewandt und bin, freilich erst im nächsten Jahre, gewärtig, welchen Entscheid der tun wird. Die Sache hat hier vielen und großen Eclat gemacht und Sie können hieraus sehen, wie in Preußen die Justiz geübt wird. Drei Monate auf der Festung mich aufzuhalten, würde mich sehr unangenehm berühren; warten wir es ab.

Ich bin, geehrter Herr, Ihrer recht baldigen Benachrichtigungen über alles gewärtig und grüße Sie mit bekannter Hochachtung

Ihr Julius Springer

[Gotthelf an Springer am 5.11.47 (verloren)]

Springer an Gotthelf

Berlin, den 3. Jenner 1848

Hochgeehrter Herr!

[...]

Nun hat das neue Jahr begonnen, und da sende ich meinen heutigen Zeilen die herzlichsten und aufrichtigsten Glückwünsche für Sie und Ihr Haus voran und hoffe, daß auch in dem begonnenen Jahre unsere Verbindung eine ebenso lebhafte als für beide Teile angenehme sein wird, aber auch besonders Sie, hochgeehrter Herr, das Mißtrauen, welches namentlich auch wieder aus Ihrem letzten Schreiben gegen Simion und mich sich ausspricht, mehr ablegen werden.

In der Tat, geehrter Herr, ich weiß nicht, durch welche Umstände Sie zu Äußerungen in Ihrem letzten Briefe veranlaßt sind, die sonst Städter nicht so herzunehmen pflegen, wenn ich nicht annehmen muß, daß Ihre jetzige Stimmung überhaupt eine erregte ist, wofür doch wir aber wahrlich nicht können. Daß Sie zuwenig Freiexemplare empfangen, ist ein Versehen unseres Expedienten, und es bedurfte ja nur eines Wortes und das Fehlende wäre nachgesandt, wie dies *sofort* nach Empfang Ihrer werten Zeilen vom 5. vorigen Monats durch Huber & Co. geschehen.

§ 4 im Kontrakte über Käthi und Joggeli etc. wurde auf Ihr ausdrückliches Monitum aufgeommen und Ihnen in Folge Ihres Vermerkes wegen der Gesamtausgabe Ihrer Schriften proponiert. Da Sie ihn durch Ihre Unterschrift akzeptieren, können Sie doch wahrlich von einem «Unterschieben» und «Überrumpeln» nicht sprechen. Und nun die Sache selbst unparteiisch angesehen: *vermag* denn ein Buchhändler bei einem so bedeutenden Honorare, wie wir für die Käthi etc. bezahlt, eher denn 5 Jahre die Aufnahme eines so teuer erkauften Manuskriptes in eine Gesamtausgabe der Schriften des Verfassers geschehen zu lassen? Es ist eine Unmöglichkeit, und ich bekenne Ihnen, daß wir vor *drei* Jahren *sicher die Kosten* für die Käthi insgesamt *nicht* heraushaben werden. Glauben Sie mir, sehr werter Herr, es ist nicht so schnell und leicht geschehen, daß der Buchhändler an einem Buche Gewinn hat, und nehmen Sie die Versicherung hin, daß ein *solider* Verleger auf Bedingungen, wie die von Ihnen angedeuteten, den Verlag eines Buches *nur auf* 4–5 Jahre zu übernehmen, *nie* eingehen *kann*.

Wir haben nie Mißtrauen gegen Sie gezeigt, wir haben uns überhaupt keine Vernachlässigung der Stellung, welche wir gegen Sie einzunehmen die Ehre haben, zu Schulden kommen lassen und dürfen daher von Ihnen wohl ein Gleiches erwarten. Ich hoffe auch zuversichtlich, daß Ihr nächster Brief, nachdem jetzt wieder Ruhe und Frieden in die mir so teure Schweiz eingekehrt, mehr Frieden und Ruhe atmen wird.

[...]

Nach Ihrem werten letzten kann ich Ende dieses Monats dem Manuskripte zum zweiten Teile Uli schon entgegensehen und bitte nur, dann das Gegenexemplar des *Kontraktes* beizulegen.

[...]

Die Käthi ist nun in alle Welt versandt und zum Weihnachten hier viel gekauft. Im Allgemeinen ist die Presse eben ganz *fürchterlich* über dieses Ihr neuestes Werk hergefallen und hat dann unsere ganze Volksbibliothek in Acht und Bann erklärt. Es wird mir schwer, geehrter Herr, ich gestehe es offen, dieses Kapitel, was Geist und Bestreben Ihrer neuesten Opera betrifft, ausführlich mit Ihnen zu erläutern: es steht mir ein Rechten mit *Ihnen* sowenig als selbst mit Jeremias Gotthelf deshalb zu, und ich werde Ihnen nur, wenn es irgend möglich, eine Sammlung von Kritiken der Käthi gelegentlich zu Huber & Co. mitteilen. Wir sind, geehrter Herr, immer offen gegen einander gewesen, und so nehme ich auch keinen Anstand, Ihnen zu sagen, daß selbst in den Kreisen, in denen mit durch mein Bemühen Ihre fürtrefflichen Schriften so gerne und lieb gelesen und Sie – ich darf es sagen – hoch und heilig gesprochen wurden, Ihre Käthi des in ihm gepredigten *Geistes* wegen – die Form ist wie alles von Ihnen Meisterwerk – sehr mißfallen hat, und gerade ich, Ihr glühender Verehrer und Bewunderer, vieles nicht Angenehme deshalb hören mußte. Eben weit entfernt, mich auf eine Kritik der Käthi einzulassen, teile ich Ihnen nur allgemein das Urteil Ihrer *Freunde* über dieselbe mit. Indes hoffe ich auch hier, daß die alles ausgleichende lindernde Zeit, die in Ihrem Vaterlande tiefe Wunden recht schnell vernarben machen wird, auch Sie gesund und frei stimmen und Ihre neuen Werke einen dementsprechenden Charakter tragen werden.

Die Weihnachtsfreuden waren diesmal bei der Christbescherung unseres Jungen für uns neue und süße, bisher nicht empfundene. Unser Bengel ist ein wildes und kluges Kind, dessen aufgewecktem Sinne nichts entgeht und dem der Weihnachtsbaum und die Geschenke um ihn die seligste Freude bereitet haben. Der Junge fängt an zu laufen und sprechen und soll, sagen die Leute, in Kopf und Wesen seinem Vater sehr ähnlich sein! Ende dieses oder Anfang nächsten Monats erhält er ein Brüderchen oder Schwesterchen, wie's der liebe Gott sendet; es wird uns eines so lieb wie das andere sein, wenn schon mein Frauchen großes Verlangen nach einem Meidschi hat!

Gott behüte Sie und die Ihrigen und gebe Ihnen ferner seinen Segen, an dem ja Alles gelegen! Ich bin Ihrer recht *baldigen* Antwort 1) wegen der Erzählung, die noch zum Joggeli gehört [14], 2) wegen Leiden und Freuden und 3) wegen Uli zweiter Teil, womöglich mit allen drei Manuskripten gleich, gewärtig und grüße Sie

      mit bekannter Achtung   Ihr Julius Springer

Die «vermischten Erzählungen» deren Sie in Ihrem letzten Schreiben Erwähnung tun, nehme ich gerne; sofern solche noch nicht anderswo, was ich vermute, abgedruckt gestanden. In ersterem Falle würde ich 20 Thaler pro Druckbogen, in letzterem, daß sie anderweitig gedruckt waren, 11 Thaler pro Druckbogen Honorar offerieren; Auflage 2–3 Tausend! Vergessen Sie nicht, mir auch hierüber zu schreiben.

[Gotthelf an Springer am 10.1.48 (verloren)]

Springer an Gotthelf

      Berlin, den 19. Jenner 1848

Sehr geehrter Herr,

Ihren Brief vom 10. dies nebst dem Schulmeister-Manuskript und dem zu Harzer Hans erhalte ich soeben und muß Ihnen, wenn auch nicht erschöpfend, doch über Einiges sogleich schreiben. Ihr Brief ist höchst liebenswürdig und hat einen wohltuenden Eindruck auf mich gemacht; es mag am Briefe selbst liegen, vielleicht auch, daß ich ihn beim Eröffnen gleich meiner Frau vorlas, die mich, den seit einigen Tagen durch ein Unwohlsein an das Zimmer Gefesselten, zu Hause pflegt und die den Brief über alles nett findet. Ja, ja, Sie Leute vom Lande sind marquierter und natürlicher und Jeremias Gotthelf zumal, der noch so wahr dabei ist, daß man seine Freude daran hat.

Doch Ihnen dies und vieles andere zu sagen, greife ich nicht augenblicklich zur Antwort-Feder, sondern aus folgendem Grunde:

Sie haben und sprechen es deutlich aus, einen großen Widerwillen gegen die Aufnahme des Schulmeisters in die Sammlung der Volksschriften [15]; *ich* habe zu der Sache eine ganz eigene Stellung: ich bin an den Volksschriften beteiligt, bin genereuse gewesen und habe darein gewilligt, daß, *wenn Sie es zugeben*, der Schulmeister in die Sammlung mag, wenn auch natürlich zu meinem persönlichen Nachteil, da ich als Selbstverleger des Buches an solchem einen größeren Gewinn denn als Teilnehmer an der Sammlung haben würde, aufgenommen werden; nun sind *Sie* durchaus gegen die Aufnahme in solche und nur mit Hangen und Würgen zu solchem zu bewegen – da heißt es doch wirklich etwas viel verlangt von mir, zu begehren, ich solle doch für die Aufnahme in die Sammlung stimmen. Nun würde meine Bescheidenheit es aber doch nicht zulassen, käme die Sache nach Vorlage Ihres eben eintreffenden Briefes zur Sprache, mich gegen die Aufnahme zu erklären. Mein Partikular-Interesse erheischt, daß ich *gegen* die Aufnahme sei, mein Sonder-Interesse, daß dafür – aus diesem Dilemma müssen Sie, lieber Herr, mir helfen.

Erklären Sie in einem *sofort* nach Empfang dieses gütigst zur Post zu gebenden Schreiben, daß Sie entweder unbedingt *für* oder unbedingt *gegen* die Aufnahme in die Sammlung sind; aber – *dies meine Hauptbitte* – richten Sie Ihren Brief gütigst so ein, daß er einen aus Ihnen selbst kommenden Nachtrag zu Ihrem Briefe vom 10. dies abgibt, den Sie sofort nachsendeten nachdem *Sie sich die Sache nochmals überlegt*. Schreiben Sie, ich bitte, diesen Brief auch auf einen besonderen Bogen, und was Sie mir sonst noch zu schreiben haben, getrennt, damit ich das auf die genannte Sache Bezug habende getrennt vorlegen kann. Ich denke, daß ich mich deutlich genug ausgedrückt habe, und halte mich von Ihrer Güte überzeugt, daß Sie mir meinen Wunsch erfüllen werden, wofür ich Ihnen im Voraus meinen ergebensten Dank sage und also Ihrer umgehenden Anwort gewärtig bin.

Ist es Ihr Entschluß, den Schulmeister *nicht* in die Sammlung aufnehmen, sondern in meinem Verlage erscheinen zu lassen, so soll der Druck *sofort* nach Eintreffen Ihrer Antwort beginnen und nach Möglichkeit beschleunigt werden. Das Papier würde ich nicht ganz so groß wie die erste Auflage des Schulmeisters wählen. Bei diesem Abdruck von schon Gedrucktem wird es nicht nötig sein, Sie mit einer Korrektur zu belästigen, zumal meine gute Frau die eine Korrektur übernehmen will, was ihr, ist erst unseres Burschen Schwesterli oder Brüderchen da, nicht so schwer werden wird. Ich werde dann mit dem Buchdrucker besonders wegen pünktlicher Lieferung von *wöchentlich zwei* Bogen kontrahieren, so daß, mit Gottes Hilfe, im Juli, August das Buch in die Welt wandern kann, oder dann schon überallhin versandt ist.

[...]

Meine Frau läßt Sie herzlichst grüßen. Der liebe Gott wird ihr über das uns bevorstehende, dann sehr beglückende Ereignis helfen! Gott mit uns!

Ihr mit Achtung ergebener   Julius Springer

[Gotthelf an Springer am 29.1.48 (verloren)]

Springer an Gotthelf
Berlin, den 29. Februar 1848
Hochgeehrter Herr,

Anbei Bogen 1 und 2 von Uli der Pächter; machen Sie, ich bitte, die Korrektur *recht* bald. Eigentliche Druckfehler werden wenig geblieben sein, denn meine Frau hat eine und ich die zweite Korrektur gemacht. Aber *Sinn- und Worte*-Fehler können manche noch gefunden werden, und ich möchte Sie bitten, *hierauf ganz besonders* doch zu achten, z.B.: Seite 4 Zeile 7 von unten: «in eine Flasche *beizt*», ist das richtig? Dann Seite 27 Zeile 3 von oben: «Stennes», was heißt das? Und so eine große Anzahl. Lassen Sie sich dabei nur von Ihrem Frauchen helfen; Frauen haben für Fehler bessere Augen als Männer und blicken schärfer! Ich weiß das von der meinigen her! Es ist die Einrichtung getroffen, daß Sie alle *acht* Tage *zwei* Bogen erhalten, und wollen nur *Sie* auch die Güte haben, mir diese sobald als möglich korrigiert zurückzusenden. Was ich bis jetzt von Bogen 1 und 2 gelesen, gefällt mir ausgezeichnet; es scheint ein tiefes, so ein Seelen-Buch wie der Schulmeister zu sein, das die *Erzählung* der Begebenheiten nur bringt, um von den Seelen und dem Wesen und dem Denken und Wert der *Menschen* zu sprechen! Wir freuen uns recht auf die Fortsetzung.

Der Titel «Uli der Pächter» ist fürtrefflich; ich werde *zwei* Gegen-Titelblätter drucken lassen:

links:	Uli der Knecht	und rechts:	Uli der Pächter
	anderer Teil		Ein Buch für das
			Volk v. J.G.
	Uli der Pächter		(Uli der Knecht:
			anderer Teil)

Wollen Sie nicht ein kleines *Vorwort* schreiben? Es schiene mir nicht übel!

Daß Sie in dem § 5 des Kontraktes die 5 Jahre in 3 geändert, ist eigentlich nicht in der Ordnung; indeß denke ich, daß wir vor 3 Jahren von dem Buche eine neue Auflage drucken. Ich lasse übrigens, was ich Ihnen wohl auch schon schrieb, einen Teil der Auflage auf *größerem* Papier abziehen, das der Schweizer-Ausgabe des 1. Teils von Uli besser angepaßt, was den Besitzern dieser sehr lieb sein wird.

Ihren Brief wegen des Schulmeisters habe ich an Simion gegeben; er will nochmals Ihnen wegen der Aufnahme desselben in die Volksbibliothek schreiben und Sie darum dringendst bitten; ich gebe Ihrem Ermessen die Antwort ganz anheim. Nur antworten Sie dann nach Empfang seines Briefes doch ja *recht bald*! Hans Joggeli wird diese Woche auch nun fertig, und Sie erhalten dann den Rest des Honorars durch Schickler [16] hier.

Am 23. vorigen Monats hat mir meine süße Frau ein kleines Mädchen [17] geschenkt; es ging alles schnell und gut, und wir können dem lieben Gott nicht dankbar genug sein. Der Mann ist übrigens bei der zweiten Entbindung seiner Frau viel gelassener und ruhiger als bei der ersten; man hat seine Erfahrungen gemacht und den Lauf der Natur kennen gelernt; je öfter dies geschieht, je ruhiger mag man es mit ansehen; für die ersten zwei, drei Jahre wünschte ich aber doch, nicht nötig zu haben, es nochmal mit anzusehen. Unser Junge hat das Schwesterchen sehr lieb, und so ich-los letzteres auch noch ist, machen uns die zwei Kinder doch noch mehr Freude als das eine allein! Gott erhalte sie uns!

Ihren «Notar Stößli» [18] habe ich mit meiner Frau in den Elsässischen Neujahrsblättern mit großem Interesse gelesen; ich hätte kaum gedacht, daß Sie so schalkhaft sein könnten. Aus der Erzählung müßte sich ein prächtiges Lustspiel machen lassen. Würden Sie auch so aufbegehren wie Auerbach, wenn Frau Birch-Pfeiffer [19] dies unternähme?

Haben Sie die Idee, mehrere Ihrer kleinen Erzählungen zu sammeln und in einem Bändchen vereint erscheinen zu lassen, aufgegeben? Sie beantworteten meine desfalsige Anfrage bis jetzt noch nicht.

Mein Preßprozeß soll in dritter Instanz, nachdem ich in erster freigesprochen, gegen mich dieser Tage entschieden sein; mitgeteilt ist mir Bestimmtes noch nicht. Drei Monate seiner Freiheit beraubt zu sein, ist ein böses Ding und bleibt immer, so gerne und ruhig ich auch für meine ausgesprochene Ansicht, nämlich, daß das Verbot ganzer Verlage eine russische Gewalttat sei, meine Brust offen biete, eine Fatalité, die aber den Charakter, denke ich, doch stärken wird.

Ob es mir möglich sein wird, diesen großen Brief unbemerkt in das Kreuzcouvert zu bringen, weiß ich noch nicht. Sie wollen aber gefälligst die Remission unter Kreuzband ferner unserer Verabredung gemäß machen.

Während ich dies schreibe, gehen mir die nähern Mitteilungen über die Vertreibung Louis Philipps [20] und die Proklamation der Republik zu! Gott behüte uns vor den Folgen dieses nicht erwarteten Ereignisses. Wer hätte ahnen können, daß L.Ph. *so* fallen würde! Er war ein kluger Mann, trieb aber ein gefährlich Spiel!
Mich Ihnen herzlich empfehlend

Ihr Julius Springer

Simion an Gotthelf

Berlin, 8. März 1848

Hochgeehrter Herr Pfarrer!

[...]

Daß Ihre Schriften große Verbreitung finden, ist Ihnen lieb, das wird aber offenbar durch die Verbindung mit der Volks-Bibliothek befördert. Dazu kommt, daß wir Ihnen mit Entschiedenheit zusagen, daß der Schulmeister in diesem Jahre vollständig erscheinen soll.

Sie haben nun gewiß nichts mehr dagegen, daß der Schulmeister auch in unserer Volks-Bibliothek erscheint, und verlangen nicht ein höheres Honorar dafür, sondern sind mit 400 Thaler in Pausch und Bogen wie für die Käthi gern einverstanden. Dagegen nehmen wir Ihren Termin an in Betreff Ihres Rechts, ihn in eine Gesamtausgabe Ihrer Werke aufzunehmen. Wer weiß, ob Sie nicht im Lauf der Jahre so zufrieden mit uns sind, daß Sie uns selbst die Gesamt-Ausgabe anbieten.

[...]

Hiermit will ich denn schließen; es ist zwischen Anfang und Ende dieses Briefes eine gewaltige, schwere, sturmvolle Zeit heraufgezogen, weshalb der Brief unterbrochen liegen blieb; ich schließe ihn eben am 23. März, einem Tag nach der großartigen Beerdigung unserer ruhmvollen Toten vom 18. März [21].

Ich hoffe, Ihr nächster Brief wird ein recht freundlicher und friedlicher und unsere Verbindung eine stets festere und freudigere. *Das* Zeugnis können wir uns geben, daß wir für die Käthi und die Bibliothek überhaupt uns keine Mühe und Kosten haben verdrießen lassen. Gott sei Dank, es scheint auch der Erfolg nicht auszubleiben. Es wird jetzt freilich eine für die Sache und den weiteren Erfolg höchst ungünstige Epoche eintreten; indes auch das muß überwunden werden. Was ächt ist, wird bestehen.

In herzlicher Verehrung

Ihr M. Simion

[Nachschrift von Julius Springer:]

Hochgeehrter Herr,

In aller Eile und das Gewehr zur Seite, das ich als freier Bürger [22], die Wache am Rathause haltend, trage, füge ich den umstehenden Zeilen meines Freundes Simion nur einige wenige bei, in denen ich zunächst dessen Bitte, uns sobald als möglich Ihren Endentschluß wegen des Schulmeisters wissen zu lassen, wiederhole; außerdem aber zu bemerken habe, daß die verhängnisvolle Zeit, die dem glorreichen und siegesgekrönten 18. März [21] in Unruhe und Aufregung vorangegangen und die, wenn auch in Herz und Seele, in Freude und Zukunftshoffnung erwärmender Weise noch jedermann hier bewegt und von der geschäftlichen Tätigkeit abhält – daß in dieser Zeit der Druck des Uli zweiter Teil ruhen mußte, indes nun wieder aufgenommen wird und Sie übermorgen Korrektur von Bogen 3 und 4 erhalten, womöglich gleich mit 5 und 6, dann ein Weiteres!

Mit bekannten Gesinnungen   Ihr Julius Springer
Berlin, d. 23. März 1848

Springer an Gotthelf

Berlin, den 27. März 1848

Hochgeehrter Herr,

Die Gründe der langen Pause zwischen Absendung der bereits vor 14 Tagen zurückerhaltenen Bogen 1 und 2 und der der mitfolgenden Bogen 3 und 4 haben Sie in den großen Ereignissen zu suchen, die über unsere Residenz und das ganze deutsche Vaterland seither eingebrochen, wie ich Ihnen dies auch in den vor wenigen Tagen abgegangenen Zeilen meines Freundes Simion kurz anführend ausgesprochen habe. Ja, große, bedeutungsvolle Ereignisse, deren mit Blut erkämpfte Errungenschaften das alte, veraltete System unseres Staates gebrochen und hoffentlich auf immer vernichtet haben. Die Geschichte unseres Kampfes, soweit sie nicht die Geschichte unserer ganzen Zeit ist, sollen Sie aus einer demnächst bei mir erscheinenden Broschüre ersehen, die ich Ihnen per Gelegenheit senden werde. Die weiteren Entwicklungen, welche dem Siege und dem besiegten alten Systeme zu folgen haben, machen sich sehr schwer und langsam bei uns, da der Fall des Alten ein so plötzlicher war. Gebrochen ist der *Militär*-Staat, der *Bürger*-Staat wird sich organisieren, gebe Gott mit Verstand und Ruhe!

Es ist mir eigentlich lieb, daß wir mit unserem zweiten Teile des Uli noch nicht weiter sind; es wird langer Zeit bedürfen, ehe das Interesse für Literatur überhaupt und Volksschriften Ihrer Art insbesondere wieder ein reges wird, wenn schon ich mich überzeugt halte, daß bei zurückgekehrter Ruhe und sicherem Bestehen freilich sehr veränderter Verhältnisse so genannte bürgerliche Volksschriften ihre Geltung und Wert gerade so recht erhalten werden.

Mit der Herausgabe Ihrer kleinen Erzählungen, Kurt von Koppigen etc. etc., wollen wir uns daher nicht weiter übereilen; machen Sie die Sache mit Muße fertig und senden Sie mir das Manuskript dann her; es soll dann allmählich gedruckt werden und kann vielleicht gegen Ende des Jahres ausgegeben werden. Die Honorarbedingungen würden die des Uli der Knecht sein, da die Erzählungen in die Kategorie der schon früher erschienenen fallen. Sprechen Sie sich gütigst hierüber aus!

Von Uli der Knecht habe ich nur noch 1–200 Exemplare, und wenn zur bevorstehenden Messe eine gleiche Anzahl noch wohl zurückkommen werden, müssen wir doch wohl an *eine neue Auflage* denken. Ich habe im Sinne, solche mit *Holzschnitten* erscheinen zu lassen. Mir ist zu deren Anfertigung Heinr. Meyer [23] in Zürich, der die zu den Corrodischen Fabeln [24] etc. fertigte, vorgeschlagen. Was meinen *Sie* dazu? Ich denke zu *jedem Kapitel* einen Holzschnitt, soweit dies dem Texte und Inhalte nach möglich; oder mögen *Sie* füglicher *die* Punkte des ganzen Buches auswählen und bestimmen, zu denen Sie bildliche Darstellungen geeignet finden? Ferner: wünschen Sie die neue Auflage des Buches irgend zu *ändern*? Über diese zwei Dinge wünschte ich bei erster Korrektur-Remission Ihre Ansicht und Wunsch kennen zu lernen und bitte Sie sehr, mich solche wissen zu lassen. Vergessen Sie dann auch ja nicht, Simion und mir Ihren *definitiven* Entschluß wegen des Schulmeisters zu melden, damit die Sache endlich ihre Erledigung erhält.

Mein Frauchen kann sich von dem Wochenbette noch gar nicht recht erholen, und namentlich hat die übergroße Aufregung, welche seit 14 Tagen hier alles in wahren Fiebersturm versetzt, sie sehr angegriffen. Fürchterlich war die Nacht des Kampfes vom 18. zum 19. Unsere Wohnung ist dicht an einer mutvoll und siegreich verteidigten Barrikade belegen, und wir hatten selbst für unser Haus alles zu befürchten. Dabei schliefen die Kinderchen in süßester Unschuld, und dieser Kontrast zwischen dem tobenden Kampf auf den Straßen und dieser süßen Ruhe war herzzerreißend!

Ich sende Ihnen anbei ein eben bei mir erscheinendes

Flugblatt, das Ihnen am besten von unseren Bestrebungen ein Bild geben wird.

Und nun: Gott behüte Sie! Antworten Sie mir unter baldiger Rücksendung der Korrektur recht ausführlich und seien Sie auf das herzlichste gegrüßt von
                Ihrem ergebenen   Julius Springer

Durch die für alle politischen und Preßvergehen ausgesprochene Amnestie hat mein Preßprozeß seine Erledigung gefunden!

Springer an Gotthelf
                Berlin, den 19. April 1848

Sehr geehrter Herr,

Ihnen anbei Bogen 7 und 8 zur baldigen Korrektur übersendend, muß ich abermals um Entschuldigung bitten, daß ich erst heute diese Bogen Ihnen sende, pochen doch hier alle Arbeiter und mit ihnen die Buchdrucker auf höheren *Lohn* und geringere Arbeits*zeit*, und da sind in letzterer die Bogen nicht eher fertig geworden.

[...]

Die öffentlichen und großen Angelegenheiten der Zeit nehmen mich sehr und abziehend vom Geschäfte in Anspruch; das kann aber nichts helfen, man gehört sich und der Familie im Hause, aber auch der des ganzen Staaten-Verbandes an und muß auch für die des Möglichsten bemüht sein.

                Ihr Julius Springer

Gotthelf an Springer
                Lützelflüh, 27. April 48

Geehrter Herr!

Diesmal bin ich nicht prompt in der Rücksendung der Bogen, ich mußte einige Tag in Burgdorf Examen beiwohnen.

Ich bin so frei Sie zu fragen, wie hoch die Frankatur der 2 Bogen in Berlin kommt? Hier forderte man mir erst

8 Batzen, jetzt 12, was mich sehr viel dünkt. Weiß ich, daß Sie weniger zahlen, so kann ich reklamieren.

Ich glaube nicht, daß ich von Dietler [25] als Holzschneider gesprochen, sondern daß er daran gedacht, Illustrationen zu meinen Werken zu machen. Er ist hauptsächlich Portraitmaler, er hat mich ganz besonders schön in Öl gemalt, jetzt soll er in Engeland sein, wo er Aufträge vom Hofe hat, vielleicht daß er die Viktoria abkonterfeien soll.

Gestern habe ich vernommen, daß Ruppius mich herumziehen soll. Wäre es vielleicht nicht passend, irgendwo zu bemerken, daß er mich gerühmt, solange er glaubte, mich ausbeuten zu können, jetzt mich tadle, da ich ihm in der Sonne stehe, denn doch in seiner Sammlung nicht manches Heft sei, welches nicht an einem meiner Bücher gesogen hat?

Die Zeiten sind schlimm, aber wenn sie nur nicht schlimmer kommen. In Frankreich sieht es gar zu trübe aus, und wo es hinaus will, liegt außerhalb jeder Berechnung. Bei uns ists jetzt ruhig, und viel Gut wird aus Baden hieher geflüchtet. Doch wie lange die Sicherheit dauern wird, weiß eben auch niemand.

Doch ich muß enden mit freundlichen Grüßen an Sie und Ihre liebe Frau Ihr ergebener

Alb. Bitzius

Ihre Kreuzbänder sind etwas liederlich. Sind die unsern gut?

Springer an Gotthelf

Berlin, den 5. Mai 1848

Hochgeehrter Herr,

Sie werden es wohl gelesen haben: die Buchdruckergehülfen hatten sich vereinigt, höhere Preise verlangt, welche die Prinzipale nicht zahlen konnten, wenn sie nicht selber zu Grunde gehen wollen, und so wurde hier 8 Tage lang weder gedruckt noch gesetzt, daher ich Ihnen anbei erst die beiden neuen Bogen senden kann. Es ist ein Jammer mit anzusehen, in welchem Wahnsinn alle diese Arbeiter befangen sind: um ihre Personen als physische Macht zu gebrauchen, hat man mit ihnen geliebäugelt, ihnen ihre allerdings traurige und durchaus der Verbesserung bedürfende Lage in einer Weise vorgehalten, daß sie nun wähnen, es würde ihnen besser gehen, wenn sie höheren Lohn und Dienst erzwingen, vergessend, daß ihr niedriger Lohn nur eine Folge der gedrückten *allgemeinen* Verhältnisse ist. Diese Arbeiter sind die größten Egoisten; ob die nicht zu ihnen Gehörenden untergehen, ist ihnen ganz gleich, wenn *sie* nur besser bestehen!

Ich habe in unseren Wahlversammlungen mich nicht gescheut, dies offen auszusprechen, zwar zuerst einen fürchterlichen Sturm heraufbeschworen, aber doch den Leuten das so klar gemacht, daß ich tags darauf zum *Wahlmann* für Berlin und für Frankfurt gewählt wurde. Wir sind nun mitten in den Wahlen drin. Montag wählen wir die Deputierten, und dazu bedarf es noch vieler Besprechungen etc. Meinem Geschäfte vermag ich gar nicht vorzustehen, so nehmen mich die öffentlichen Angelegenheiten und die in ihnen übernommenen und überkommenen Pflichten in Anspruch. Es ist eine große, ganz neue Zeit, in der wir leben; es ändern sich alle Verhältnisse und Beziehungen der Menschen im Staatenverbande, wir sind *in der größten* Revolution, welche menschliche Verhältnisse bisher erfahren – tun wir das Unsrige, daß unsere Errungenschaften von *Wert* werden!

Von Meyer [23] habe ich aus Zürich noch keinen Bescheid, habe mich aber wegen der Zeichnungen zum Uli nun auch an den berühmten Hosemann [26] hier gewandt, der ein Verehrer Ihrer Schriften und ein genialer Mann ist. Er erfaßte meine Idee mit Feuer, oder vielmehr: unsere Gedanken begegneten sich, und ich will nun abwarten, wie und in welcher Zahl und zu welchen Stellen er Zeichnungen beabsichtigt. *Eile* hat auch diese Angelegenheit *nicht*, Geschäfte und Verkehr liegen sehr darnieder, und ich bringe weder den 2. Teil des Uli noch die beabsichtigte neue illustrierte Auflage des 1. eher, als bessere Zeiten eingetreten, zumal ich von der 1. Auflage des 1. Teils wohl nach der Messe noch hinreichend zurückerhalten werde.

Für die Kreuzkouverte an Sie zahle ich 7–9 Silbergroschen, das sind etwa 7 Batzen! Sie sollen fortan übrigens sorgfältiger ausfallen!

Mit dem Wunsche, daß diese Zeilen Sie und die Ihrigen wohlauf antreffen mögen und zugleich mit bester Empfehlung meiner Frau
Ihr ergebener   Julius Springer

Ich wollte diesen Sommer wieder aufs Land ziehen, schon der Kinderchen wegen. Man kann aber es nicht wagen, fern von der Stadt zu weilen, es ist alles zu sehr noch in Gährung.

Springer an Gotthelf

Berlin, den 1. Juni 1848

Hochgeehrter Herr,

Anbei Bogen 11 und 12 zur Korrektur; ich habe kaum nötig, auf die Umstände nochmals hinzuweisen, die das gar langsame Vorschreiten des Druckes verursachen. Die Leipziger Messe, von der ich seit einigen Tagen zurück bin, ist über alle Maßen kläglich und triste ausgefallen; es ist zur Zeit ein so geringer Bedarf an Büchern, daß ich den Uli, selbst wäre er fertig, jetzt gar nicht versenden würde. Die Stockungen in allem Geschäftsleben sind unbeschreiblicher Art und *ihr Ende* durchaus nicht abzusehen; es liegt daher in unser beiderseitigem Interesse, unser Buch nicht inmitten dieser Zeit, in welcher eben niemand Bücher kauft, auf den Markt zu bringen, und wir wollen daher mit dessen Beendigung durchaus nicht eilen!

[...]

Überhaupt sind die Zustände des Buchhandels zur Zeit der Art, daß man mit neuen Unternehmungen eigentlich nur lavieren kann und wir auch mit unserem Volksschriften-Verlag langsam und sehr piano vorgehen. Wie gerne, hochgeehrter Herr, unterhielte ich mich hier mit Ihnen über die große Revolution, inmitten welcher wir stehen und kämpfen, erlaubte es meine Zeit. Stehen wir beide in unseren politischen Ansichten auch von einander etwas entfernt, darin werden wir übereinstimmen, daß *aus* der Revolution aller Verhältnisse ein für alle besserer Zustand hervorgehen muß und daß die Welt und auf ihr die Menschheit nicht durch sich oder die Natur kann zu Grunde gerichtet werden. Diese Überzeugung meiner Seele gibt mir Kraft, Mut und Vertrauen und läßt mich freudig in eine Zukunft blicken, zu deren Erlangung ich stolz bin, mitgewirkt zu haben.

Meine dem Wohle des Allgemeinen gewidmete Zeit ist nun durch die Wahl zum Stadtverordneten, welche auf mich gefallen, noch mehr in Anspruch genommen. Auch auf dieses Vertrauenszeichen meiner Mitbürger bin ich stolz und übe, selbst vom leidigen Egoismus aus, nichts denn Erkenntlichkeit, einer Errungenschaft meine Kräfte zu widmen, der ich es zu verdanken habe, daß ich nicht jetzt drei Monate im Kerker meines Preßprozesses halber schmachten muß. Sie sehen, geehrter Herr, ich weiß auch *in* mir in Anschauung und Pflicht, Tat und Belohnung jene Ausgleichung herzustellen, die ja allein das Glück des Menschen abgibt.

Sie machen mir herrliche Schilderungen von der in Aussicht stehenden Fruchtbarkeit des Jahres, für die wir dankbar sein wollen. Ich hatte auch während eines zweitägigen Aufenthaltes auf dem Gute eines meiner Freunde in der Nähe von Torgau Gelegenheit, mich von der Fülle des Getreides und der Früchte zu überzeugen. Gerade auch mein Freund hat ein großes Verlangen, die Schweiz zu besuchen, das *ich,* wie Sie wissen, heißesten Herzens teile. Wir haben uns das Wort gegeben, daß wir, sind die Zeiten nächstes Jahr besser und kann ich es verantworten, 1–200 Thaler meiner Erfrischung zu widmen, die Schweiz im Herbste 1849 besuchen und dann auch bei Ihnen einkehren. Doch – wir Narren: *Herbst 1849!* achtzehn Monate!! – wer weiß, wo wir in 18 Wochen halten!

Unsere Kinderchen, Gott sei gelobt, sind wohl, und mein Junge ein prächtiger Kerl. Wüßte ich nicht, wie lächerlich sich Väter machen, die ihre Kinder herausstreichen, ich würde es hier mit dem Bengel gegen Sie tun.

Ich schließe, mit der Retoursendung der Korrektur-Bogen Ihrer definitiven Anzeige wegen des Geldes gewärtig, Ihr Julius Springer

[Gotthelf an Springer am 17.6.48 (verloren)]
[Springer an Gotthelf am 20. 6. 48 (nicht abgedruckt)]

Springer an Gotthelf
Berlin, den 27. Juni 1848
Sehr geehrter Herr,
[...]
Bei den traurigen Zeiten, in denen jetzt alle Geschäfte darnieder liegen, sind Geldanschaffungen wirklich *sehr* schwer, und Sie dürfen da mit der Zahlung des Honorars es so scharf nicht nehmen. Ich werde den Rest Ihnen durch Schweizer Buchhandlungen, an welche ich zu fordern habe, auszahlen lassen.

Über die Zahlung des Honorars zum Schulmeister vermag ich Ihnen schon jetzt Bestimmtes nicht zu sagen. Der Druck des Buches hat erst begonnen, und die Beendigung läßt sich auch zur Zeit nicht annähernd bestimmen.

Daß man Sie, verehrter Herr, in Ihrer Kapitelsversammlung [27] gewählt, nimmt mich nicht Wunder: man wählt eben die Würdigsten. Daß diese dann neben der Ehre auch *Lasten* infolge der Wahl haben, versteht sich. Meine Frau ist ganz unglücklich, daß ich an ihrem morgigen Geburtstage durch eine Sitzung der Stadtverordneten und darauf mir zugefallenen Präsidentur des Klubs meines Bezirkes – wir haben hier bereits 38 einzelne wöchentliche Bezirksversammlungen, in denen es *vernünftig* zugeht, die sehr *bildend* auf die Masse einwirken – unserm Familienkreise auch an diesem Tage entzogen werde, und kann sich darob gar nicht beruhigen. Das sind die Leiden der Ehrenstellen!

In der Hoffnung, daß diese Zeilen Sie wohlauf und munter antreffen mögen, mit achtungsvoller Ergebenheit
Ihr Julius Springer

Springer an Gotthelf

Berlin, den 14. Juli 1848
Hochgeehrter Herr,
[...]
Ich habe das kalte Fieber [28] gehabt: drei tüchtige Attacken. Ich war, Gott sei es Dank, krank eigentlich in meinem Leben noch nicht, bin auch, wie meine Frau sagt alle Männer, krank sehr unausstehlich. Das Fieber ist nun zweimal ausgeblieben und wird hoffentlich auch fortbleiben. Gern machte ich zu meiner Erholung eine kleine Reise. Die Zeiten sind aber gar zu schlecht, Vermögen hat allen Wert verloren, Außenstände gehen nicht ein und Geschäfte werden wenig gemacht. Ich fürchte, ich werde auch meine auf das nächste Jahr projektierte Reise nach der Schweiz aufgeben müssen, wenn das so fort geht. Gott bessere es!

Wie prächtig mags bei Ihnen jetzt sein?
Mit herzlichem Grüße   Ihr Julius Springer

Springer an Gotthelf

Hochgeehrter Herr,
Sie werden sich den scheinbaren Stillstand in unserem Pächter gar nicht haben erklären können. Wir haben

viel Unglück mit dem Druck des Buches. Ich habe zwar bei Beginn desselben fest und bestimmt mit dem Buchdrucker kontrahiert, Strafen festgesetzt bei nicht erfolgender pünktlicher Lieferung etc., aber was hilft das alles: Not bricht Eisen! Die Buchdrucker haben hier 4–5 Wochen lang wieder *nicht* gearbeitet. Sie werden davon aus den Zeitungen gelesen haben. Dann war der Lehrer Schmidt, der die erste Korrektur liest, krank, kurz, es kam alles zusammen, so daß ich Ihnen, ärgerlich genug über die ganze und gerade mich am meisten benachteiligende Verzögerung, erst heute wieder die Bogen 21–24 senden kann, indes die bestimmte Versicherung beifüge, nun den *Schluß* des Buches *sehr bald* folgen lassen zu können.

[...]

Aufrichtig wünschend, daß diese Zeilen Sie in bestem Wohlsein antreffen mögen, habe ich Seitens meiner Frau die besten Grüße beizufügen und zeichne in Eile
    mit bekannten Gesinnungen
Ihr Julius Springer

Berlin, 4. Octob. 48

[Springer an Gotthelf am 7.10.48 (nicht abgedruckt)]
[Gotthelf an Springer am 14.10.48 (verloren)]
[Gotthelf an Springer am 8.11.48 (verloren)]

Springer an Gotthelf
Berlin, den 26. November 1848

Hochgeehrter Herr,

So ist nun endlich, eine gestörte, böse Zeit mit durchmachend, unser *Pächter* fertig geworden und gestern zu Herrn Koerber in Bern [29] die 36 Freiexemplare an Sie abgesandt. Die Ausstattung wird Ihnen zusagen, und ich will nur wünschen, daß das Buch eine Ausnahme von den meisten seiner diesjährigen Brüder machen, d. h. mehr Käufer als diese finden möge! Die Hoffnungen, welche Sie an das Erscheinen dieses zweiten Teils des Uli in Betreff des weiteren Absatzes des ersten knüpfen, kann ich unter den gehemmten Verhältnissen der Gegenwart für die nächste vor uns liegende Zeit nicht teilen, so bestimmte Erwartung ich auch habe, von beiden Teilen, so Gottes Segen, an dem ja Alles gelegen, darauf ruhet, eine zweite Auflage, wenn auch erst nach Jahren, zu drucken.

Doch lassen wir für den Augenblick die Zukunft. Wir haben es mit einer bitterbösen, harten, in Anspruch nehmenden Gegenwart zu tun, die uns antreibt, lediglich auf *sie* unsere ganze Achtsamkeit zu richten! Und zumal wir in Deutschland und wir besonders in unserem in Belagerungszustand [30] erklärten Berlin! Ich könnte Ihnen ein Buch schreiben von dem hier Erlebten, von unseren guten und schlechten Handlungen, von unserem Wirrwarr und Bangen, von unserem Tun und Zusehen – erlassen Sie es mir! Wir büßen im Augenblicke für viele kleine begangene Sünden, deren *Wirkung* lediglich unser augenblicklicher Zustand der Gewalt und Gesetzlosigkeit von oben ist, während der seit dem März derselbe von unten war. Ich hoffe, wir werden auch hieraus lernen und bei dem *neuen* freieren Aufschwunge unseres politischen Lebens nicht in die alten Fehler fallen.

[...]

Wie geleert bei solchen Zuständen, bei dem Stocken aller Geschäfte und des Geldumlaufes die Kassen der hiesigen Geschäftsmänner sind, begreifen Sie und sende ich Ihnen also heute deshalb noch nicht den Rest Ihres Honorars für den Pächter, so soll dasselbe doch recht bald nachfolgen, und ich werde 100.–weise solches an Gebr. Schickler fortzahlen, was der einfachste Weg sein wird. Um Neujahr muß alles bereinigt sein!

Sie sprechen in Ihrem sehr Verehrten vom 14. vorigen Monats, dessen nicht frühere Beantwortung, sehr geehrter Herr, die geschilderten Verhältnisse genügend bei Ihnen entschuldigen werden, von einer Sammlung zerstreuter Arbeiten von Ihnen, die Sie als ein Ganzes erscheinen zu lassen beabsichtigen, und deuten an, daß *ich* unter den bestehenden Zuständen wohl nicht geneigt sein möchte, dieses zu verlegen. Sie werden aus meinen früheren Briefen wissen, daß ich Sie um den Verlag dieser Sammlung gebeten habe und ich bin, aller der getrübten Verhältnisse ungeachtet, auch heute zu der Verlagnahme, sofern wir uns über die Bedingungen einigen, noch gerne und freudigst bereit. Ich würde nur bitten, mir ein kurzes *Inhaltsverzeichnis* des Einzelnen der Sammlung, die ungefähre Bogenzahl und die Zeit, bis wann das Ganze fertig ist, zugehen zu lassen und darf hoffen, wenn Sie Ihre Bedingungen den jetzigen Zeitverhältnissen entsprechend stellen, wir uns sehr bald über den Verlag vereinigen werden. Ich bin also hierüber Ihrer *baldigen* Antwort gewärtig!

Vom *Schulmeister* ist nun in der Volksbibliothek der 1. Teil erschienen und die Freiexemplare an Sie unter Weges. Der 2. Teil folgt im nächsten Monat. Simion schreibt Ihnen deshalb ausführlich.

Sie, hochgeehrter Herr, können und dürfen über die auch materiell so bösen Zeiten wahrlich weniger klagen als der Geschäftsmann, der Sie dies freilich in mehreren Ihrer Einnahmen auch sein mögen, aber doch in Ihrem Ihre Existenz sichernden Gehalte den bestimmtesten Anhalt haben. Wie anders ich, der ich von meinem Geschäfte und aus demselben lebe. Ich klage über dasselbe, was seinen Fortgang betrifft, *nicht* und habe dazu auch weniger Veranlassung als hundert andere hier und im andern Buchhandel. Der Blüte meines Etablissements ist zwar manches Blatt im Sturme der Zeit abgefallen, aber die Blüte nicht gebrochen. Lediglich die großen Außenstände, die bei der so geldklammen Zeit nicht schwinden, machen mir Sorge, weil ich darein mein Vermögen schwinden sehe. Doch bin ich voll Vertrauen und Mut, voll der alten Energie und Fleißes und werde mit Gottes

Beistand und eigener Arbeitsamkeit die schlimme Zeit überstehen, um einer doch auch einmal wieder besseren mich so ganz erfreuen zu können. Also *Sie* dürfen *nicht* klagen, wenn nicht einmal *ich* es tue. Was wir an die Erziehung unserer Kinder wenden, ist das *beste* Vermögen, das wir ihnen mitgeben können. *Der* Ansicht bin auch ich, und mein Bube, ein lebhafter, kluger Bengel, dem Gott und eine gütige Natur Verstand und Herz in Fülle und segensreicher Kraft gegeben zu haben scheint, soll von mir nur diese gute Erziehung, nichts weiter vermacht erhalten – er wird den besten Weg durch die Welt sich dann zu schaffen wissen.

Dem jungen Protégé Ihres Gewerbsvereins [31] stelle ich Ihre Käthi und den Pächter auf Ihr Konto zu.

Ich bin Ihrer recht baldigen Mitteilungen gewärtig und nenne mich mit bekannten Gesinnungen

Ihr ergebener   Julius Springer

Springer an Gotthelf

Berlin, den 21. Januar 1849

Hochgeehrter Herr,

[...]

Mayer [32] in Leipzig kündigt von Ihnen eine neue Erzählung «Dr. Dornbach, der Wühler» [32] an. Ich weiß nicht, ob Sie so Recht tun, oft den Verleger zu wechseln. Es dürfte Ihnen nicht bekannt sein, daß dies einen guten Eindruck *nicht* macht, und ich darf Ihnen dies daher nicht verschweigen. Beklagen darf ich mich, daß Sie es mir gar nicht anboten, nicht; aber ich hätte dies erwarten können, will Ihnen auch nicht verheimlichen, daß Mayer erst von mir über Honorar-Bedingungen Erkundigungen einzog. Habe ich Ihr langes Schweigen, sehr geehrter Herr, auf meine Anfrage und bejahende Verlagszusage, angehend die beabsichtigte Sammlung kleiner Erzählungen von Ihnen, als abschlägige Antwort anzusehen, so darf ich wohl bitten, mir dies offen zu sagen, damit ich weiß, woran ich bin. Ich wiederhole Ihnen nur, daß ich die Sammlung gerne verlegen möchte und in diesem Jahre dieselbe auch gut zu bringen wäre.

[...]

Wir sind hier in Mitten der Wahlen. *Sie* gerade wissen, was das heißt; diese Zeit des Tummelns aller Leidenschaften, denen selbst ein Belagerungszustand nicht gebieten kann, hat etwas Verzehrendes und würde auf die Dauer aufreiben. Gebe Gott, daß etwas Vernünftiges daraus wird!

[...]

Ich bin also *recht bald* einer Antwort von Ihnen über alles von mir Angeregte gewärtig und grüße Sie, hochgeehrter Herr,

mit bekannten Gesinnungen   Ihr Julius Springer

[1] *Huber & Co.:* Buchhandlung in Bern, die von Johann Koerber geführt wurde.

[2] *Zirkular:* Werbe- und Informationsprospekt des «Allgemeinen deutschen Volksschriftenvereins» und der «Allgemeinen deutschen Volksbibliothek».

[3] *Lehrer Schmidt:* Ferdinand Schmidt; s. Einleitung zum 4. Kapitel. Vgl. ferner die durchweg beschönigende Darstellung von Gotthelfs Tochter Henriette: «Mit pietätvollster Schonung wurden die betreffenden Werke von einem warmen Verehrer des Dichters, Herrn Ferdinand Schmidt in Berlin, durchgesehen und die nicht mehr zeitgemäßen politischen Auslassungen abgekürzt oder ausgemerzt, da sie oft mit dem Vorhergegangenen und Nachfolgenden außer allem Zusammenhang stehen und uns den Eindruck des Ganzen trüben. Es war gleichsam ein Wetterleuchten seines Geistes, während sein dichterisches Gemüt die lieblichsten Bilder, die herrlichsten Charaktere schuf, die wie Sterne durch nächtliches Dunkel glänzen» (Muschg, S. 55).

[4] *Nieritz'schen, Auerbach'schen:* s. die Anmerkungen 2,7 und 4,6.

[5] *Elsässische Blätter:* In den «Elsässischen Neujahrsblättern für 1847», verlegt bei der Schweighauserschen Buchhandlung in Basel, erschien Gotthelfs Erzählung *Der Besuch auf dem*

Lande, ein Stück aus dem nicht publizierten Roman *Herr Esau*.
[6] *Bübchen:* Gotthelfs Sohn Albert Bitzius (1835–1882).
Tänzerin: vgl. im Brief vom 11.11.46 an Hagenbach: «Gestern hatte ich eine herzliche Freude. Mein Bub war an scinem ersten Ball, ein deutscher Schlingel von Musiklehrer nahm ihm sein Mädchen weg und tanzte mit ihm, und mein Bube lief hinten drein und schrie ihm Schelm, Schelm nach. Wäre er zwanzig Jahre statt elf gewesen, so hätte er ihn geprügelt und das Mädchen wieder erobert. Zum Erobern muß es wieder kommen, Kraft muß uns aus dem Sumpfe ziehen, in welchen uns Lavieren, Tolerieren, Konzessionieren gebracht hat, aber keine brutale Kraft, sondern allerdings eine intelligente, d.h. eine solche, welche weiß, daß jedes Ding seine Zeit hat, die Feder ihre Zeit hat und die Faust ihre Zeit hat. Zweihundert entschlossene Männer werfen in Bern die Regierung in die Aare, und wäre nicht in Basel 200 Männern ähnliches möglich, der Rhein ist ebenfalls nicht weit» (6:324).
[7] *mit Langlois eingelassen:* mit einem an diesen gesandten Artikel für den «Berner Volksfreund» (s. 6:30f.).
[8] *Zustände Ihres Kantons:* 1846–1850 hatte der Kanton Bern eine radikale Regierung, das sogenannte ‹Freischarenregiment›, mit der Gotthelf auf Kriegsfuß stand. Zur «gereizten Stimmung» vgl. das Zitat in Anmerkung 6. Vgl. ferner das sehr lesenswerte Buch von Richard Feller: *Berns Verfassungskämpfe 1846*, Bern 1948.
[9] *Partei des Sonderbundes:* Anhänger der konservativen Kantone Luzern, Uri, Unterwalden, Zug, Fribourg und Wallis, die sich 1845 zu einer Schutzvereinigung zusammengeschlossen hatten. Von seinen Feinden wurde der Sonderbund als reaktionär, jesuitisch, papistisch hingestellt.
[10] *Mein Junge:* Ferdinand Springer (1846–1906). Springer am 26.6.46 an Gotthelf über seine Frau Marie: «Auf meinen Vorschlag übrigens, wenn uns der liebe Gott bei der im nächsten Monat bevorstehenden Entbindung einen Knaben schenkt, diesen Uli zu nennen, will sie gar nicht eingehen...» Marie Springer in der *Lebensskizze*: «... erschien im Jahre 1846 ‹Uli der Knecht›, zugleich mit unserem ältesten Sohn Ferdinand, der noch lange im Geschäft ‹der kleine Uli› genannt wurde» (S. 23). Springers ältester Sohn wurde Buchhändler, seit 1872 Teilhaber, 1877 Nachfolger seines Vaters.
[11] *«in dem Strom der Welt»:* Goethe, *Torquato Tasso*, I,2.
[12] *Kriege in Ihrem Vaterlande:* der Sonderbundskrieg im November und Dezember 1847. Gotthelf nannte in einem Brief

an Fröhlich vom 28.12.48 *Uli den Pächter* «ein Sonderbundskind, in Zorn und Weh geboren, aber auch ein Ableiter von Zorn und Weh, eine Art Blitzableiter».

[13] *Ihr Bube:* s. Anmerkung 6.

[14] *Erzählung, die noch zum Joggeli gehört: Harzer Hans, auch ein Erbvetter.*

[15] *Sammlung der Volksschriften:* «Allgemeine deutsche Volksbibliothek» von Simion und Springer.

[16] *Schickler:* Gebrüder Schickler, Bankhaus in Berlin.

[17] *kleines Mädchen:* Antonie Springer (1848–1862).

[18] *«Notar Stößli»:* die Erzählung *Der Notar in der Falle* erschien in den «Elsässischen Neujahrsblättern für 1848».

[19] *Frau Birch-Pfeiffer:* Charlotte Birch-Pfeiffer (1800–1868), Schauspielerin, Verfasserin von Theaterstücken, dramatisierte bekannte Romane wie Victor Hugos *Notre Dame de Paris* und Auerbachs *Die Frau Professorin*, aus dem ein Werk mit dem Titel *Stadt und Land* wurde.

[20] *Vertreibung Louis Philipps:* Sturz des Bürgerkönigs und damit der Monarchie in Frankreich zu Beginn der Februarrevolution am 24.2.1848.

[21] *18. März:* Märzrevolution in Berlin, Unruhen und Straßenkämpfe. Die Truppen verlassen auf Befehl des Königs ihre Stellungen und marschieren aus der Stadt. Bildung einer Bürgerwehr zum Schutze des Schlosses und zur Aufrechterhaltung der Ordnung. Amnestie für alle politischen Vergehen.

[22] *als freier Bürger:* Marie Springer in der *Lebensskizze*: «Es kam die Zeit der Bürgerwehr, hochkomischen Angedenkens, wo wir nachts alarmiert wurden und ich Kaffee kochte und ihn nach der Spittelmarktwache schickte, wo mein Mann, der keine Ahnung vom Militärdienst hatte, als Zugführer mit dem Kavalleriesäbel meines seligen Vaters figurierte» (S. 27).

[23] *Johann Heinrich Meyer:* (1802–1877), Kupferstecher und Lithograph in Zürich.

[24] *Corrodische Fabeln:* Wilhelm Corrodi (1798–1866), Pfarrer, Verfasser von Kinderbüchern. Seine *Acht Fabeln für Kinder* und *Fünfzig Fabeln und Bilder aus der Jugendzeit*, beide Zürich 1846, wurden von Meyer illustriert.

[25] *Dietler:* Johann Friedrich Dietler (1804–1874), Porträt- und Genremaler. Porträtierte 1844 Gotthelf und schuf damit das bekannteste Bild des Dichters, das heute in der Berner Burgerbibliothek hängt.

[26] *Theodor Hosemann:* (1807–1875), Maler, Graphiker, Buchillustrator (u.a. E.T.A. Hoffmann, *Uli der Knecht*, *Uli der Pächter*).

[27] *Kapitelsversammlung:* Wahl Gotthelfs zum Präsidenten des Kantonalpfarrvereins.
[28] *das kalte Fieber:* Malaria.
[29] *Herrn Koerber in Bern:* s. Anmerkung 1.
[30] *Belagerungszustand:* Am 10.11.48 marschierten die Truppen, die Berlin am 18.3. verlassen hatten, wieder in die Stadt ein. Am 12.11. Verhängung des Belagerungszustands, am 14.11. des Kriegsrechts, am 5.12. Staatsstreich durch oktroyierte Verfassung.
[31] *Protégé Ihres Gewerbesvereins:* Der 1843 gegründete Schweizerische Gewerbeverein eröffnete in den vierziger Jahren eine Sektion in Burgdorf.
[32] *Mayer/«Dr. Dornbach der Wühler»:* Im September 1847 hatte der Leipziger Verleger Gustav Mayer Kontakt mit Gotthelf aufgenommen und ihn durch das *Handbuch für Wühler oder kurzgefaßte Anleitung, in wenig Tagen ein Volksmann zu werden, von Peter Struwwel, Demagog* zu der Erzählung *Doktor Dorbach der Wühler* angeregt. Peter Struwwel ist Heinrich Hoffmann (1809–1894), der Verfasser des *Struwwelpeter*. Die Figur des Dr. Dorbach wurde von Fritz Huber-Renfer als Dr. Carl Friedrich Borberg identifiziert (s. Juker/Martorelli S 718).

6. Kapitel
«IHR SEHR SCHÄTZENSWERTES SCHREIBEN VOM 9. DIES HAT MICH EBENSO ÜBERRASCHT ALS TIEF GEKRÄNKT.»
BRIEFE 1849

Das Jahr 1849 ist ein Jahr der Aufregungen und Mißverständnisse in den Beziehungen zwischen Gotthelf und Springer. Die Befürchtung, Gotthelf neige, aufgrund früherer schlechter Erfahrungen mit Buchhändlern, zu einem unausrottbaren Mißtrauen, taucht von Anfang an immer wieder in Springers Briefen auf. Nachdem Gotthelf nun am 9. Oktober lang aufgestautem Mißmut freien Lauf gelassen hat, kann sich Springer dies nur noch mit dem «mißtrauischen Charakter der Schweizer überhaupt» erklären. Und auch Frau Springer, an die sich Gotthelf als Vermittlerin wandte, versteht Argwohn und Mißtrauen als einen Schweizer «Nationalzug» – «ohne je einen Schweizer persönlich gekannt zu haben». Beide Springers sind sich dabei einig, daß Gotthelf in der pathologisch mißtrauischen Figur des Glunggenbauern Joggeli in den «Uli»-Romanen sich selber geschildert habe. (Der heutige Leser sollte einmal für sich die Probe machen, ob er nicht bei derartigen Vergleichen auf Joggeli ganz zuletzt käme, nach Gotthelfs Pfarrerfiguren, dem Druiden Schwito, dem Hagelhans, dem Bodenbauern!) Gotthelf muß über diesen Vergleich erschrocken sein!

Da Gotthelfs Briefe verloren sind und die gegenseitigen Mißverständnisse etwas Irrationales an sich haben, sei auf einige Einzelheiten hingewiesen, die Zündstoff für Empfindlichkeiten hergegeben haben könnten. In den Briefen des Jahres 1849 beteuert Springer mehrfach, er sei nicht nur der Verleger, sondern mitsamt seiner Umgebung der Verehrer und Liebhaber des Dichters. Als er erfährt, Prinzessin Augusta von Preußen sei ebenfalls eine Verehrerin von Gotthelfs Schriften, teilt er ihm mit: «Ich sende ihr die Erzählungen, sobald sie fertig, in einem sauber gebundenen Exemplar als Geschenk! Dergleichen wirkt!» Und als Gotthelf diese Aktivität des Achtundvierzigers offenbar nicht ganz versteht: «Sie wundern sich, daß ich mich an ihre *Königliche Hoheit* wende. Es geschieht als *Geschäftsmann*, und ich werde mir selbstredend in dem Briefe nichts vergeben. Ich bin aber überzeugt, daß, interessiert sich die Prinzessin für das Buch und sprechen die Zeichnungen sie an, sie für den Absatz gerade in den höheren Kreisen viel wirken kann, woran mir als Verleger sehr gelegen» (10.7. und 7.10).

Dem Schweizer Dichteralmanach «Neue Alpenrosen 1849» war das Gotthelf-Porträt von J. Barth vorangestellt, das vom Verleger Beyel auch separat vertrieben wurde. Springer beschaffte sich das Bild und gab folgenden – doch mindestens teilweise mißverständlichen – Kommentar dazu ab: «Ihr gefeiertes Porträt (aus den Alpenrosen) habe ich mir kommen lassen, und es wird für unsere neue Stadtwohnung eingefaßt! Ich hatte von dem Äußern ‹Jeremias Gotthelfs› mir ein anderes Bild gemacht, als ich es nun in dem vorliegenden finde. Es ist selten, daß bedeutende Geister in ihrem Äußeren als solche sich präsentieren und unser Irrtum daher sehr erklärlich! Das Bild soll im Wohnzimmer einen guten Platz erhalten, den es beanspruchen kann» (7.10).

Bei der zweiten Auflage von «Uli der Knecht» begab sich Springer, ohne es zu merken, in ein heikles Gebiet. Wer die Erfahrung gemacht hat, wie schnell das Auge Bilder aufnehmen und sich im Gegensatz zum viel langsameren Lesen aneignen kann, dem muß das Illustrieren von Dichtungen – wie auch das Verfilmen – als etwas außerordentlich Schwieriges einleuchten. Die über ein dutzendmal illustrierte *Schwarze Spinne* gehört nicht nur zu den besten, sondern auch zu den abgenutztesten Novellen deutscher Sprache, und die «Nationale illustrierte Prachtausgabe» von Otto Sutermeister hat mit ihrer

Überfülle an mittelmäßigen Illustrationen die Texte völlig überschwemmt und eine totale Fehlrezeption Gotthelfs eingeleitet. Ohne lange darüber zu reflektieren, daß gelesene Texte dem Rezipienten in seiner eigenen Einbildungskraft sehr viel Freiheit lassen, Illustrationen ihn schnell festlegen und einengen, kam Springer, in seiner sehr schätzenswerten Absicht, die zweite Auflage von *Uli der Knecht* illustrieren zu lassen, auf den Berliner Maler und Zeichner Theodor Hosemann, einen der berühmtesten Buchillustratoren seiner Zeit. Er hatte schon Werke von E.T.A. Hoffmann sowie einen Bestseller der vierziger Jahre illustriert, die von Gotthelf immer wieder verhöhnten und lächerlich gemachten *Geheimnisse von Paris* von Eugène Sue. Springer ließ «Originalskizzen» von Berner Bauernhäusern anfertigen und fragte den in Berlin wirkenden Prof. Jakob Steiner um Rat, und Hosemann soll den Auftrag «mit Passion» übernommen haben. Als der *Uli* dann im Herbst herauskam, bittet und bettelt Springer in jedem Brief um Gotthelfs Meinung – und der stellt sich in dieser Sache monatelang taub – jedenfalls Springer gegenüber. An den Verleger Heinrich Brockhaus schreibt er am 18.11.49 ein vernichtendes Urteil: «Ich habe endlich den Uli sogenannt illustriert erhalten. Ach, und Sie hatten vollkommen recht, daß Sie nichts Besonderes erwarteten. Die Bilder mögen meinethalben allenthalben hinpassen, nur in den Uli nicht. Als ich drei oder vier gesehen, warf ich das Buch weg und rührte es seither nicht mehr an. Ich fand Schwarzwälder, Urner Hirten, Guggisberger, aber keinen Emmentaler und kein Emmental. Der Emmentaler ist der Zwillingsbruder des Berner Patriziers, stolz, klug, schweigsam und zurückhaltend, es ist ein Blut. Daher die Ruhe und der Ernst des Berners durchaus nicht Folge aristokratischen Druckes war, einen solchen fühlte man eigentlich gar nicht, da das Land noch jetzt durch und durch aristokratisch ist. Ich werde mich in Zukunft sehr hüten, meine Einwilligung zu illustrierten

Ausgaben zu geben, zu denen ich nichts zu sagen habe. Solche Mißhandlung eines Buches geht dem Autor ans Herz, wie einem Vater es in den Kopf fährt, wenn man sein Kind zum Zerrbild ausstaffiert» (18:30). An den Schweizer Maler und Illustrator Walthard schrieb er am 2.12.49: «Ich lege Ihnen auch einen illustrierten Uli bei, damit Sie sehen mögen, wie man so was in Deutschland verhunzen kann» (7:264).

Erst im Januar 1850 scheint sich Gotthelf auch gegenüber Springer geäußert zu haben. «Daß Ihnen die Bilder zum Knecht so gar nicht zusagen, ist mir leid zu erfahren. Daß Sie sich einzelne Figuren anders gedacht, als der Zeichner sie wiedergegeben, ist begreiflich», so Springer am 5.2.50, aber schon vier Wochen später ist er entschlossen, auch zu *Uli dem Pächter* – «in Betracht der Übereinstimmung mit den Bildern zum Knecht» – Illustrationen von Hosemann anfertigen zu lassen! Und Gotthelf scheint nicht dagegen protestiert zu haben.

Um das Datum des für Springer so kränkenden Briefes vom 9.10.49 herum haben noch zwei andere Ereignisse zuerst Gotthelf und dann Springer in Aufregung versetzt. Seit Mitte der vierziger Jahre wurde von Autor und Verleger immer wieder über eine «Gesamtausgabe» gesprochen. Am 1.1.49 schreibt Vetter Carl Bitzius an Gotthelf, er habe von dem Berner Medizinprofessor Eduard Fueter gehört, der Braunschweiger Verleger Eduard Vieweg wolle mit ihm über eine «Gesamtausgabe» verhandeln, weil er seinerseits gehört habe, der Leipziger Verleger Heinrich Brockhaus habe die gleiche Absicht, und Vieweg wolle Brockhaus zuvorkommen.

Ebenfalls am 1.10.49 teilte der Berner Medizinprofessor Gabriel Gustav Valentin Gotthelf den Wunsch Viewegs brieflich mit und schlug eine Zusammenkunft der beiden vor. Wenige Tage später, am 4. oder 5.10.49 (vgl. 7:237), macht Heinrich Brockhaus mit seinem Sohn einen unerwarteten Besuch im Pfarrhaus in Lützelflüh. Man versteht sich ausgezeichnet, kommt auch auf die «Gesamtausgabe» und verspricht sich, weiterhin in Kontakt zu bleiben. Bei diesem Besuch muß Brockhaus die Bemerkung gemacht haben, er erwarte vom illustrierten *Uli* «nichts Besonderes». Gotthelf schrieb also den kränkenden Brief vom 9.10.49, nachdem Vieweg, der Verleger Justus von Liebigs und Brockhaus, der Verleger des Konversationslexikons, für seine «Gesamtausgabe» Interesse gezeigt hatten.

In seinem Brief vom 23.10.49 argwöhnt Springer, Gotthelfs Unzufriedenheit mit ihm sei «vielleicht nach Empfang eines Verlegerbriefes, der Ihnen Gott weiß welche Verheißungen macht», aufgekommen. Und am 20.5.50 heißt es dann: «Überhaupt zeigte sich auf der Messe, daß der Absatz im vorigen Jahre kein bedeutender allgemeiner gewesen. Selbst Ihre werten Freunde Brockhaus und Vieweg sind in Ihren Meß-Erwartungen sehr getäuscht worden und möchten Ihnen doch jetzt ein anderes Rechenexempel aufstellen, als über welches ich mich damals so aufhielt.»

[Gotthelf an Springer am 27.1.49 (verloren)]

Springer an Gotthelf

Berlin, den 19. Februar 1849

Sehr geehrter Herr,

Ich war Wahlmann – das allein schon wird mich hinreichend bei Ihnen entschuldigen, wenn ich Ihren freundlichen und erfreuenden Brief vom 27. vorigen Monats erst heute beantworte, abgesehen, daß Beruf und Leben mich so vollauf in Anspruch nehmen, daß ich in der Tat nicht eher mir ein ruhiges Stündchen, meine Angelegenheiten mit Ihnen fortzuführen, abgewinnen konnte.

Ihr Brief hat mir eine große Freude gemacht, weil er mir zeigt, daß Sie in etwas die Anhänglichkeit zu mir teilen, welche ich zu Ihnen in so großem Maße hege und die mich ein wenig eifersüchtig werden ließ, daß Sie ohne mein Wissen, sei es auch nur mit einer kleinen Schrift, sich an einen andern Verleger[1] gewandt hatten. Ja, ich will aufrichtig sein: ich rechne es mir zu einem gewissen Verdienste an, Ihre früher hier nur sporadisch gekannten Schriften in dem Norden Deutschlands und von hier aus durch die ganze Welt heimisch gemacht und dem Volke einen Schatz kennen gelehrt zu haben, den das kleine Lützelflühe birgt. Sei es, daß auch Sie dies fühlen, sei es, daß Ihre Schriften und Briefe und Sie ganz mir und meinem häuslichen Kreise so angemessen – kurz, meine Verbindung mit Ihnen ist neben einer geschäftlichen so zu sagen eine des Herzens, und Sie werden begreifen, daß ich, um deshalb doppelt dieselbe zu pflegen und Wert zu halten, bemüht bin. Jeremias Gotthelf ist außer ein Freund meines Geschäftes ein wahrer Freund meines Hauses, und gerade Ihr letzter Brief, sehr geehrter Herr, zeigt mir, daß Sie dies zu würdigen wissen.

Hatte ich auch gar kein Recht, eine Mitteilung über Ihre Beziehungen zu Gustav Mayer von Ihnen zu beanspruchen, so war mir doch die in Ihrem Briefe gemachte doppelt angenehm und beruhigend, weil ich daraus ersehe, daß jene neue Verbindung der unsrigen einen Abbruch nicht tun wird. Mayer hat den Dorbach hübsch ausgestattet, indes das Buch in seinem Äußeren mehr zu einer politischen Tagesbroschüre denn zu einer Volksschrift gestempelt. Ich selbst habe das Buch noch nicht gelesen. Ich komme leider so wenig zum Lesen von Büchern, daß es ein wahrer Jammer ist. Indes mein besseres Ich, d. i. meine Frau, hat sich gleich daran gemacht und ist, so voll sie auch des Lobes über die Einzelheiten der Erzählung ist, doch ganz böse mit Ihnen, daß nun auch Sie in Ihren Erzählungen so mitten in dem wenig erwärmenden Getreibe des politischen Lebens unserer Zeit stehen. Sie meint, daß gerade das sonst so Wohltuende in Ihren Schriften, in denen der Mensch und mit ihm der

Leser auf sein Inneres, auf die reiche Fülle wahren menschlichen Denkens und Lebens hingewiesen wird, dem «Wühler» abgehe, und ich muß es Ihnen überlassen zuzugeben, daß sie so ganz Unrecht nicht habe. Ich glaube auch, daß Jeremias Gotthelf in seinen Werken dem politischen Getriebe soviel als möglich ferne bleiben muß, zumal ein Volksschriftsteller durchaus nicht Zelot sein darf.

[...]

Auf Ihr Manuskript, das Sie zur Zeit unter der Feder haben, von den Dorfkasten und Käsehandel[2] freue ich mich sehr, möchte aber vorschlagen, es erst Ende des Jahres zu bringen, damit nicht zu viel von Ihnen schnell aufeinanderfolgend erscheinen.

[...]

So vielfach auch der «Pächter» hier gefällt, so darf ich Ihnen doch nicht verschweigen, daß man in demselben von Seiten mancher Ihrer Verehrer gewisse Breiten tadelt und um dieserhalb dem «Knechte» den Vorzug gibt. Ich würde mir nicht erlauben, dies hier hervorzuheben, wenn dieses Urteil nicht gerade von Männern gefällt würde, die Ihren schriftstellerischen Leistungen mit mehr als nur Teilnahme, mit wärmstem Interesse folgen, und wenn nicht auch meine Frau dem beistimmte. Halte mich also überzeugt, daß Sie meine offene Mitteilung nicht übel deuten werden.

Daß von Ihnen ein Portrait[3] existiert, wußte ich nicht, und ich habe sofort um dasselbe nach Bern geschrieben und werde solches den mir lieben Gesichtern in meinem Zimmer anreihen.

Wenn Sie, sehr geehrter Herr, über zuviel Arbeiten und Geschäfte und Obliegenheiten klagen – was soll ich erst tun! Nicht die Morgende muß ich anwenden, um nur alles aufzuarbeiten, was Beruf und Gemeindeangelegenheiten mir auferlegen – ich schlafe leider bis halb 8 Uhr, wie's Städter gewohnt sind und wie ichs mir, aller Mühen ungeachtet, nicht abgewöhnen kann – aber Sie finden mir [!] fast jede Nacht bis 2 Uhr am Schreibepulte, und mein Weibchen ist darüber ganz unglücklich! Ich glaube auch, daß dies lange Arbeiten bis in die Nacht hinein dem Körper gar zuträglich nicht ist, indes ist das Gefühl, seine Schuldigkeit und Pflicht selbst mit Anstrengung seiner Lebenskräfte zu tun, nicht ein auch dem Körper außer der Seele wohltuendes und ihn stärkendes? Es schwächt und zehrt auf, klagt mir immer meine Frau. Nun ja, absorbiert nicht alles Ringen und Streben, ja jede Freude, jeder Genuß des Lebens Kraft! Leben ist Streben, und es fragt sich nur, oder nicht: wer lebt wahrer, der gut ißt und trinkt und abends 9 Uhr in die Babe geht, um morgens 8 Uhr mit Essen und Trinken fortzufahren, oder wer in gesegnetem Schaffen seines Herzens Freude hat – freilich eine Freude, in Folge welcher die Seele liebender, empfänglicher, fühlender wird und hierdurch den Körper mit etwas fortnimmt!

Nun ist mein Schwager mein Hausarzt [4]; hinter den steckt sich meine Frau, daß er mir das viele Arbeiten untersage. Es hilft dies aber nicht, und so stellt mir der Arzt die Notwendigkeit vor, diesen Sommer auf 6 Wochen ins Bad zu gehen! Ich... ins Bad! ich, der ich gewohnt bin, jede Minute Zeit anzuwenden, Körper und Geist zu beschäftigen, soll sechs Wochen in einem liebenswürdigen Dolce far niente zubringen! Das brächte mich ins Grab. Da habe ich eher vor, eine hübsche Reise zu machen, so eine stärkende, das geschäftliche Treiben vergessen machende, gesunde Reise! Meine Frau würde nichts dagegen haben, wenn ich nicht das Vorhaben geäußert, meine liebe Schweiz zu besuchen. Das hat nämlich so eine eigene Bewandtnis. Ich habe in der Schweiz *drei* meiner schönsten, mir heiligsten Jugendjahre verbracht, hange mit tausend freudigen Erinnerungen an meinem Aufenthalt in Zürich und Lausanne, an einem Land, das ich mit so vielen seiner Einwohner unendlich liebe. Seitdem ich meine Frau kenne, war es immer ein Gedanke von mir, den ich zu meiner Braut und später Frau oft und gerne aussprach: einmal zusammen mit ihr, wenn ich ein wohlhabender Mann geworden, das schöne, mir so überaus teure Land zu durchreisen; es war dies so ein Wunsch, wie deren der Mensch für die selbst fernsten Jahre bedarf, um in der jugendlicheren Gegenwart an diese freudig denken zu können! Und nun habe ich vor, diese Reise allein, ohne meine süße Frau zu machen! Das schmerzt diese, und wenn ich ihr auch sage, es sei dies ja noch nicht *die* Reise, von der wir in den trauten Stunden des Abends als einer schönen Zukunft angehörend so oft sprachen und sprechen; ich sei noch nicht der wohlhabende Mann, der solche Reise mit einer Frau gemächlicheren Lebens machen könnte – es will ihr doch mein Vorhaben nicht recht gefallen. Ich habe zu kapitulieren [5] versucht mit ihr: sie solle mir den Arzt mit seinem Badevorschlage vom Leibe halten, dann wolle ich mein Vorhaben aufgeben. Ich glaube aber, ihre Liebe zu meiner von ihr gefährdet geglaubten Gesundheit wird den Sieg davon tragen und wer weiß, ob ich mein Vorhaben dann nicht ausführe!

Hätte ich jemand, anpassend und befreundet, der mit mir die Reise durch die Schweiz selbst machen würde, wer weiß, ob ich ihm nicht sofort zusagte! Ja, geehrter Herr, das soll so eine Anfrage an Sie selber sein. Vierzehn Tage so herumbummeln auf den Bergen etc., würde auch Ihnen gut sein. Schlagen Sie ein? Und in welchem Monat? Sie antworten mir gewiß, vordem sage ich meiner Frau gar nicht, daß ich Ihnen geschrieben habe deshalb.

Mein Brief ist länger geworden als ich dachte. Ich schließe ihn mit Grüßen von meiner Frau, mit dem Wunsche, daß diese Zeilen Sie und die Ihrigen ganz wohlauf antreffen mögen, und mit der Bitte, recht bald die bewußten Manuskripte und Ihre Antwort zu senden.

Ihnen anhänglich zugetan   Julius Springer

[Gotthelf an Springer am 26.3.49 (verloren)]

Springer an Gotthelf
                              Berlin, den 10. April 1849
   Hochgeehrter Herr,
   [...]
   Der schweizerische Dialekt in den Erzählungen macht mir viel Kopfzerbrechen. Es ist nicht zu leugnen, daß dieser einem umfassenden Eingang Ihrer Volksschriften in die *unteren* Schichten des deutschen Volkes hinderlich ist. Auf der andern Seite ist er ein Teil des Wesens Ihrer Erzählungen, und seine Ausmerzung würde dem Charakter derselben gar nahe treten und beeinträchtigen. Dazu kommt, daß die Erzählungen der Sammlung ihr Publikum mehr in den *höheren* Schichten erhalten werden, und so bin ich nicht abgeneigt, gerade den Dialekt, der in letzteren als etwas Pikantes sehr zusagt, stehen zu lassen. Sie erhalten auch darüber in meinem nächsten Briefe den Entscheid!
   Die neue Auflage des «*Knecht*»[6] hat im Druck begonnen. Wünschen Sie irgend Änderungen, so teilen Sie mir solche, ich bitte, *umgehend* mit, auch im Falle Sie zu der neuen Auflage ein neues *Vorwort* schreiben mögen. Ich lasse übrigens von Hosemann *eine* Zeichnung zu der neuen Ausgabe fertigen, die dem Buche zur Zierde gereichen soll. Den Plan, 20–30 Zeichnungen, zu jedem Kapitel *eine*, zu geben, habe ich wegen der schlechten Zeiten aufgegeben und behalte mir das für eine Zeit vor, die doch auch einmal wieder kommen wird, wenn bis dahin nicht das Bestehende zu harte Schläge erhalten haben wird.
   [...]
   Meinen ausgesprochenen Wunsch, auch Vorsatz, dies Jahr eine Reise durch meine liebe Schweiz zu machen, haben Sie so freundlich aufgenommen, so herzlich begegnet, daß es mich doppelt schmerzen würde, ihn nicht zur Ausführung zu bringen. Wie kann ich aber im Hinblick

auf die großen Angelegenheiten schon jetzt etwas Bestimmtes sagen, abgesehen auch, daß die kleinen des eigenen Hauses und Kreises der Reise etwas hinderlich sind? Die Gesundheit meiner Kinder, deren jüngstes leidend und zurück ist, macht es mir wünschenswert, während des Sommers eine ländliche Wohnung zu nehmen. Tue ich dies, so wird der Betrag, den ich zu der Reise ausgeworfen, sehr geschwächt. Dazu kommt, daß meine kleine Frau im Mai oder Juni mir 'nen Buben oder Mädel wieder schenken wird, so daß ich auch ihretwegen einen ländlichen Aufenthalt während des Sommers wünsche, so lästig ein solcher mir auch in Bezug auf mein Geschäft und meine Gemeindepflichten ist.

[...]

Ihrer geehrten Frau Pfarrerin meinen schönsten Dank für die im voraus so liebevoll zugesagte Aufnahme. Sie dürfen, besuchen Sie den Norden einmal, auch eine gleiche bei uns nehmen, die Ihnen freilich nicht das Tausend-Schöne Ihrer schweizerischen Ländlichkeit bieten kann.

Wegen des Vorwortes und etwaigen Änderungen zur neuen Auflage des Uli der Knecht erwarte ich Ihre Mitteilung *recht bald* und erhalten Sie also von mir noch in diesem Monat wegen des letzt gesandten Manuskriptes genauere Antwort.

Der Ihrige mit Anhänglichkeit   Julius Springer

[Gotthelf an Springer am 29.4.49 (verloren)]

Springer an Gotthelf
                                Berlin, den 21. Mai 1849
Sehr geehrter Herr,
Ihr Brief v. 29. vorigen Monats traf hier ein, während ich in Leipzig zur Messe war, die buchhändlerisch traurig ausfiel und durch den Krawall[7], der während derselben dort stattfand, sehr gestört wurde. Überhaupt

werden die Zeiten geschäftlich so schlecht, daß der Mut zu neuen Unternehmungen ganz schwindet und auch mich nur die übergroße Vorliebe zu Jeremias Gotthelfs Schriften das Vertrauen fassen läßt, welches bei neuen, größeren Unternehmungen durchaus nötig ist, wenn sie Freude machen sollen. Ich werde daher auch in diesem Jahr anderes als von Ihnen nicht verlegen und erhoffe mir um so besseres Resultat.

An der neuen Auflage des «Knecht» wird tüchtig gedruckt, ich habe mich auch entschlossen, von dem berühmten Hosemann, der eine wahre Passion hat, zu Ihren Schriften Zeichnungen zu fertigen, davon 12 zu dem «Knecht» zu bestellen, und hoffe, daß dieselben dem Buche zur Zierde und uns zur Freude gereichen werden. Was die einzelnen von Hosemann gewählten Sujets betrifft, so lassen sich die Herren Künstler da Vorschriften nicht machen. Hosemann ist vertraut mit dem Uli und will die Zeichnungen ganz nach seiner Wahl schaffen. Haben *Sie*, geehrter Herr, indes besondere Wünsche, so steht Ihnen als Verfasser ein Wort selbstredend zu, und ich würde Sie bitten, mir darüber *recht* bald zu schreiben, damit der Zeichner Ihre Notizen gebührend beachten kann. Derselbe ist zur Zeit noch mit den Skizzen beschäftigt und fängt vor 14 Tagen die Zeichnungen selbst nicht an.

[...]

Ich schreibe Ihnen, hochgeehrter Herr und Freund, diese Zeilen in früher Morgenstunde von meiner Sommerwohnung aus, die ich seit 8 Tagen im schönen Tiergarten mit den Meinen bezogen habe. So schlecht die Zeiten sind, bin ich das kleine Opfer sowohl meiner lieben Frau und den Kinderchen als auch mir selber schuldig. Ich habe wirklich im letzten Jahre zuviel gearbeitet, fast jede Nacht bis 2 Uhr. Das hat mich doch etwas mitgenommen und mein Arzt hatte mir eine Badereise anbefohlen. Ich bin aber nicht der Mensch, der eine Badesaison überstehen kann, und habe eine ländliche Sommerbehausung vor der Stadt vorgezogen, gehe früh zu Bette und stehe früh auf, pflege mich überhaupt soviel es angeht und mein nicht zu brennendes Streben nach segensreicher Tätigkeit, die für mich das Wasser des Fisches und die Luft des Vogels ist, es zuläßt. Aus meiner projektierten Schweizerreise wird nun freilich für dieses Jahr nichts werden. Es dauert mich auch um meine glühenden Zukunftshoffnungen, diese Reise vereint mit meiner Frau zu machen, als daß ich es werde über mich gewinnen können, sie allein anzutreten! Dazu die geschäftlichen Einbußen, deren Ende gar nicht abzusehen, so daß ich kaum zu hoffen wagen darf, im Stande zu sein im nächsten Jahre die Reise zu machen! Mache ich sie einmal mit meiner Frau, so muß es ordentlich mit Behaglichkeit und ohne Besehen des Groschens sein und dann dürfte die Reise 500–600 Thaler kosten! Die schüttelt man jetzt nicht aus den Ärmeln!! –

75 Thaler à conto der neuen Auflage des Knecht werden Sie per Schickler erhalten haben, ich hoffe es folgt bald mehr nach!

Gott behüte Sie und die Ihrigen!

Ihrer recht baldigen Antwort entgegensehend und mich Ihrer freundlichen Gesinnung empfehlend

der Ihrige Julius Springer

[Gotthelf an Springer am 2.6.49 (verloren)]

Springer an Gotthelf

Berlin, den 10. Juli 1849

Hochgeehrter Herr,

Komme ich erst heute zur Beantwortung Ihrer lieben Zeilen vom 2. vorigen Monats, so hat dies seinen Grund in meiner Absicht, über *den Inhalt* unserer zwei Teile Erzählungen uns *bestimmt* und feststehend zu verständigen, wie dies, wenn der Druck des Werkes gefördert werden soll, durchaus auch notwendig ist.

[...]

Was die Verteilung der in die Zwei-Bände-Sammlung aufzunehmenden Erzählungen betrifft, so denke ich, geben wir in jedem Bändchen zuerst 4 oder 5 der großen Stücke und lassen die kleinen dann nachfolgen. Das wird sich am besten machen. Ich muß aber eben nun wissen, ob Sie die Auswahl der kleinen Erzählungen billigen, welche *neue* Sie etwa noch beigefügt wünschen, zumal Sie Ihrem letzten Briefe nach davon noch dort zu haben scheinen. Ihrer freundlichen Antwort deshalb sehe ich *recht* bald entgegen.

Was den *Titel* betrifft, so schlage ich, da Sie den der Schweizerischen Dorfgeschichten nicht mögen, vor:

Erzählungen und Bilder aus dem Volksleben der Schweiz [8]
von Jeremias Gotthelf

und erwarte auch hierüber Ihren gefälligst *recht* baldigen Entscheid.

[...]

Die neue Ausgabe des Uli ist bald fertig. Der *Umschlag* zu demselben kann aber nicht eher ausgedruckt werden, als bis wir den *Inhalt* unserer 2 Bände Erzählungen *fest* bestimmt haben, weil ich diesen auf dem Umschlage anzuführen wünsche. Also auch schon deshalb bitte ich um *rechte Beschleunigung*. Von den Bildern sind *sechs* fertig, die andern *sechs* in Arbeit. *Sie* bekommen nicht eher etwas zu sehen, als bis das ganze Buch fix und fertig Ihnen zugehen kann, und ich hoffe, Sie dann angenehm zu überraschen. Wegen Einzelheiten in den Zeichnungen habe ich Originalskizzen, namentlich vom *Innern* der Berner Bauernhäuser, an Ort und Stelle aufnehmen lassen, was mir viel Geld kostet. Dann hat auch Professor Steiner [9] seinen Rat erteilt. Ich komme darauf wohl nachher noch zu sprechen.

[...]

Ist hiemit das Geschäftliche für meinen heutigen Brief beendet, und füge ich nun nochmals die dringende Bitte an, mir über alle beregten Punkte doch *so schnell als möglich* zu antworten, so gestatten Sie mir noch auf einiges Persönliche überzugehen, soweit das Papier Raum dazu läßt. Zuerst die Anzeige, daß mir meine Frau am Tage, wo Sie Ihren letzten Brief an mich schrieben, einen kräftigen, tüchtigen Buben [10] schenkte, der an der Brust einer gesunden Amme – mein Weibchen ist zu angegriffen, um selbst nähren zu können – und in der freieren Luft vor dem Tore, Gott sei es Dank, gedeiht. Ja, ja, nun sind drei Kinderchen da, die der Pflege, Erziehung und Sorge bedürfen. Das will in einer Zeit wie die jetzige viel sagen, und ich habe Gott zu danken, daß er mir Kraft und Mittel dazu verliehen! Aber diese jungen Pflanzen um uns, sind wir durch sie auch mit den festesten, rosigsten Banden an ein Leben gekettet, das ohne diesen Segen bei der Zerrissenheit der Zeit und aller Verhältnisse ein schweres, bitteres sein müßte! Sie werden, geehrter Freund, wenn Sie auch anderen politischen Ansichten als ich huldigen, doch mit mir diese Zerrissenheit beklagen. Wir sind aus dem einen Extrem in das andere gekommen. Ich huldige keinem und habe klar *die* Zukunft vor Augen, die, wird das jetzt herrschende Extrem mit Konsequenz verfolgt, unser Untergang sein muß! Indes trage ich die feste Überzeugung in mir, daß Deutschland eine große, schöne – die größte Zukunft von allen Nationen Europas haben wird, sonst würde ich mich, meiner Kinder wegen, nach einem sicheren Asyle umsehen müssen! Gott behüte das Vaterland! Sie, in der Schweiz, aber sorgen dafür, daß der Absolutismus seine siegreichen Heere Ihnen nicht zuführt. Es würde dadurch der Radikalismus, den Sie hassen, wie ich ihn bekämpfe, vielleicht für einige Jahre niedergehalten, eine schreckliche Rache aber dann geübt werden! Das sind Naturgesetze!

Ja, à propos Professor Steiner. Ich kam aus Anlaß der Zeichnungen zu Uli mit ihm zusammen und das Gespräch natürlich sehr bald auf Sie! Er ist sehr außer sich, wie Sie ihn behandelt hätten, zumal bei seinem letzten Besuche in Bern. Dabei ist er Ihrer Schriften des Lobes voll, und ich darf sagen, daß er der Erste war, der dieselben hier im Norden in einige höhere Kreise verbreitete. Herr Steiner weiß nicht, Sie gekränkt zu haben, wenn er auch, namentlich was die religiösen Fragen betrifft, auf einem von dem Ihrigen sehr entfernten Standpunkt steht und dies Ihnen nie verschwiegen hat. Er hängt an Ihrer Freundschaft, der ihm angeblich von Ihnen widerfahrenen schlechten Behandlung ungeachtet, und wenn er über seinen «Bitzi» auch schimpft, ist er des Jeremias Gotthelf doch des kräftigsten Lobes voll! Sie hätten ihm auch bis vor einigen Jahren von allen Ihren Schriften ein Exemplar verehrt. Seitdem aber auch nicht, und dabei will er durchaus nicht wissen, *was* Sie eigentlich gegen ihn hätten.

Mit dem Pächter geht es langsam. Daß die Prinzessin von Preußen[11] an Ihren Schriften Geschmack gefunden, wußte ich. Ich sende ihr die Erzählungen, sobald sie fertig, in einem sauber gebundenen Exemplar als Geschenk! Dergleichen wirkt!

Behüte Sie und die Ihrigen der Allgütige!

Ich erwarte *recht* bald Brief und Mitteilung von Ihnen und zeichne mit bekannten Gesinnungen

Ihr Julius Springer

Springer an Gotthelf

Berlin, den 28. August 1849

Hochgeehrter Herr und Freund!

[...]

Die Zeichnungen zum Uli sind nun eben beendet, und ich hoffe, in nächster Woche das Vergnügen zu haben, Ihnen drei Exemplare der neuen Ausgabe mit solchen übersenden zu können. Ich erwarte Ihre offene und freimütige Äußerung über letztere, die mir und in meinem Kreise *sehr* gefallen und die hoffentlich dazu beitragen werden, das fürtreffliche Buch noch in weitere Kreise zu verbreiten! Ich habe vor, ein Exemplar des Uli mit den Zeichnungen, schön gebunden, Ihrer Protektorin, der Prinzessin von Preußen, mit einem Briefe zu überreichen. Darf ich in demselben *Ihrer* persönlich Erwähnung tun? Ebenso soll die Frau Prinzessin seiner Zeit ein Exemplar der Erzählungen erhalten und wird sicher für deren Verbreitung wirken!

[...]

Die Käsgeschichte [12] haben Sie, Ihrem letzten Briefe nach, fertig. Wollen wir sie noch in diesem Jahre bringen? Nach Zwickau habe ich unter einem Vorwande wegen des Jakob [13] geschrieben und die anliegende Antwort erhalten. Meine Anfrage ging auf 500 Exemplare, die also dem Briefe nach noch vorrätig zu sein scheinen. Wie dies mit der im Briefe selbst bezeichneten «fortdauernden Gangbarkeit des Buches» zu vereinen, vermag ich, da ich die Stärke der Auflage nicht kenne, nicht zu beurteilen. Wenn die Herren Zwickauer sich *sehr* wohlfeil abfinden ließen, wäre ich nicht abgeneigt, ihnen den ganzen Vorrat abzukaufen. Senden Sie mir den Brief, ich bitte, gelegentlich zurück, ich will eine nochmalige Anknüpfung dann versuchen.

Steiner habe ich seither nicht gesprochen noch gesehen. Es ist vieles sehr treffend, was Sie von ihm sagen, er ist ein Mensch, bei dem die allgemeine *Bildung* weder mit seinem *Verstande* noch der Wissenschaft, welcher er sich gewidmet, parallel geht, und wohl hieraus entspringt fürnehmlich die Abnormité vielfacher seiner Handlungen! Er liebt *Sie* aber doch – das darf und muß ich wiederholen – und spricht von Ihnen, wenn auch mit Derbheit und Hieben, doch mit einem gewissen landsmännischen Stolz!

Ich komme zum Schluß auf den unangenehmsten Teil Ihres Briefes – nämlich Freund Simion. Was *ich* wegen dieser Geschichte für Ärger schon gehabt und noch habe, ist unglaublich! Der Geschäftsführer des Vereinsgeschäftes war längere Zeit krank. Er hat nun eine Zusammenstellung des Kontraktes über den Schulmeister begonnen, und der wird Ihnen *direkt* gesandt werden. 200 Thaler sind heute an Schicklers für Sie gezahlt und der Rest folgt dann nach! So ein gemeinschaftliches Unternehmen hat seine großen Haken und tausend Widerwärtigkeiten! Ich kann Ihnen das alles nicht so erzählen, genug: *ich stehe Ihnen dafür, daß Sie den Kontrakt erhalten und den Rest des Honorars.* Simion wird Ihnen noch Entschuldigungen schreiben, und Sie wollen ihm auch nicht zu böse sein!

Meine Frau läßt sich Ihnen bestens empfehlen. Die Zeichnungen zum Uli gefallen auch ihr, sie meint aber, daß Gotthelf wohl doch andere Figüren im Sinn und vor den Augen gehabt!

[...]

Mit herzlichem Gruße   Ihr Julius Springer

Springer an Gotthelf

Berlin, den 7. October 1849

Hochgeehrter Herr,

Es geht mit dem Druck unserer Erzählungen wirklich sehr langsam, und ich habe mich entschließen müssen, den *ersten* Band allein zu versenden, da ich fürchte, das Buch sonst nicht auf den diesjährigen Büchermarkt bringen zu können.

[...]

Ich habe dabei einiges zu bemerken. Die kleineren Erzählungen, welche diese zwei Bogen enthalten, haben nämlich *sehr viel* Schweizer-Jargon, das, außer in Ihrem Kanton, schwer verstanden werden wird. Ich habe bei allen einzelnen Worten und Ausdrücken ein kleines ? gemacht und überlasse es Ihnen, hier entweder *andere* Worte zu nehmen oder die rein-deutschen Ausdrücke unter der Linie zu vermerken. Nur darf ich wohl bitten, die Korrektur doch recht deutlich zu machen, damit die Druckerei sich genau daraus vernehmen kann.

[...]

Senden Sie dann am 15. die Bogen zurück, so kann am 1. November der erste Band versandt werden, was auch die höchste Zeit ist! – Höflichst empfehle ich Ihnen also die möglichste Eile! Auf dem Umschlage des zweiten Bandes der Erzählungen lasse ich dann alle Ihre Opera anzeigen!

Die neue Ausgabe des «Uli» ist nun versandt und auch per Huber & Co. an Sie ein Exemplar der verschiedenen Ausgaben abgegangen. Ich bin sehr begierig zu hören, wie Ihnen die *Zeichnungen* gefallen. Sie haben keine Veranlassung, sich nicht ganz offen auszusprechen, und ich bin gespannt auf Ihr Urteil. Die Ausgabe auf feinem Papier mit den Zeichnungen auf Tondruck [14] lasse ich in einigen Exemplaren elegant einbinden und werde auch davon Ihnen ein Exemplar zusenden. Das zweite bekommt also die Prinzessin von Preußen. Sie wundern sich, daß ich mich an ihre *Königliche Hoheit* wende. Es geschieht als *Geschäftsmann*, und ich werde mir selbstredend in dem Briefe nichts vergeben. Ich bin aber überzeugt, daß, interessiert sich die Prinzessin für das Buch und sprechen die Zeichnungen sie an, sie für den Absatz gerade in den höheren Kreisen viel wirken kann, woran mir als Verleger sehr gelegen.

[...]

Den Vertrag über den «Schulmeister» hat Ihnen zu meinem großen Ärger Simion noch nicht gesandt. Ich treibe tagtäglich, und er ist mir zu heute *bestimmt* versprochen, wo ich ihn noch diesen Zeilen beilegen werde. Die zweiten 200 Thaler läßt Simion auch dieser Tage abgehen. Ich will froh sein, diese Sache beendet zu wissen, sie ist mir *höchst unangenehm*, und ich darf wohl sagen, daß mir Fataleres noch nicht passiert ist; ich sehe auch hier, daß man stets auf seinen eigenen Beinen stehen muß!

Die Käsgeschichte lassen wir bis zum Frühling, wo ich so frei sein werde, Sie darum zu bitten.

Ihr gefeiertes Portrait (aus den Alpenrosen)[3] habe ich mir kommen lassen, und es wird für unsere neue Stadtwohnung eingefaßt! Ich hatte von dem Äußern «Jeremias Gotthelfs» mir ein anderes Bild gemacht, als ich es nun in dem vorliegenden finde. Es ist selten, daß bedeutende Geister in ihrem Äußeren als solche sich präsentieren und unser Irrtum daher sehr erklärlich. Das Bild soll im Wohnzimmer einen guten Platz erhalten, den es beanspruchen kann.

[...]

Der Titel der Erzählungen wird also: Geschichten und Bilder aus dem Volksleben der Schweiz von Jeremias Gotthelf. Er wird nun gedruckt!

Behüte Sie Gott! Mit bekannter Wertschätzung

Ihr Julius Springer

Zu den Erzählungen schreiben Sie also kein Vorwort? Simion hat trotz alledem den Kontrakt noch nicht fertig. Er will ihn morgen direkt senden!

[Gotthelf an Springer am 9.10.49 (verloren)]

Springer an Gotthelf

Berlin, den 12. October 1849

Hochgeehrter Herr,

Wie ich schon in meinem obigen Briefe bemerkte, es ist in den Erzählungen so gar viel Schweizer-Jargon, so dicke und in Masse, daß Ihre Feder da wird abhelfen und ausbessern müssen, ohne dem Charakter der Erzählungen zu schaden, der aber, wird die Sprache totaliter nicht verstanden, auch nicht verstanden werden kann. Ich überließ die nur wohl kleinen Veränderungen Ihnen in den Druck hinein zu korrigieren, was wohl nicht zu störend werden wird.

Mit Hochachtung Ihr ergebener   Julius Springer
In Eile!

Springer an Gotthelf
Berlin, den 23. October 1849
Hochgeehrter Herr,

Ihr sehr schätzenswertes Schreiben vom 9. dies hat mich ebenso überrascht als tief gekränkt. Absichtlich habe ich dasselbe einige Tage liegen lassen, sowohl um mit Ruhe alle die von Ihnen berührten Verhältnisse erwägen als mit gleicher Ruhe Ihnen antworten zu können.

Wie gegen Dritte, mit denen Sie in literarischer Verbindung gestanden und stehen, hat sich oftmals in Ihren Briefen an mich ein gewisses Mißtrauen auch gegen mich blicken lassen, das ich teils dem mißtrauischen Charakter der Schweizer überhaupt, teils den allerdings trüben Erfahrungen zuschrieb, die Sie einzelnen Buchhändlern gegenüber gemacht haben. Ich fühlte mich oft schon früher dadurch verletzt und in der Offenheit meinerseits zu Ihnen behindert, die aus allen meinen Briefen, vom ersten bis zum letzten, spricht. Ist diese Offenheit Pflicht des Verlegers seinem Autor gegenüber, so war sie bei mir noch dazu Sache des Herzens, der Piété, der Neigung, die ich und der Kreis der Meinen gegen Jeremias Gotthelf hege und die ich gleichfalls nie verschwiegen habe! Indes ist wie *allen* Verlegern auch mir die Mißstimmung zwischen den Autoren und uns darüber wohl bekannt, daß der Buchhändler aus den literarischen Erzeugnissen der Schriftsteller größeren Nutzen denn diese selbst ziehe. Gerade die großen Verleger wollen wissen, daß gerade die großen Autoren hierbei einen gleich unrichtigen Kalkül machen wie sie ein unrichtiges Mißgönnen obwalten lassen! Man soll über diesen Punkt mit seinen Autoren *nie* fertig werden, nie vollständigen Glauben bei ihnen finden! Ich werde mir das auch bei Ihnen, geehrter Herr, gefallen lassen müssen!

Da hat sich nun plötzlich Ihrer eine solche Mißstimmung bemächtigt. In einer üblen Stunde, vielleicht nach Empfang eines Verlegerbriefes [15], der Ihnen Gott weiß welche Verheißungen macht, schütten Sie das ganze Füllhorn des auf dem Herzen gegen mich Habenden aus und – was das Verletzende ist – scheuen sich nicht, geradezu ein Mißtrauen gegen mich auszusprechen!

Ich werde Ihren Brief Punkt für Punkt durchgehen. Die Angelegenheit mit dem *Schulmeister* ist mir *sehr, sehr* fatal. Ich habe das mehreremale Ihnen offen ausgesprochen. Sie ist erst jetzt durch die mitfolgenden Kontrakte, deren einen ich unterschrieben zurückerbitte, und nachdem Sonnabend der Rest des Honorars von 200 Thalern an Schicklers hier gezahlt, erledigt. Was Sie *darüber* sagen, ist begründet, betrifft aber nicht mich und tun Sie stark Unrecht, *mich* entgelten zu lassen! Nehmen Sie, ich bitte, meine Briefe von damals [16] vor, wo ich Sie dringendst bat, den Verlag Simion abzuschlagen. Sie taten es nicht, Sie einigten sich in einem an Simion gerichteten Briefe über das Honorar in Pausch und Bogen. *Ich* hätte an dem Buche bei einer kleineren Auflage etwas verdient, im Verein mit Simion und der großen Auflage gewinne ich erst in einigen Jahren vielleicht. Sie wollten es aber nicht anders, und *nun machen Sie mir noch Vorwürfe*! Geehrter Herr! Die Hand aufs Herz: ist das recht?

Für die neue Auflage des Uli offerierte ich Ihnen 150 Thaler, Sie akzeptierten ohne weiteres, das Honorar zahlte ich lange vor Beendigung des Druckes. Jetzt muß ich Bitteres hören, daß Sie Ihre Einwilligung gegeben! Auch das kann *ich* recht nicht finden.

Für die «Erzählungen und Bilder» offerierte ich Ihnen am 21. Mai in Pausch und Bogen 400 Thaler Honorar. Ich dachte bei diesem an 40 Druckbogen und 2500 Auflage. Sie schrieben «wegen des Honorars will ich nicht Umstände machen» und sprachen dann von 2000 Auflage. Ich sandte Ihnen am 10. Juli den Kontrakt mit 2500 Exemplaren und führte meine Gründe deshalb aus; Sie willigten darein und wurden noch humoristisch! Ich will nun gleich bemerken: ich habe bei diesen Erzählungen, meines Wissens, Ihnen nie 12 Thaler pro Bogen geboten, aber ich nehme auch nicht Anstand, offen zu erklären: das Buch wird in beiden Teilen zusammen über 40 Bogen, vielleicht 42–44 Bogen, und wenn schon *ich hierdurch* keinen Vorteil habe, im Gegenteil nur den Druck und Papier für die Mehr-Bogen bezahlen muß, aber den Preis von 27½ Groschen pro Band *nicht* erhöhen kann, so werde ich doch Ihnen jeden Bogen mehr als 40 mit entsprechend 10 Thalern honorieren, und ich handle auch, glaube ich, in diesem Falle nicht illoyal oder unbillig! Aber nun die Geschichte mit den Exemplaren auf *feinem* Papier! Meine Absicht war: die für Sie bestimmten 36 Freiexemplare wie das für die Prinzessin von Preußen auf fein Papier abziehen zu lassen. Das sagt auch der Kontrakt am Ende ganz klar, wenn schon ich zugebe, daß derselbe, auf die juristische Spitze gestellt, auch anders verstanden werden kann. Bei dem Bestellen des Papiers zu den 37 Exemplaren fiel mir aber ein, daß es ja für mich ein Gewinn sei, der Sie weder benachteiligte noch mir nicht kontrakt- und der Sachlage gemäß zukäme, wenn ich auf feinem Papier eine größere Anzahl, 250, abziehen ließ und statt dessen auf gewöhnlichem Papier 250 weniger! Das *ist* auch geschehen, ohne daß selbstredend die ganze Auflage erhöht worden und Ihre Interessen also umso weniger tangiert worden, als Sie mir sogar gestatteten, 100 Exemplare *mehr* als die stipulierte Auflage zu drucken! Ich glaube, daß hiernach auch diese Sache aufgeklärt ist, um deretwegen Sie ein ebenso unbegründetes als hartes und verletzendes Mißtrauen gegen mich ausgesprochen!

Wenn ich mein ganzes Verhalten und Benehmen gegen Sie, geehrter Herr, seitdem ich die Ehre habe, mit

Ihnen in Verbindung zu stehen, mit Ruhe und aufrichtigen Sinnes überdenke, so habe ich mir in keiner, aber auch in *keiner* Hinsicht und in keiner Phase des Verkehrs irgend einen Vorwurf zu machen! Ich glaube, daß ich Ihre rühmenswerten Arbeiten, wenn auch selbstredend nicht ihrem geistigen Werte, doch ihrem pekuniären Ertrage entsprechend, vollständig honoriert habe. Es ist möglich, ja ich glaube es selbst, daß Sie Verleger finden, ja sich deren Ihnen offeriert haben, die Ihnen mehr, vielleicht viel mehr vergüten, – ich kann und werde das nicht hindern. Sie hätten aber – das behaupte ich dreist und mit der Zuversicht, daß es so ist – nie einen Verleger gefunden noch werden Sie ihn je finden, der *wie ich* Ihre Schriften verbreitet und wahrhaft einbürgert. Ich bin nicht bloß der Verleger, ich bin der persönliche Verehrer Ihrer Werke, und es ist mehr als meine äußerliche Berufs-, es ist eine Aufgabe meines geistigen Strebens, Jeremias Gotthelfs Schriften in der zerrissenen und zerreißenden Zeit der Gegenwart zu ihrer Linderung und Erwärmung zu verbreiten. Ja, geehrter Herr, ich setze kühn hinzu: ohne dem *wären* Ihre Schriften in *Deutschland* nicht so allgemein verbreitet *als* sie es sind und, so Gott es will, immer mehr werden sollen!

Und zu allem diesem Ihr Brief! Sie werden fühlen, wie er mich tief betrüben mußte! Es war eigen: am Abend vor Empfang des Briefes hatte ich mit meiner Frau «Elsi die seltsame Magd» gelesen. Wir hatten uns sehr, sehr erbaut daran. Wir lasen dann noch im «Pächter» gerade die Kapitel vom «Joggeli». Als ich meiner Frau Ihren Brief am Tage darauf vorlas, sagte sie: ist das nicht wie Joggeli! Ja, geehrter Herr, Ihr Mißtrauen und Ihr Mehr-Haben-Wollen paßt so ganz zu einem Charakter, den Sie so fürtrefflich gezeichnet haben!

Ich denke, Sie nehmen das und alles, was ich hier gesagt und wie ich mich stets Ihnen gegenüber benommen, in Erwägung und schreiben mir dann einen Brief der etwas Balsam bringt auf eine wirklich tiefe Wunde! Ich erwarte solchen Brief *bald, recht* bald! Aber etwas, und auch das sage ich mit dem Ernste des Mannes, der weiß was er will und der seine auch geschäftliche Ehre allem voranstellt: *Vertrauen* muß, ganzes Vertrauen zwischen Autor und Verleger herrschen, sonst geht es nicht! *Haben Sie* dieses Vertrauen, wie ich weiß, daß ich es verdient und sicher nie gemißbraucht, so werden wir unsere Verbindung mit Freuden und Gedeihen fortsetzen können! Lassen Sie uns dabei ein für alle Mal den Grundsatz festhalten, daß *Sie* bei Übersendung eines Manuskriptes *Ihr Gebot* machen und *ich* Ihnen antworte, ob ich darauf eingehen kann oder nicht. Nachher hat keiner dem andern einen Vorwurf zu machen. Ein *Markten* soll mir ferne bleiben!

[...]

Die Exemplare der illustrierten Ausgabe des Knecht werden bei Eintreffen dieses hoffentlich auch in Ihren Händen sein, und ich bin in der Tat auf Ihr Urteil über die Zeichnungen *sehr* gespannt. Ein *fein* gebundenes Exemplar ist auch diese Woche an Sie abgegangen. Wünschen Sie von den broschierten noch einige zur Verteilung, so stehen sie zu Diensten!

[...]

Ich schließe, hochgeehrter Herr, mein heutiges mit aufrichtigem Wunsche, daß Ihr baldiger nächster Brief mir die Bestätigung bringen möge, wie Ihr letztes Schreiben mehr das Produkt einer bösen Stimmung als das einer überlegten Kriegserklärung war, und ich hoffe, daß der Friede ein desto wahrerer und genügenderer werden möge.

Behüte Sie Gott!
Mit bekannter Hochschätzung Ihr ergebener
                            Julius Springer

[Gotthelf an Julius und Marie Springer am 29.10.49 (verloren)]

Marie Springer an Gotthelf

Berlin, 9. November 1849

Hochgeehrter Herr,

Ich würde meinem Manne recht zürnen, daß er Ihnen meinen vorlauten Vergleich hinterbracht, hätte er mir nicht dadurch das große Vergnügen verschafft, Sie das Wort an mich richten zu sehn, wenn schon ich die mir von Ihnen zugedachte Ehre einer Schiedsrichterin von der Hand weisen muß, da Sie, geehrter Herr Pfarrer, sehr wohl wissen werden, daß eine Frau nicht gegen ihren Eheherrn Zeugnis ablegen darf, mein etwaiger Ausspruch am Ende nicht gültig sein dürfte und mich wohl gar bei beiden Teilen in Mißkredit brächte, da ich bei jeder kleinen Streitigkeit, die auf dem mir zugewiesenen Felde vorkommt, stets davon ausgehe, beide Parteien haben Unrecht! Und diesen Grundsatz würde ich vielleicht auch, könnte ich auf das Amt einer Schiedsrichterin in diesem weiteren Kreise Anspruch machen, bei Ihnen anwenden, und Sie, hochgeehrter Herr, ganz im Stillen fragen, ob Sie nicht etwas absichtlich alle großen und kleinen Nachlässigkeiten meines Mannes, sie mögen selbst verschuldet sein oder nicht, hervorheben, dagegen ganz vergessen, wenn er pünktlich war, oder wenn eine Sendung vielleicht noch früher als verabredet einlief. Und ist es nicht wieder der alte Argwohn, wenn Sie vermuten, weil zwei Sendungen zugleich ankommen, sie müßten doch wohl auch zugleich abgegeben sein? Ich will diesen Argwohn durchaus nicht Joggeli allein (der Sie förmlich in Schrecken gesetzt zu haben scheint) zuschreiben: aber Ihre treffenden Schilderungen haben mir die Schweizernatur so klar gemacht, daß ich, ohne je einen Schweizer persönlich gekannt zu haben, fühle, es ist ein Nationalzug.

[...]

Sie sind und bleiben Herr Prediger Bitzius und wissen sehr wohl, wenn Sie auch von vornehmer Nachlässigkeit und wer weiß was sprechen, daß mein Mann nicht nur so einen beliebten Schriftsteller, dessen Bücher er verlegt, und der geschmeichelt und warm gehalten sein will, in Ihnen sieht, sondern daß wir Sie wahrhaft verehren, daß wir aus Ihren Erzählungen lernen und sie beherzigen, besser wie manche Predigt! Sie können glauben, Ihre Schriften haben auf unser Leben Einfluß; und wir wollen uns Ihr schönes reines Bild durch keinen Hauch verunglimpfen lassen. Mir ist, seit ich eine Buchhändlerfrau bin und so ein wenig hinter den Kulissen manches Buch zu Stande kommen sah, auch manche Illusion geschwunden; ich mag keinen Schriftsteller näher kennen lernen, denn selten entsprach er bis jetzt bei persönlicher Bekanntschaft dem Bilde, das ich mir aus seinen schönen Worten gebaut hatte. Bei Jeremias Gotthilf kann mir aber keine Illusion schwinden, da sind eben keine Illusionen, der muß wahr sein, wie die Zustände, die er schildert. Er malt keine Engel, keine Teufel, sondern Menschen mit ihren Fehlern und Schwächen, die er kennt – und entschuldigt. Und so wird er auch manche Nachlässigkeit, die sich mein Julius vielleicht hat zu Schulden kommen lassen, entschuldigen (wie ich es, beiläufig gesagt, auch mitunter muß).

[...]

Nun bitte ich Sie aber, hochgeehrter Herr, recht sehr, lassen Sie Ihren bösen Argwohn, wenn auch einmal ein Brief ein paar Tage länger ausbleibt – mein Mann ist sehr beschäftigt, nur wenige Stunden täglich zu Haus, d.h. in der Familie, und hat allerdings die üble Angewohnheit, gegen die ich viel predige und mich dadurch nicht liebenswürdiger mache, etwas zu schieben – entschuldigen Sie ihn in Zukunft, wenns je wieder nötig sein sollte, wogegen ich aber arbeiten will. Ein Argwohn gegen den Mann beleidigt und schmerzt wirklich die Frau mehr als ihn selbst, wenigstens ich lasse nicht gern etwas auf den meinigen kommen; weil ich mich nicht etwa über seine Fehler täusche, mag ich auch keine ungerechte Beschuldigung hören.

[...]

In der Hoffnung dieser Verzeihung und mit der Versicherung meiner größten Hochachtung bin ich
> Ihre ganz ergebene   Marie Springer

Springer an Gotthelf
> Berlin, den 16. November 1849

Hochgeehrter Herr,

[...]

Sie haben sich in Ihrem letzten Schreiben, was den kleinen Konflikt zwischen uns betrifft, an meine kleine Frau gewandt und diese ist dreist genug, Ihnen in beiliegendem Briefchen selbständig, wie sie ist, zu antworten! Weniger hierdurch als durch Sie selbst, hochgeehrter Herr, wird dieser Konflikt also geschlichtet sein, nachdem Sie das Vorgefallene mit Unparteilichkeit geprüft haben. Ich darf sagen, daß ich dies wiederholentlich getan und, wenn ich mich lediglich an faktisch Vorgefallenes halte, nur zugeben kann, daß Sie aus Anlaß des Schulmeisters recht mir Vorwürfe zu machen hatten. Aber auch hierbei bin ich als Sozius eines Geschäftes, das ich schon oft bedauert unternommen zu haben, wenn auch nicht zu rechtfertigen, doch zu entschuldigen, und dies letztere erwarte ich auch von Ihnen! Ich muß mich übrigens dagegen verwahren, als hätte ich seiner Zeit gewünscht, den Schulmeister in die Volksbibliothek aufgenommen zu sehen. Mein damaliger Brief[17] spricht sich entschieden dagegen aus, und ich überließ nur Ihnen den Entscheid, den auch nur Sie getroffen.

[...]

Ich weiß, daß Ihnen von verschiedenen Seiten bedeutende Offerten gemacht werden, wie ich oft höre, daß man mich um den Verlag Ihrer Schriften beneidet. Das ist mein Stolz, der Stolz meiner Firma, und er wird gehoben durch das Ihrem letzten Briefe ausgesprochene Anerkenntnis, daß ich Ihre Schriften in Deutschland bekannt gemacht. Ist das ein Verdienst meinerseits, so ist auch das nicht weniger mein Stolz, und ich lebe der zuversichtlichen Hoffnung, Sie werden mich auch fernerhin ernten lassen, was ich zu säen bemüht war! Von den Geld- und anderen materiellen Punkten wollen wir denn die Gemütlichkeit fortlassen [18]: Alles bündig und fest stellen, stets reinen Tisch halten; und unsere Verbindung wird auch fernerhin eine erwünschte und angenehme sein! – Achten wir nur darauf, daß *vor* Feststellung des Kontraktes immer alle Punkte geordnet und bereinigt sind! Halten Sie sich überzeugt, daß ich mit doppelter Akkuratesse auf alles dies fortan achten werde! –

[...]

Ich halte nicht zurück, Ihnen mitzuteilen, daß die Erzählungen sehr gut zu gehen scheinen, wenngleich ich ein bestimmteres Resultat erst nach der nächsten Ostermesse und nach Erscheinen des zweiten Teiles kennen kann. Die *Freiexemplare* an die geeigneten Stellen in Deutschland und Schweiz versende ich auch erst *dann*, damit man gleich beide Teile vor sich hat. Mir ist der Gedanke gekommen, wenn die Erzählungen wirklich so gut gehen wie es den Anschein hat, einen *dritten* Teil folgen zu lassen. In denselben könnte «Benz» [19] und verschiedenes Andere, das Sie vielleicht noch auszuwählen die Güte hätten, aufgenommen werden. Dann aber noch Eines! Auf einer Faktur von Jent & Gaßmann in Solothurn vom 2. dieses Monats, mit der solche mir 2 Exemplare «Geld und Geist» senden, bemerken dieselben «die letzten Exemplare». Das Buch scheint also vergriffen. Ich weiß nicht, welchen Kontrakt Sie mit Jent & Gaßmann gemacht, ob der Verlag von «Geld und Geist» an ihre Firma gebunden ist. Sollte dies nicht der Fall sein, so würde ich gerne eine neue Auflage dieses Buches übernehmen. Es könnte einen Band der Erzählungen und zugleich etwas Selbständiges bilden. Ich bitte hierüber um Ihre geneigte Mitteilung in Ihrem nächsten sehr werten

Briefe! Auch die neue Auflage der «Armennot» würde ich, falls der Verlag zum 1. April nächsten Jahres Ihrem letzten Schreiben nach frei wird, gerne drucken und bitte Sie, vertrauen Sie das Buch mir an, mich Ihre Bedingungen wissen zu lassen! Desgleichen erfreuen Sie mich mit der angefangenen Erzählung [20] über den Einfluß schlechter Beamter auf das Volk! Erhalte ich das Manuskript dazu im Jenner und das Buch wird nicht über 10 Bogen, so soll es im April bei Ihnen sein. Vielleicht teilen Sie mir auch über dieses Umfang und Ihre Bedingungen mit. Es ist doch wohl mehr nur für die Schweiz und *Ihren Kanton* bestimmt!

Endlich auch wollen wir die Bedingungen über den Verlag der «Käsgeschichte», die also nun fertig ist, besprechen. Wenn Sie mir den ungefähren Umfang mitteilen, können Sie auf meine sofortige Antwort wegen des Honorars und Größe der Auflage, die Sie bestimmen wollen, rechnen.

[...]

Der Knecht mit den Zeichnungen ist doch nun eingetroffen? auch das *elegant gebundene* Exemplar? Und wie gefallen bei Ihnen die Zeichnungen? Die neue Ausgabe des «Knecht» scheint auch den Pächter wieder ins Schlepptau zu nehmen, namentlich in Ihrem Kanton. Hubers benutzen das auch, Ihr Portrait bei Beyel an den Mann zu bringen, meinen auch, das Portrait sei sehr ähnlich! Es will uns auch scheinen, daß dies der Fall. Sie selbst haben darüber kein vollgültiges Urteil, da der Mensch sich immer anders aussehen glaubt als es der Fall. Ihr Portrait hängt auch in unserem Zimmer, und da wollen wir es uns nicht gerne nehmen lassen, daß Jeremias Gotthelf so aussieht.

[...]

Meine Frau, die die einliegenden Zeilen schon vor einigen Tagen geschlossen, läßt sich Ihnen nochmals ergebenst empfehlen und bittet, ihr langes Geschreibse nicht übel aufzunehmen!

Ihrer geehrten Frau Gemahlin geht es hoffentlich wieder ganz wohlauf, und wir bitten, uns ihr ergebenst zu empfehlen.

Ich bin, hochgeehrter Herr, über Alles Ihrer recht baldigen Antwort gewärtig, indem ich namentlich die *Korrekturen* nochmals Ihrer besonderen Beschleunigung mir zu empfehlen erlaube.

Mit Hochachtung Ihr aufrichtig ergebener
Julius Springer

[*Springer an Gotthelf am 23.11.49 (nicht abgedruckt)*]
[*Gotthelf an Springer am 25.11.49 (verloren)*]

Springer an Gotthelf
Berlin, den 21. Dezember 1849
Hochgeehrter Herr,
[...]
Ich beginne damit, Ihnen anzuzeigen, daß nun endlich der *zweite* Band der Erzählungen fertig und vor wenigen Tagen Ihre Freiexemplare (durch Huber & Co.) an Sie abgegangen sind. Die Verzögerung des Eintreffens der Exemplare des ersten Teiles fällt dem Leipziger Expediteur zu, der ein Versehen damit gemacht. Sie sind aber wohl wenige Tage nach Abgang Ihres obigen Schreibens an Sie gelangt, und Sie wollen die kleine Verzögerung gütigst entschuldigen!
[...]
Die Verbreitung der Erzählungen wird nun nach der vollständigen Beendigung von mir erst ordentlich in die Hand genommen werden, und ich hoffe, daß der Absatz 1850 sich recht gut herausstellen wird. Die Idee eines *dritten* Bandes wollen wir nicht aufgeben. Sobald Sie mit Ihren Arbeiten fertig sind, sammeln Sie vielleicht das Angedeutete und wir kommen dann mit dem neuen Bande Mitte nächsten Jahres!

Den beiden Manuskripten, der Käsgeschichte und des Buches über die Beamteten, sehe ich also *im nächsten Monat* entgegen.

[...]

Sie wünschen meinen Rat wegen Ihres Verhältnisses zu Jent betreffend die «Bilder und Sagen». Zuerst will ich bemerken, daß die mir gewordene und Ihnen mitgeteilte Bemerkung desselben bei Zusendung von 2 Exemplaren von «Geld u. Geist» «letzte Exemplare» sich wohl nur auf den Vorrat seines *Leipziger* Lagers bezieht, von dem aus die 2 Exemplare mir gesandt worden und auf welchem nach der mir von Ihnen übersandten Abschrift der letzten Inventur sich auch nur noch wenige Exemplare dieser Bändchen befinden. So wird sich *dies* wohl aufklären. Ich bin aber sehr geneigt, Jent das Ganze abzukaufen und habe bei ihm deshalb sofort angefragt. Außer von dem 1. und 2. Bändchen ist der Vorrat noch ziemlich bedeutend; die ersteren müßte man, namentlich wegen des «Geld und Geist» nachdrucken lassen. *Ich* würde auch, glaube ich, das Buch noch ganz anders vertreiben als Jent, der es verkümmern läßt!

[...]

Es fällt mir auf, daß Ihr letzter Brief kein Wort über die Hosemann'schen *Bilder* zum Uli äußert. Die Ihnen gesandten Exemplare, von jeder Ausgabe eines, müßten längst bei Ihnen sein, und ich sprach Ihnen aus, welchen Wert ich auf Ihr Urteil über die Bilder füglich lege! Ist Ihr Schweigen die Antwort?! Von den schweizerischen Buchhändlern höre ich über die Zeichnungen nur Beifälliges. Auch Ihre Protektorin, die Prinzessin von Preußen, hat sich für das ihr gesandte Exemplar tatsächlich und schriftlich bedanken lassen! Nach Neujahr habe ich vor, den Uli noch in Schichten hin zu vertreiben, wo Ihre Schriften bis jetzt, wenn auch gekannt, doch nicht *gebraucht* wurden. Ich schreibe Ihnen davon wohl später noch!

Professor Steiner habe ich ein Exemplar der Erzählungen mit einem Briefe zugesandt. Zu sprechen bekomme ich ihn gar selten!

[...]

Das neue Jahr vor der Türe, füge ich diesem letzten Briefe im alten für Sie und die werten Ihrigen meine und unsere aufrichtigen und innigsten Glückwünsche bei, daß Ihrem Hause auch ferner und immerdar Gottes Segen nicht fehlen möge!

Wir haben in unseren Kreisen einen schmerzlichen, wenn schon sehr natürlichen Verlust erlitten: der 92jährige Großvater meiner Frau[21], der patriarchalische Mittelpunkt unseres und unserer Familie Leben, ist vor acht Tagen verschieden. Er war ein seltener Mann, den Gott bis wenige Tage vor seinem Ende körperlich und geistig rüstig und jung erhalten hatte und den wir so in jeder Hinsicht mit uns und um uns leben sahen, daß wir gar nicht dachten, es könnte so schnell aus sein! Der Verstorbene erwärmte sich auch an Ihren Schriften oft und ließ sich noch vor wenigen Wochen aus den neuen «Erzählungen» vorlesen. Für Ihren Schulmeister war er begeistert! Sein Tod hat uns eine große Lücke gemacht, und wir schließen das scheidende Jahr in schmerzlicher Betrübnis!

Ich bin, hochgeehrter Herr, Ihrer recht baldigen Mitteilungen und namentlich der beiden Manuskripte sowie Ihrer Verlagsbedingungen gewärtig indem ich Sie grüße mit achtungsvoller Anhänglichkeit

Ihr Julius Springer

[1] *kleine Schrift/andern Verleger:* s. Anmerkung 5,32.
[2] *Dorfkasten und Käsehandel:* Der Roman *Die Käserei in der Vehfreude* erschien 1850 bei Springer.
[3] *Portrait:* eine Lithographie in den «Neuen Alpenrosen 1849».
[4] *mein Schwager mein Hausarzt:* Hermann Lohde (1815–1877) war verheiratet mit Emilie Sophie Oppert, der älteren Schwester von Frau Marie Springer.
[5] *kapitulieren:* einen Vertrag schließen.

[6] *neue Auflage des «Knecht»*: 2. Auflage der Ausgabe von 1846, mit 12 Illustrationen von Theodor Hosemann.

[7] *Krawall*: im Mai 1849, Aufstände in Sachsen zur Durchsetzung der vom Frankfurter Parlament erarbeiteten Reichsverfassung; in Dresden waren auch Michael Bakunin und Richard Wagner beteiligt.

[8] *Erzählungen und Bilder...*: Bei Springer erschienen von 1850–55 insgesamt fünf Bändchen; nicht zu verwechseln mit den sechs Bändchen *Bilder und Sagen aus der Schweiz*, die 1842–46 bei Jent & Gassmann in Solothurn erschienen.

[9] *Professor Steiner*: Jakob Steiner (1796–1863), Kleinbauernsohn aus Utzenstorf, wo er als Knabe zusammen mit Gotthelf aufwuchs. 1814 Lehrer bei Pestalozzi in Yverdon, Hauslehrer in der Familie von Humboldt, 1834 Professor für Geometrie in Berlin.

[10] *kräftigen, tüchtigen Buben*: Richard Springer (1849–1850).

[11] *Prinzessin von Preußen*: Augusta (1811–1890), Frau des Prinzen Wilhelm, späteren Königs von Preußen und deutschen Kaisers.

[12] *Käsgeschichte*: s. Anmerkung 2.

[13] *Jakob*: *Jakobs des Handwerksgesellen Wanderungen durch die Schweiz*, s. 4. Kapitel.

[14] *Tondruck*: Druckverfahren, bei dem statt Metallplatten Platten aus Buchsbaumholz verwendet wurden; aufgekommen um 1800.

[15] *Verlegerbriefes*: (1) Durch Gabriel Gustav Valentin, Medizinprofessor an der Universität Bern, ließ der Verleger Eduard Vieweg (1797–1869) Gotthelf ein Angebot machen. (2) Im Oktober 1849 besuchte der Verleger Heinrich Brockhaus (1804–1870) Gotthelf in Lützelflüh. Beide waren, wie Springer, an einer «Gesamtausgabe» interessiert.

[16] *meine Briefe von damals*: vom 19.1.48 und 29.2.48.

[17] *mein damaliger Brief*: vom 19.1.48.

[18] *Gemütlichkeit fortlassen*: Anspielung auf einen Ausspruch des preußischen Finanz- und Handelsministers David Justus Ludwig Hansemann (1790–1864) 1847 im preußischen Landtag: «Bei Geldfragen hört die Gemütlichkeit auf.»

[19] *«Benz»*: die Kalendergeschichte *Benz am Weihnachtsdonnstag*, s. XXII:382,395.

[20] *angefangene Erzählung*: *Zeitgeist und Berner Geist* erschien 1852 bei Springer.

[21] *Großvater meiner Frau*: Bernhard Ludwig Lindau (1758–1849).

7. Kapitel
«SPRINGER HAT DA GEÄRNDTET,
WO WIR GESÄET...»
BRIEFE 1850

Prinzessin Luise von Preußen (geb. 1838), die Tochter der Königlichen Hoheiten Wilhelm und Augusta von Preußen, Schwester des späteren Kaisers Friedrich III., hatte eine Schweizer Gouvernante, ein Fräulein von Wattenwyl aus dem Kanton Bern. Deren Onkel Carl von May, ein eidgenössischer Oberst a.D. und konservativer Berner Politiker, teilte Gotthelf am 10. 4. 50 folgendes mit: Seine Nichte schreibe ihm, ein Berliner Buchhändler habe Prinzessin Augusta das letzte bei ihm erschienene Werk von Gotthelf – (der von Hosemann illustrierte *Uli der Knecht*) – überreichen lassen und auf deren Anfrage: «comment on pourroit envoyer à l'auteur quelque chose en retour?» habe der Buchhändler geantwortet: «que la Princesse n'a qu'à lui remettre l'argent.» Augusta, «quoiqu'elle eut préféré donner autre chose», habe ihm zwar 8 Reichsdukaten geschickt, Fräulein von Wattenwyl glaube aber, daß da ein Mißverständnis vorliege, da sie sich nicht vorstellen könne, daß Gotthelf sein Buch um Geldes wegen überreichen ließ. «Da wahrscheinlich ein Mißverständnis dabei obwaltet», fährt auch Oberst von May fort, «...und entweder der Buch*händler* ohne Auftrag handelte – oder aber wenn aus Auftrag, Sie verehrtester Herr Pfarrer, nach seiner Elle (die *ungleiche*) maß und beurteilte, so glaubte ich Ihnen von dem Vorfall Kenntnis geben zu müssen... Was soll ich meiner Nichte antworten?» (8:45).

Fräulein von Wattenwyl war kurz darauf (12.4. bis 20.4.) zu Besuch in Bern, und Oberst von May wollte ein Treffen mit Gotthelf arrangieren, das aber nicht zustande kam. Die Erzieherin hinterließ ein Kistchen, das ein Geschenk der Prinzessin Augusta für Gotthelf enthielt (8:46,48). Carl Manuel, der erste Biograph des Dichters, beschreibt und deutet das Geschenk, ein Schreibzeug aus Berliner Eisen, wie folgt: «Vorn in der bronzenen Gruppe steht nämlich ein Pflug mit andern Geräthschaften des Ackerbaues. Hinter demselben sieht man in einem Baumstamme ein Nest voll Brüteier, über welchen in der Nähe der mütterliche Vogel wacht, während eine Schlange sich gegen dasselbe zu bewegt. Dieß bezeichnet Haus und Familie, durch Arbeit und Liebe gegen den lauernden Feind, den auflösenden und zersetzenden Socialismus und Communismus, geschützt» (Ausgabe 1861, S. 279).

Oberst von May legte dem Empfänger nahe, sich «à la Jeremias Gotthelf» schriftlich zu bedanken, und wir können deshalb nicht genau sagen, ob im Dankesbrief die Stimme des Pfarrers Albert Bitzius oder die «à la Jeremias Gotthelf» stärker tönt. Oberst von May hatte auch dafür gesorgt, daß Augusta das Gotthelf-Porträt von J. Barth und das Bild seines Pfarrhauses von Marie Stähli bekam, die beide in Springers Wohnzimmer hingen – der zwei Monate später wegen Übertretung von Zensurvorschriften ins Gefängnis mußte!

Der Brief Gotthelfs an Prinzessin Augusta stellt ein Kuriosum dar, und sein formelhaft-pathetischer Ton ist schwer nachvollziehbar, auch wenn man sich vergegenwärtigt, daß der Briefschreiber Gotthelf der Mentalität seiner Partner immer sehr entgegenkam: die Briefe an Hagenbach, Fröhlich, Burkhalter, Emilie Graf haben ihre unverkennbaren Töne, die als Reaktion auf die Einschätzung der Angeredeten verständlich sind. Aber der Vikar in Göttingen war doch so stolz, als Republikaner keinem Könige huldigen zu müssen; der junge Geistliche legte sich mit von Effinger und von Fellenberg an und erklärte: «Mir fehlt es nicht an kühnem Berner Mut und an der bernerischen Selbständigkeit, die vor Autoritäten nicht unbegrenzten Respekt hat» (5:15). Der Schriftsteller, Kalendermacher und Journalist ging tatsächlich mit zeitgenössischen Autoritäten seiner näheren und weiteren Umgebung nicht sehr respektvoll um. Nähere: Ochsenbein, Stämpfli, Neuhaus, Wilhelm und Ludwig Snell, Alfred Escher; weitere: Napoleon, Louis Philipp, Minister Thiers, Viktoria, Ludwig I. von Bayern, Louis Napoleon, Friedrich Wilhelm IV. In dem Brief an Augusta gibt sich der «geborene, nicht gemachte Republikaner» (XIII:7) ganz feudal-aristokratisch, schlüpft in ein neugotisch-mittelalterisierendes Kleid, bringt seinen eigenen «Kampf» und den «Kampf» der Hohenzollern heillos durcheinander und treibt Herrscherlob und Selbstlob in einem. Daß er sich mit einem «Auch ich fechte diesen Kampf» auf eine Ebene mit der Herrscherfamilie stellt, kann man als Zeichen seiner hohen Selbsteinschätzung gelten lassen. Er geht aber noch weiter und erhöht die Bedeutung des Geschenks aus der Hand Augustas durch die Erklärung, diese Hand gehöre «dem besten Manne im Preußenlande, der ein Vorbild ist für Länder und Zeiten», dem «Kartätschenprinzen» Wilhelm, der die Revolutionen in der Pfalz und in Baden niedergeworfen hatte, und der, so darf man aus dem Geschriebenen schließen, schon längst seinen Bruder Friedrich Wilhelm IV. hätte ablösen sollen.

> *Schlaf, mein Kind, schlaf leis,*
> *Dort draußen geht der Preuß!*
> *Deinen Vater hat er umgebracht,*
> *Deine Mutter hat er arm gemacht,*
> *Und wer nicht schläft in guter Ruh,*
> *Dem drückt der Preuß die Augen zu.*
> *Schlaf, mein Kind, schlaf leis,*
> *Dort draußen geht der Preuß!*
>
> (Ludwig Pfau: Badisches Wiegenlied)

Das Jahr 1850 ist geprägt durch verstärkte Bemühungen Springers, die Verlagsrechte weiterer Werke Gotthelfs an sich zu bringen. Mit Langlois verhandelt er wegen des *Bauernspiegels* und des *Dursli*, mit Beyel wegen der *Armennot* und des *Sylvestertraums*, mit Jent wegen *Geld und Geist*. Fast nebenbei erscheint *Die Käserei in der Vehfreude*, deren Manuskripte aus der Hand des Autors direkt in die Druckerei wandern, «ohne 'nen Blick hineingetan zu haben, auf Treu und Glauben». Dadurch ist Springer der politische Zündstoff des Buches aber entgangen, der ihm beim nächsten Roman, der «Beamtetengeschichte», dann so teuer zu stehen kommen sollte.

[Gotthelf an Springer am 13.1.50 (verloren)]
[Gotthelf an Springer am 22.1.50 (verloren)]

Springer an Gotthelf
                               Berlin, den 5. Februar 1850
   Hochgeehrter Herr,
   Vor wenigen Tagen habe ich nun mit Ihrem sehr werten Briefe vom 22. vorigen Monats den ersten Teil des Manuskripts zur Käsgeschichte erhalten, dessen Empfang mir Ihre freundlichen Zeilen vom 13. vorigen Monats angekündigt hatten. Ich lasse hierbei den Kontrakt auf Stempelbogen, Ihrem Wunsche gemäß folgen und bitte Ihr Gegenexemplar auf Stempelpapier *Ihres* Landes gefälligst mir einzusenden. Mit der Auflage von 3000 Exemplaren werden Sie einverstanden sein, desgleichen mit den Zahlungsterminen, die für Sie günstiger lauten, als Sie es verlangten.
   [...]
   Soll der Titel des Buches sein: «Geburt und erstes Lebensjahr der Käserei in der Nehfreude» oder wie lautet dieser *Ortsname*? Ich finde den Titel nicht hübsch: vielleicht fällt Ihnen ein besserer ein oder mir, während ich die einzelnen Bogen lese. Im Kontrakt habe ich den Titel

des Buches offen gelassen und überlasse es Ihnen, ihn auszufüllen!

[...]

Koerber [1] hat mir zwei lamentable Briefe geschrieben über den schlechten Abgang der Erzählungen [2] bei ihm. Den einen scheints bald nach dem kleinen Auftritt, den Sie Ihrem letzten Briefe nach mit ihm wegen seiner politischen Richtung und seines auffahrenden Wesens gehabt und in welchem er nun arg gegen Sie zu Felde zieht. Er meint, es würden ihm eine Menge Exemplare der «Bilder» wiedergebracht, da das Publikum sich durch den Inhalt, der größeren Teils schon gekannt sei, getäuscht sehe – und nun zieht er los: was das für eine Schändlichkeit sei, schon dem Publikum Dargebotenes noch einmal zu bringen. Alle Welt sei in Bern wütend darüber und wolle nun gar nichts mehr von Ihren Sachen haben etc. etc. Ich darf Ihnen, geehrter Herr, diese Mitteilung nicht verschweigen. Ob Alles so arg ist, lasse ich unentschieden. Sie werden aber auch dort bald herumhören können, ob die Stimmung über die Erzählungen wirklich der Art ist, was für mich natürlich von großer Bedeutung ist.

[...]

Sonst ist der *«Pächter»*, wie ich Ihnen auch schon schrieb, von der neuen Ausgabe des «Knecht» sehr gut ins Schlepptau genommen und ich glaube, bekomme ich Ostern nicht, wie also von Huber & Co., noch von anderer Seite Massen zurück, wir werden an *eine neue Auflage* denken müssen.

[...]

Der berühmte Buchhändler [3], mit dem Sie über Verlagskontrakte gesprochen, scheint den Verlag *Ihrer gesamten* Werke bei seinem Urteil in Aussicht gehabt zu haben und hat den Vorteil hiernach *für sich* abgewogen, ganz und gar aber den Verleger des Einzel-Werkes außer Acht gelassen! Wenn ich ein Buch mit dem Beding verlege, daß nach 3 Jahren der Autor desselben an einen zweiten Verleger verkaufen kann, so kann ich auch nur ½ des sonstigen Honorars zahlen, und wenn ich das volle Honorar gezahlt habe, wäre das Verlangen, nach drei Jahren es einem andern Verleger zum beliebigen Gebrauche wieder zu verkaufen dürfen, ein höchst unbilliges, auf das man nicht eingehen kann. Dieser berühmte Buchhändler dürfte durch seine Kontrakte berühmt werden, d. h. dafür, daß man solche *nicht* so macht wie er! Es ist im Buchhandel gar nichts Seltenes, daß gesamte Werke eines Verfassers vereinzelt nicht werden, und wo der Verleger der Gesamtwerke dies nicht in seinem Interesse findet, wird er sich mit den Verlegern der einzelnen Werke bald einigen. Diesen aber ihr bezahltes Eigentum wegzunehmen – ist etwas stark!

Von Jent habe ich Brief: er will mir *Alles*, was er von Ihren Schriften verlegt, *zusammen* verkaufen: Bilder und Sagen, Anne Bäbi, Geldstag und Schweizer Wort und wünscht *mein* Gebot zu hören für Alles zusammen.

[...]

Darf ich bei diesem Anlaß auch fragen, welcher Art Ihr Vertrag mit Langlois über den *Bauernspiegel* ist? Dies Buch, das ich sehr liebe, kommt ganz in Vergessenheit und es dürfte Niemand geeigneter sein als *ich*, es unter das Volk zu bringen. Ehe ich wegen des Bestandes an *Langlois* schreibe, möchte ich gerne wissen, wie Sie zu ferneren Auflagen stehen? ob Sie an *Langlois* dabei gebunden sind?

Daß Ihnen die Bilder zum Knecht so gar nicht zusagen, ist mir leid zu erfahren. Daß Sie sich die einzelnen Figuren anders gedacht, als der Zeichner sie wiedergegeben, ist begreiflich. Wenn ein Maler in Ihrer Nähe sich zu Bildern zum Pächter verstehen möchte, könnten Sie vorher leicht Alles mit ihm besprechen. Wissen Sie Jemand? Oder mögen Sie überhaupt zum Pächter nicht auch *Bilder*? Ihre Äußerung, daß Sie das Ex. des Knecht mit Bildern nur oberflächlich angesehen, verstehe ich nicht ganz.

Ich habe Ihnen von *jeder Ausgabe* ein Exemplar gesandt, auch von der in prächtigem Einbande. *Haben Sie solche denn nicht erhalten?* Ich erlaubte mir schon einmal deshalb bei Ihnen anzufragen. Es scheint also, daß damit irgend etwas passiert ist. Ich bitte ergebenst um Aufschluß. –

Warum haben Sie dem Manuskripte nicht die Lithographie von Ihrem Pfarrhofe [4] für uns beigelegt? Wir würden ein Bild Ihres Hauses gerne um uns haben und bitten Sie darum!

Meine Frau hat seiner Zeit Ihren Brief erhalten. Sie wagt es aber nicht, Ihnen nochmals zu schreiben, zumal sie glaubt, aus Ihrem letzten Briefe an sie entnehmen zu können, daß sie mit ihrem ersten Briefe an Sie schon viel und gar zu viel gewagt! Sehen Sie: so sind Frauen – aber nicht Töchter des Regiments [5]!

Ich bin, geehrter Herr, recht bald Ihrer ausführlichen Mitteilungen und Antworten gewärtig und empfehle mich

mit bekannter Hochachtung,

Ihr ergebener   Julius Springer

[Gotthelf an Springer am 24.2.50 (verloren)]

Springer an Gotthelf

Berlin, den 4. März 1850

Sehr geehrter Herr,

[...]

Das Wort: «Vehfreude» in dem Titel kann ich immer noch nicht lesen: heißt es Vehfreude oder Vechfreude oder Vehsreude? und was *bedeutet* das Wort? Bitte um geneigte Aufklärung. Der Titel «Die Käsbauern in der Vehfreude», Ein Volksbuch von J. G. ist gar nicht übel, auch «Die Käsbauern im Canton Bern» oder «in der Schweiz». Die gefeiertsten Schriftsteller sind die schlechtesten Titel-Verfertiger und Sie machen keine Ausnahme, aber bei Ihren Büchern geben doch *nur Sie den Ton* an, und so lassen Sie mich wohl wissen, welcher der obigen drei Titel Ihnen der zweckmäßigste scheint und der gewinnendste! Den *Schluß* des Manuskriptes darf ich dann auch wohl bald erwarten, wogegen es also mit dem Beamtetenbuche sich etwas hinziehen wird. Ich willige übrigens darein, bei letzterem dieselben Bedingungen wie beim *Pächter* zu stellen und wünsche nur, daß das Buch den gleichen Erfolg mit diesem haben möge! Denn zu einer neuen Auflage des *Pächter* werden wir doch nun schreiten müssen.

[...]

An *Langlois* schreibe ich also wegen des «Bauernspiegel» und glaube auch, daß er mir denselben abtreten wird. Für den Fall nur, daß sein Vorrat kein sehr großer mehr ist, können wir dann bald eine neue Ausgabe machen, vielleicht auch mit *Bildern*, die zu diesem Buche prächtig passen würden und die dann Ihr dortiger Künstler [6] vielleicht übernimmt. Der Bauernspiegel ist ächt schweizerisch und die Bilder dazu kann nur ein Schweizer machen. Vielleicht ist Ihr Freund [6] gerade der rechte Mann dazu!

[...]

Die aufrichtige Mitteilung der anonymen Angreifer [7] und ihrer Produkte gegen Ihre Schriften weiß ich hoch anzuerkennen. Ich konnte wissen, daß Sie Feinde haben, weil, wer keine Feinde auch wahrhafte Freunde nicht haben kann. Die Anzahl der Letzteren wird die Majorité sein und der Abgang Ihrer Schriften selbst mag dies – das hoffe ich – am Besten beweisen.

Sie sprechen ein Befremden aus, daß ich Ihre Manuskripte zur Druckerei gebe ohne 'nen Blick hineingetan zu haben, auf Treu und Glauben! Nicht bloß daher: ich weiß, daß Sie nicht schreiben, um zu schreiben, sondern weil es so über Sie kommt, und darein mische ich, der Verleger, mich nicht. Sicher gelingen Ihnen daher auch Bücher nicht, die bei Ihnen bestellt werden, wie Koerber dies tut, so wohlbedacht seine Idee auch ist. Ist doch das einzige Buch, das Sie vielleicht auf Veranlassung eines Buchhändlers geschrieben – der Knabe des Tell – das am wenigsten gelungene und Beifall findende. Ich begreife das vollkommen! – –

Sie glauben an Bruch des Friedens[8] zwischen Deutschland und Schweiz?! Wir hier nicht: wir wünschen solchen auch nicht, der Schweiz und unseretwegen. Die Kabinettspolitik ist überhaupt ein Unglück: in ihren Konsequenzen – und zu diesen gehört die Wiedererlangung Neuenburgs – muß sie aber den Staat vollständig ruinieren. Wir haben übrigens vor den Schweizern Achtung genug, um uns überzeugt zu halten, sie werden nötigen Falls sich als Nation zu zeigen wissen!

[...]

Die beiden anonymen Briefe[7] schließe ich hier bei und nenne mich, *Ihrer recht baldigen* Antwort auf mein Heutiges gewärtig,

mit bekannter Hochachtung
den Ihrigen   Julius Springer

[Gotthelf an Springer am 10.3.50 (verloren)]

Springer an Gotthelf
Berlin, den 23. April 1850
Hochgeehrter Herr,
[...]

Ich muß Ihnen zunächst unsern Dank sagen für die freundliche Übersendung der Zeichnung[4] Ihrer beneideten Ländlichkeit. Sie hängt eingefaßt Ihrem Portrait gegenüber, und ich kann nur wünschen, daß es mir einmal vergönnt ist, Sie dort selber zu sehen und kennen zu lernen – wenn Sie mir die Tür nicht schließen! Behüte Gott das Haus und seine Bewohner! –

Das Manuskript zur Käsgeschichte habe ich nun vollständig erhalten. Mit dem Drucke geht es vorwärts –

aber freilich sehr schnell nicht! Darf ich unbescheiden sein und nochmals um *möglichste Beschleunigung der Korrekturen* bitten! Wir werden sonst vor August mit dem Buche wieder nicht fertig. Mit dem Titel «Die Käserei in der Vehfreude» habe ich mich nun allerdings ganz befreundet, wenn schon das Wort «Vehfreude» teils gar nicht, teils mißverstanden werden wird. Genehmigen Sie den Zusatz «Ein *Volksbuch* von J. G.»? Ich bitte um Ihre gefällige baldige Erklärung deshalb.

[...]

Auch den Kontrakt zum «Schulmeister» haben Sie uns noch nicht zurückgesandt. Simion erinnert mich viel daran! An der neuen Auflage des «Pächter» wird fleißig gedruckt. Es bleibt also dabei, daß Hosemann sechs Zeichnungen dazu liefert. Das Buch soll im Äußern ganz wie der «Knecht» erscheinen und da müssen auch die Zeichnungen in Manier und Art zueinander passen. Ihren Schweizerischen Künstler[6] nehmen wir aber bei dem «Bauernspiegel» vielleicht in Anspruch. Er würde mich sehr verbinden, wenn er mir eine Probezeichnung liefern könnte, wie Sie solche verheißen, oder darf ich vielleicht um seine Adresse bitten, damit ich mich selber an ihn wenden kann?

[...]

Mein Brief, geehrter Herr, ist schon lang geworden. Ich komme nur noch Ihnen von meiner kleinen Frau viele Grüße und die artigsten Empfehlungen zu sagen. Sie hofft mit mir, die Wirklichkeit der an unserm Fenster hangenden Zeichnung noch von Angesicht zu Angesicht zu sehen zu bekommen!

Gott behüte Sie, Herr Pfarrer, und erhalten Sie Ihr Wohlwollen

Ihrem ergebensten   Julius Springer

Gotthelf an Prinzessin Augusta von Preußen
[April 1850]
Königliche Hoheit.

Hochderselben fürstliche, freundliche Gabe[9] hat mich hoch geehrt und gehoben, freudig und demütig empfing ich sie als ein Dank aus hoher Hand.

Ein ungeheurer Kampf hat sich erhoben, nicht um Provinzen, um die höchsten Güter wird gestritten mit allen möglichen Waffen, mit Schwert und Feder, mit ehrlichen und vergifteten; Ritter und Gesindel tummeln sich in den Schranken. Kundige Herolde, die Schilder zu prüfen, fechten. Dem wandelbaren Volke ist das Urteil zugestellt. Auch ich fechte diesen Kampf und werde fechten, so lange meine Hand die Waffe führen kann. Diese Waffe ist zwar nur die Feder, aber ich legte sie ein für Gott, Wahrheit und Vaterland, als ob es die beste Lanze wäre; sie blieb mir treu, denn ich hielt sie kräftig trotz Getümmel und Geschrei, trotzdem daß mein Posten wie verloren schien.

Darum weil ich mich wacker gehalten auf meinem Rößlein, nicht bügellos geworden bin, nicht auf den Kopf geschlagen, ward mir wohl die freundliche Gabe, ein Turnier-Dank aus so hoher Hand. Den höchsten Wert erhält die Gabe dadurch, daß sie aus der Hand kömmt, welche dem besten Manne im Preußenlande[10] gehört, der ein Vorbild ist für Länder und Zeiten, wie Mannesmut und ruhige Kraft Sturm überdauert und bewältigt, wie christliche Milde die aufgeregten Gemüter. Wer aus dieser Hand Gaben erhält, der darf sich wohl zählen unter die Tapfern, die recht kämpften in dieser handlichen Zeit, der muß mit frischer Kraft fechten im Gewühle oder stehen im Tore, welches zu seinen Heiligtümern führt.

Königliche Hoheit zürnen wohl meinen kecken Worten nicht. Es kömmt mir aber immer vor, als sei mein Schaffen kein Schreiben sondern ein Fechten, und wenn meine Worte etwas zu rittermäßig zu klingen scheinen, so verzeihen Hochdieselben es wohl dem alten regimentsfähigen Berner Burger, der in tiefer Verehrung ehrerbietigst verharrt.

Eurer Königlichen Hoheit treu ergebenster
Albert Bitzius

Prinzessin Augusta von Preußen an Gotthelf
[...]
Der Oberst von May[11] hat mich durch die Übergabe des Bildes erfreut, das Sie mir zugedacht haben. Es stellt die Wohnung eines Mannes dar, welcher mit Treue den Kampf für Wahrheit und Recht führt und zu dem Volke, das des Beistandes bedürftig ist, mit einfachen Worten spricht. Daß Ihre Schriften diesen Zweck fördern, habe ich wahrgenommen und Ihnen deshalb jenes Zeichen der Anerkennung aus der Ferne zugesendet, dessen Empfang Sie mir anzeigen und welches Ihnen stets die Teilnahme an Ihrem christlichen Werke vergegenwärtigen soll.

Coblenz, den 1. Mai 1850   Prinzessin von Preußen

[Gotthelf an Springer am 8.5.50 (verloren)]

Springer an Gotthelf
                           Berlin, den 20. Mai 1850
Hochgeehrter Herr,
[...]
Überhaupt zeigte sich auf der Messe, daß der Absatz im vorigen Jahre kein bedeutender allgemein gewesen. Selbst Ihre werten Freunde Brockhaus und Vieweg[12] sind in Ihren Meß-Erwartungen sehr getäuscht worden und möchten Ihnen doch jetzt ein anderes Rechenexempel aufstellen, als über welches ich mich damals so aufhielt. Ein anderer deutscher Verleger, der auch im vorigen Jahr in Ihrer Nähe war, Herr Hirt[13] in Breslau, hat

angeblich aus freundschaftlichen Rücksichten zu mir sich Ihnen *buchhändlerisch* nicht genähert. Ich habe ihn deshalb getadelt, da er in dieser Beziehung gar keine Verpflichtungen gegen mich hat. Sie sehen aber, die Buchhändler sind doch unter sich Eins. Und mein Freund Hirt ist noch dazu ein großer Verehrer Ihrer Schriften, und alle seine Briefe loben mich um Ihretwillen, weil Sie erst durch meinen Betrieb in Deutschland eingebürgert wären. Brockhaus und Vieweg wollen das nicht wahr haben, – doch die Zukunft wird es lehren. –

[...]

Vom «Pächter» habe ich zur Messe doch über 200 Exemplare zurückerhalten. Die neue Auflage wäre also nun doch nicht *sogleich* nötig. Sie ist aber einmal angefangen und geht der Druck ruhig fort. Das mir freundl. gesandte Bild vom Herrn Walthard [14] gefällt mir ungemein und *viel, viel* besser als alle Hosemannischen Bilder. Ich finde Charakter und Manier so ungemein getroffen, daß ich es schmerzlich bedaure, diesen Künstler nicht früher kennen gelernt zu haben. Per Huber & Co. ist ein kleines Couvert an Sie abgegangen. In demselben finden Sie vor einen Probe-Abdruck der Hosemann'schen 6 Bilder zum Pächter. Jetzt, nachdem ich das Walthardsche Bild gesehen, gefallen sie mir gar nicht mehr und ich fürchte, es geht auch Ihnen so. Meine Frau redet mir zu, die Hosemann'schen Zeichnungen zu Knecht und Pächter zu kassieren und von Herrn Walthard neue zeichnen zu lassen! Die Hosemann'schen kosten aber zuviel um das Opfer bringen zu *können*, so gerne ich es auch möchte. Doch werde ich mich, sobald ich über den «Bauernspiegel» ganz im Klaren bin, mit Herrn W. in Korrespondenz setzen. Allerdings habe ich, um also auf den Bauernspiegel zu kommen, über Ihren Vertrag *mit Langlois,* der anbei zurückerfolgt, lachen – aber auch weinen müssen; denn Sie haben sich ja durch denselben fast ganz in L's Hände gegeben, und ich begreife, daß L. mir gegenüber aufbegehrt! Er hat mir auf meinen Brief seither gar nicht geantwortet. Zu irgend einem Resultate muß die Sache aber nun einmal geführt werden, entweder – oder! Der Vertrag selbst spricht sich gar nicht über die folgenden Auflagen aus, ja er wäre einfach so zu deuten, daß L. für die gezahlten 450 Franken das ewige Verlags-Recht erworben hat! Haben Sie bei Niederschreibung des Vertrages dies so verstanden – so sind Sie an den Vertrag, d.h. an Langlois gebunden und Sie wie ich müßten ihm süße Worte geben. Glauben Sie aber im Jahre 1836 nur die erste Auflage im Auge gehabt zu haben, so lassen Sie uns den *Knoten* durchhauen, schließen wir sofort einen Vertrag und ich drucke das Buch ohne Herrn Langlois *eher etwas zu sagen, als bis das Buch fix und fertig ist.* Letzteres ist nur deshalb nötig, *weil L.* Ihnen und mir sonst das Prävenire spielt! Überlegen Sie, geehrter Herr, die Sache schnell und schreiten wir zur *rettenden Tat*, und fühlen Sie sich im *Rechte*, so hilft hier gar nichts, als den Knoten zu zerhauen. Wissen Sie aber *Langlois* im ausdrücklich bedungenen ewigen Verlags-Recht des Bauernspiegels, so lassen Sie *uns* die Sache aufgeben! Langlois *kann* das Buch übrigens von seinen kleinen Beziehungen aus gar nicht gehörig verbreiten, und es würde mir auch des Buches wegen *sehr, sehr* leid sein, wenn dasselbe so verkommen sollte.

Ich bitte um Ihre schnellste Entscheidung.

[...]

Bauernspiegel und *Geist und Geld* sind zwei Bücher, mit denen *Sie* noch einen sehr hübschen Gewinn zu ziehen vermögen. Ich biete heute nochmals meine Hand dazu und wünsche aber nun die Entscheidung! –

[...]

Meine Frau läßt sich Ihnen, geehrter Herr, schönstens empfehlen und will Ihnen auch einmal wieder schreiben, wenn sie von Ihnen einen Brief erhalten. Ich wollte sie mit den Kindern ins Bad senden – die Zeiten sind aber zu schlecht und es trägt's nicht. Man muß erst wieder etwas sparen. –

Ich fasse den Inhalt meines heutigen, dessen baldmöglichster Beantwortung ich gewärtig, dahin zusammen:
1) Vorwort zu Käserei und Zustimmung zum Titel.
2) Entscheid wegen d. Bauernspiegel, ob Sie Langlois als ewigen Verleger ansehen oder nicht. Verneinenden Falles gleich, ob Sie bei der neuen Auflage Änderungen wünschen und welche?
3) Bescheid wegen *Jent*.
4) Manuskript zur *Beamtetengeschichte*.
5) Vertrag zur Käserei, *unterzeichnet*.

Verzeihen Sie diese geschäftlich-arrangierte Schreibweise.

Mit Hochachtung der Ihrige Julius Springer

[Springer an Gotthelf am 22.5.50 (nicht abgedruckt)]
[Gotthelf an Springer am 30.5.50 (verloren)]

Springer an Gotthelf

Berlin 20, Breitestraße, 31. Mai 1850
Sehr geehrter Herr,

Meinen Briefen vom 20. und 22. dies. lasse ich mein heutiges schnell nachfolgen, indem ich Ihnen anzeige, daß mir Langlois wegen des Bauernspiegel in auffallend akzeptabler Weise entgegengekommen und ich mich wegen der Verlags-Übernahme mit ihm geeinigt, so daß nun sofort der Druck der neuen Ausgabe bei mir beginnen kann.

[...]

An den Hr. Walthard habe ich wegen der Zeichnungen zum Bauernspiegel auch *sofort* geschrieben, er wird darüber wohl auch mit Ihnen Rücksprache nehmen. Nur müßten wir schnell ans Werk gehen, wenn das Buch noch auf den diesjährigen Markt gebracht werden soll.

[...]

Ich wiederhole also, geehrter Herr, meine Bitte um schnellste Antwort sowohl auf mein heutiges als meine beiden letzten Briefe und zeichne

mit schuldiger Achtung ergeben   Julius Springer

[Gotthelf an Springer am 6.6.50 (verloren)]

Springer an Gotthelf

Berlin, den 18. Juni 1850

Sehr geehrter Herr,

Ihre beiden Schreiben vom 30. vorigen Monats und 6. dies vor mir, muß ich damit beginnen, ganz gehorsamst Sie darauf aufmerksam zu machen, daß Sie die 5 Punkte meines Briefes vom 20. Mai, meiner regelrechten Bitte ungeachtet, in Ihren freundlichen Antwortschreiben *nicht* erledigt haben.

[...]

Ich schließe, geehrter Herr, mit der nochmaligen Bitte, mir *recht bald* und *recht* genau meine Anfragen und den Brief zu beantworten und bin

mit achtungsvoller Ergebenheit   Ihr Julius Springer

[Gotthelf an Springer am 25.6.50 (verloren)]

Springer an Gotthelf

Berlin, den 10. Juli 1850

Sehr geehrter Herr,

[...]

Ihre schätzenswerte Zuschrift vom 25. vorigen Monats beantworte ich, sobald es mir möglich wird. Ich habe seither viel erlebt, 10 Tage Gefangenschaft [15] etc. etc. Sie werden davon wohl gelesen haben! Es war eine harte Prüfungszeit, die ich aber mit dem Mute des Mannes und jener Energie des Willens bestanden habe, vor der sich Alles beugt. Doch Sie sollen Ausführliches bald hören.

[...]

Die Korrekturen gehen also von dem *Bauernspiegel* nach Altenburg. Meine Frau läßt sich schönstens empfehlen!

Ihr ergebener   Julius Springer

Springer an Gotthelf
Berlin, d. 15. Juli 1850
Hochgeehrter Herr,
[...]
Es ist seither Brief von Beyel in Bezug auf die Armennot und den Sylvestertraum [16] eingetroffen; seine Forderungen sind nicht ganz gering und ich schreibe ihm soeben, ihm auf halbem Wege entgegenkommend, und hoffend, daß er auf meine Propositionen eingehen wird. Für diesen Fall wird er *Ihnen* auch das Manuskript zur 2. Auflage der Armennot einsenden, das Sie dann durchsehen und ergänzen können. Ich habe mit meiner Frau die Armennot zu lesen begonnen und mache Ihnen mein und unser erneutes tiefes Kompliment für ein in der Tat bedeutendes Buch, freilich auch nicht mit dem offenen Bekenntnis zurückhaltend, daß Jeremias Gotthelf in den seit dem Erscheinen des Buches verflossenen 10 Jahren sich viel, viel geändert hat ! – – Wenn Sie vom *chronologischen* Standpunkte aus das Buch ändern wollen, muß *sehr, sehr* Vieles ganz geändert werden. Ich wage dazu *nicht* zu raten. Dagegen wird ein *Vorwort* zur neuen Auflage *notwendig* und in diesem wird namentlich wohl auf die *Zeit* des Entstehens des Buches hinzuweisen sein. Einzelne Änderungen werden Sie selbstredend für sich vornehmen und ein Schluß möchte dem Buche wohl fehlen, nach dem was wir oberflächlich eingesehen.
[...]
Von Ihrer beabsichtigten Reise durch die Waadt [17] werden Sie nun zurück sein. Wie beneide ich Sie um dieselbe, sie Ihnen aber wohl gönnend! Es sind jetzt 11 Jahre, daß ich eine gleiche Reise [18] machte: drei Wo-

chen am Genfersee herumtummelte. Ich werde die schöne Zeit nie vergessen! Sie kennen meine Sehnsucht nach einem Besuche der Schweiz – wann aber werde ich sie befriedigen können! Die Zeiten sind nicht danach, und in Zeiten der Gewalt verläßt der besorgte Familienvater nicht sein Haus und Herd. Diese Zeit der Gewalt hat mich, ich schrieb es Ihnen kurz, 10 Tage meiner Freiheit beraubt und mich 10 Tage im einsamen Gefängnis zubringen machen. Sie kennen unsere neuoktroyierten Preßbestimmungen nicht. Da lautet ein Paragraph: «Für den Inhalt einer Schrift sind der Verfasser, der Verleger, der Drucker, der Verbreiter als solche verantwortlich, ohne daß es eines weiteren Nachweises der Mitschuld bedarf; jedoch darf keine der in obiger Reihenfolge nachstehenden Personen verfolgt werden, wenn eine der in derselben vorstehenden Personen im Bereiche der preuß. richterlichen Gewalt ist». Sie werden den Unsinn in diesem Paragraphen bald erkennen: kann schon kaum der Verleger alles lesen, was er verlegt, der Drucker, was er druckt, – so kann am wenigsten der Zwischenbuchhändler jedes Buch, das er zugesandt erhält und verkauft, durchlesen, um zu sehen, ob sein Inhalt etwa Strafbares enthält. Nun ist die Praxis hier der Art, daß, sobald die Staatsanwaltschaft ein Buch verbrecherischen Inhaltes weiß, sie den Buchhändlern hier solches anzeigt und die Auslieferung der vorhandenen Ex. verlangt. Gewöhnlich sagt man dann, keine Ex. zu haben und sendet solche, hat man sie, dem Verleger zurück. Ich war am 7. Juni nicht hier, und als an diesem Tage eine in Cassel (also außerhalb Preußen) erschienene Schrift[19] auf obige Weise verboten ward, lieferte einer meiner neuen Gehülfen, der glaubte, der Polizei müsse man gehorsam sein, die vorhandenen 2 Ex. der Schrift dem Beamten aus. Am 18. Juni werde ich plötzlich in meinem Geschäfte verhaftet. – Es ist eine harte Sache, so plötzlich den Seinen, dem bürgerlichen und geschäftlichen Kreise entrissen zu werden; mich sehr,

sehr rein, ohne jede Schuld nach allen Beziehungen des Lebens wissend, gelang es mir bald, mich zu fassen und mit wahrer Seelenruhe zu gewärtigen, wessen man mich beschuldige. Ich komme vor: die Staatsanwaltschaft zieht mich wegen der Auslieferung der 2 Exemplare an ihre Beamten auf deren Befehl der Verbreitung der Schrift, «weil ich sie hätte verkaufen wollen». Ich setze dem Gericht die Verrücktheit auseinander: dasselbe hält eine 24stündige Beratung und eröffnet mir, man sehe ein, daß die geschehene Auslieferung an die Staatsanwaltschaft auf deren Befehl keine Verbreitung der Schrift sei, man verlange aber nun *von mir den Beweis*, daß ich keine Exemplare anderweitig verkauft habe. Dieser *neue* Unsinn, von mir den Beweis über etwas zu verlangen, dessen man mich gar nicht beschuldigen will, setzte mich in neues Erstaunen. Ich legte denselben den Herren klar dar, es half nichts, bis ich mich beschwerend an das Ober-Gericht (das berühmte Kammergericht) wende, das sofort meine Freilassung verfügt, nachdem ich 10 lange Tage meiner Freiheit beraubt war. – Klingt das nicht wie aus Abdera[20]? aber sind unsere Zustände nicht wie in Abdera?!!

Abgeschlossen von der Außenwelt, angewiesen nur auf sein Selbst, lernt der Mensch sich am besten und wahrsten kennen, und ich darf sagen, daß diese neue Selbstkenntnis dem hohen Grad von Selbstachtung gleichkommt, die ich über mich selber in dieser Zeit der Prüfung gewonnen habe. Ich habe das harte Geschick mit der Demut ertragen, mit der der Mensch sich in Unvermeidliches fügen soll, aber auch mit einer Ruhe, einem Mute, einer Zuversicht, mit der der Mensch alles überwindet und die den Charakter vom Tropfe unterscheiden läßt. Auch meine Frau, so schmerzlich sie auch zuerst gebeugt war, hat sehr bald ihre Ergebung, ihr Gottvertrauen und ihre sanfte Demut wiedergefunden, die Frauen so innig eigen ist.

Die Stimmung der ganzen Bürgerschaft hat sich mir

in teilnehmendster und liebevollster Weise ausgesprochen, und ich erhalte vielleicht in einigen Tagen die Genugtuung, ein Schreiben des Kammer-Gerichtes veröffentlichen zu können, in welchem das Verfahren gegen mich höchlichst getadelt wird.

Aber sind das nicht liebenswürdige Zustände, in denen so etwas auch nur passieren *kann*?! Gott behüte Sie dort vor gleichen!

Ich bin, geehrter Herr, Ihrer recht baldigen Antwort gewärtig und empfehle schließlich die *Korrekturen zum Bauernspiegel nochmals* der möglichsten Eile!

Ihr achtungsvoll ergebener   Julius Springer

NB. In einer der neuesten Nr. der «Grenzboten»[21] steht eine Besprechung Ihrer Schriften. Ich habe sie durch Huber & Co. an Sie gesandt!

Springer an Gotthelf

Berlin 20, Breitestraße, den 3. September 1850

Sehr geehrter Herr,

Endlich ist die Käserei fertig und erhalten Sie durch Huber & Co. Ihre Freiexemplare. Das Buch wird im Äußeren auch Ihren Beifall haben und will ich wünschen, daß es auch den allgemeinen des Publikums finden möge. Möglichst wird die 2. Auflage des Pächters auch mit ihm versandt werden können, so daß Sie dann wieder Honorar bei mir guthaben, dabei wohl aber noch etwas Geduld haben werden.

[...]

Der Himmel hat seit meinem letzten Briefe an Sie, geehrter Herr, mich und meine Häuslichkeit hart heimgesucht. Anfang August machte ich in Begleitung eines Freundes zu meiner Erholung eine Reise durch das herrliche Holstein, hatte an Natur und Menschen dort, die manches Ähnliche mit den Schweizern haben, meine große Freude und kehrte an Seele und Körper gestärkt und gekräftigt zurück. Da empfange ich zuerst die Nachricht von dem tags vor meiner Rückkehr erfolgten Tod der Schwester meiner Frau[22] – einem Mädchen von 27 Jahren, die freilich seit 3½ Jahren im traurigsten Zustande darniedergelegen und für deren Erlösung wir Gott nur dankbar sein können, so hart der Verlust in den uns nächsten Kreisen doch trifft. Acht Tage darauf hat uns ein hartes, bitteres Geschick unser prächtiges, süßes jüngstes Kind[23] im Alter von 15 Monaten genommen! Es ist ein bitterer, tiefer Schmerz, ein Wesen, an das wir mit der größten Innigkeit, mit allen Hoffnungen glücklicher Eltern hangen, zu verlieren. Mag die Zeit ihn heilen! Ihrer freundlichen Teilnahme gewiß, darf ich diesen meinen Gram zu Ihnen aussprechen! Behüte der Himmel Sie und Ihr Haus!

Meine tief betrübte Frau läßt sich Ihnen vielmals empfehlen und grüße ich Sie, hochgeehrter Herr, mit Achtung

Ihr Julius Springer

[Gotthelf an Springer am 12.9.50 (verloren)]

Springer an Gotthelf

Berlin 20, Breitestraße, den 8. October 1850
Hochgeehrter Herr,

Voran meinen aufrichtigen Dank für die uns bezeigte Teilnahme und Trostsprechung bei dem bitteren Verluste, der unsern Kreis betroffen. Wir sollen nie über Gottes Fügungen klagen, aber unsere Seele wird matt, wenn wir Seinen Willen gar zu hart zu fühlen bekommen! Den Wechsel im Leben zwischen Freud und Leid werden wir gewohnt. Er bildet den Grundton des menschlichen Daseins und dieses Dasein geht zwischen ihnen durch, aber dieses wird untergraben, wenn ihm Zweige und Knospen entrissen werden, an die es angefangen, Hoffnungen des Glückes zu knüpfen! Über solchen Schmerz hilft kein Mut – nur die Zeit – auch sie wird uns darüber helfen! Meiner Frau hat Ihr überaus freundlicher Brief sehr, sehr wohl getan und sie wird schuldigermaßen Ihnen selbst dafür danken! Behüte der Himmel Sie und die Ihrigen!

Herr Beyel scheint wirklich ein eigener Mensch zu sein. Staunen Sie, erfahrend daß er mir à la lettre das Verlagsrecht von Armennot und Sylvestertraum zediert hat. Sie finden Kopie der Zession beigeschlossen.

[...]

Das Honorar für das so lange schon verheißene Beamtetenbuch akzeptiere ich also mit 25 Talern pro Bogen bei 3000 Auflage und sende Ihnen, sobald Sie mich gütigst Titel und ungefähre Bogenzahl haben wissen lassen, den Kontrakt zu. Da dies Werk jedenfalls umfangreicher wird, möchte es gut sein, dasselbe im Januar schon im Drucke beginnen zu lassen, bis wohin ich das Manuskript wohl hierher erwarten darf.

[...]

Eine Ihrer Erzählungen, die erste, die ich von Ihren Werken gelesen, «Wie 5 Mädchen [24] im Branntwein umkommen», ist in Deutschland auch gar nicht gekannt. Sie war in der Wagner'schen Buchhandlung in Bern, irre ich nicht, erschienen und kam von dieser in Jennis unglückliche Hände. Sie wissen, daß dessen Geschäft nach seinem Tode ganz eingeschlafen. Es fragt sich, ob an das obige Buch noch irgend wer ein Recht hat? Ich würde die Erzählung gerne wieder aufgefrischt sehen.

[...]

Jents Benehmen gegen Sie finde ich innobel und ungeschäftlich. Er könnte dabei mit den Bildern und Sagen noch viel mehr machen als es der Fall ist, verstünde er es ordentlich in die Hand zu nehmen. Sie wissen, daß ich Ihre bei ihm erschienenen Schriften gerne hätte, aber Jent macht unsinnige Ansprüche. Dabei fordert sein Verhalten gegen Sie und namentlich die eigene Rechnungslegung

Sie geradezu heraus, ihn mit der Drohung der Gesamtausgabe im Zaum zu halten. *Wenn Sie es gestatten*, will ich Jent geradezu schreiben, Sie hätten mir die Gesamtausgabe offeriert und es würde mit seinen Sachen in derselben begonnen. Ich überließe es ihm, nun seine Forderungen zu ermäßigen. Ich denke, daß er dann etwas zur Besinnung kommen wird, und wenn er mir sein Verlagsrecht zu akzeptabeln Bedingungen dann abtritt, würden wir uns über die neuen Auflagen wohl einigen. Ich bitte um Ihre geneigte Mitteilung auch hierüber!
[...]
Ich bin Ihrer recht baldigen weiteren Mitteilungen gewärtig und empfehle mich, hochgeehrter Herr, mit Achtung und Wertschätzung
          Ihr Julius Springer

[Gotthelf an Springer am 23.10.50 (verloren)]
[Gotthelf an Springer am 11.11.50 (verloren)]

Springer an Gotthelf
  Berlin 20, Breitestraße, den 15. November 1850
Hochgeehrter Herr,
[...]
Der Bauernspiegel ist in der neuen Auflage nun auch fertig und erhalten Sie per Huber von jeder Ausgabe 1 Ex., davon eines gebunden noch nachfolgen soll. Ein Gleiches für den Herrn Walthard[25], damit er doch sieht, wie seine Zeichnungen sich ausnehmen. Sie haben allerdings beim Übertragen auf Stein etwas verloren und stehen in der *Technik* den Hosemann'schen nach, so sehr sie im Genre letztere auch übertreffen.

  Bei diesem Anlasse erlaube ich mir die Anfrage, ob Sie von der «Käserei» von Hubers noch eine Anzahl für meine Rechnung entnommen, die mir Koerber belastet, obschon Sie mir gar nichts deshalb geschrieben haben.
[...]

«Das Beamtetenbuch» habe ich also fürs Erste noch nicht zu erwarten. – Was lang währt, wird gut – – das allein tröstet mich, und Anfang nächsten Jahres trifft das Manuskript doch *sicher* ein.

Bewundern Sie nicht aber meinen Mut, daß ich unter den drohenden Verhältnissen der Gegenwart neue Unternehmungen, die nur bei ruhigem Verlaufe der Zustände gedeihen können, vorhabe! Wir sind uns hier klar über die Dinge, die da kommen können und werden. Wir *fürchten*, daß *für die nächste Zeit* das Regime der Vernunft, des Rechtes, der Bildung und Humanité – das des Protestantismus überhaupt, der rohen Gewalt weichen – daß es zu dem ersehnten entscheidenden Kampfe zwischen den beiden streitenden Prinzipien *nicht* für die nächste Zeit kommen wird, – der Zwist vielmehr vertuscht [26] werden, also die Ruhe des Kirchhofes bleiben wird. Wir hoffen und *wissen*, daß aber dieser Kampf seiner Zeit unter günstigerem Himmel erfolgen wird und mit ihm der dann schnelle Sieg, der eine bessere Zeit in jeder Beziehung bringen wird. Die materiellen Zustände werden zunächst nicht schlimmer noch – dann aber sicher besser werden! In dieser Anschauung finden Sie den Grund, daß ich vor neuen Unternehmungen nicht zurückschrecke, Ihre verheißenen Manuskripte mit Sehnsucht erwarte und wohl in nächster Zeit auch hier haben werde.

[...]

Sie werden, geehrter Herr, vielleicht sich über meine Papierverschwendung in meinen Briefen gewundert haben. Sie hat ihren Grund in dem Umstande, daß ich alle meine Briefe mittelst einer Presse kopiere und dies nur geht, wenn *eine* Seite beschrieben ist. Jedenfalls werden Sie also die äußerliche Unförmigkeit entschuldigen.

[...]

Den 17. November. Ich war im Schlusse meines Briefes unterbrochen und erhalte nun gestern Ihre Zeilen vom 11. dies. mit Abschrift des schönen Briefes von

Beyel [27]! an Sie! Allerdings – der Mann ist entweder ein Lump oder ein Dummkopf! Sie scheinen aber, geehrter Herr, nicht zu wissen, wie die Sache B's mit mir sich verhält. Beyel *offeriert* mir den Vorrat von Armennot und Sylvestertraum *mit Verlagsrecht*. Wir einigen uns und verabreden einen Preis, den ich *ohne* das Verlagsrecht mit zu erhalten, selbstredend *nicht* bewilligt haben würde. Indessen erfahre ich von Ihnen, daß Beyel das Verlagsrecht gar nicht besitzt. Es ist mir, wie Sie wohl denken durften, nie in den Sinn gekommen, nachdem *Sie* mir dies geschrieben, daran zu zweifeln. Im Gegenteil, ich wußte nun, daß Beyel mir etwas verkauft, was er gar nicht besitzt. Er sandte indes den gekauften Vorrat und ich rückte ihm nun wegen des mitverkauften Verlagsrechtes, in anständiger Weise, zu Leibe. Ich verlangte – ich konnte ihm doch auf den Kopf nicht zusagen, daß er mich hat betrügen wollen – einfach die Zession des ihm von Ihnen überkommenen Verlagsrechtes an mich. Er machte Ausflüchte, habe die Briefe in Frauenfeld. Ich teilte Ihnen das auch mit. Ich wurde natürlich gradatim dringender und dringender und da blieb ihm natürlich zuletzt nichts übrig als der famöse Brief an Sie! Die Sache ist nun einfach. Das Geld hat Beyel zum Glück noch nicht, so klug war ich auch. Jetzt wird es an ihm sein, mir entschuldigend sich zu nahen und einen Vergleich zu offerieren. Ohne dem erhält der Mensch keine Zeile mehr von mir. Ich teile Ihre Entrüstung über ein so unwürdiges Benehmen und wollen Sie von diesem «Buchhändler» nicht auf alle schließen.
[...]
Ihren baldigen Antworten sowie weiteren Mitteilungen entgegensehend, zeichne ich mit Hochachtung und Ergebenheit

Julius Springer

Springer an Gotthelf
                    Berlin, den 12. Dezember 1850
    Hochgeehrter Herr,
    [...]
    Durch die neue Auflage von Bauernspiegel und Armennot bin ich übrigens schon wieder in Ihr Debet gekommen und werde bemüht sein, auch dies noch eher zu löschen, als das sehnlichst erwartete Beamtetenbuch und der 3. Band der Erzählungen [28] druckfertig ist, sobald ich auch das Manuskript zu diesen beiden Sachen gewärtigen darf. –
    Uns hat der Himmel im alten Jahre noch ein kleines Knäblein [29] beschert, das vor 8 Tagen glücklich und leicht zur Welt kam. Ein dankenswerter Ersatz für das uns genommene Kind – aber doch kein Ersatz für den ewig regen Schmerz über dessen Verlust, den neues Glück und Freuden wohl lindern, nie aber vernarben machen kann! Ein Kind verlieren ist ein bitteres Herzeleid! Gott erhalte Ihnen die Ihrigen!
    Zum neuen Jahre meine und meiner Frau herzliche, aufrichtige Glückwünsche für Sie und Ihr Haus und die Bitte, in Wertschätzung und Anhänglichkeit zu behalten
                    Ihren ergebenen   Julius Springer

[Gotthelf an Springer am 19.12.50 (verloren)]

Springer an Gotthelf
                    Berlin, den 27. December 1850
    Hochgeehrter Herr,
    [...]
    Recht, recht leid ist mir, daß Ihnen und Herrn Walthard die Bilder zum Bauernspiegel so wenig gefallen und noch weniger das Haus [30], das wir hier mit Mühen zustande gebracht. Die Zeichnungen haben allerdings durch die Wiedergabe auf Stein verloren, das ist aber nie anders,

wenn der Zeichner selbst nicht auch Lithograph ist (wie z.B. Hosemann), ein Zweiter versteht sich auf die Wiedergabe nie so wie der Autor selbst. Hier gefallen die Zeichnungen übrigens sehr und ich finde den *Charakter* derselben dem Buche entsprechend. Mit dem «Hause» haben *wir* also 'nen Bock geschossen? Ich habe einen jungen Schweizer in meinem Geschäfte, der fand das Haus ganz richtig! Es muß nun einmal vorhalten, bis die Auflage fort ist – vielleicht erreichen wir das bis 1852!

[...]

Sie kennen wohl die *neuere* Ausgabe von Schleiermachers «Weihnachtsbuch»[31]. Hubers werden sie Ihnen zeigen können. Es ist eine Miniaturausgabe, in geschmackvollem Einbande und Goldschnitt. In dieser Weise wünsche ich die neue Ausgabe des «Sylvestertraum», von dem ich übrigens in der von Beyel gekauften Auflage noch Exemplare habe, zu bringen. Ich lasse im Kontrakte das Honorar offen und überlasse es *ganz Ihnen*, geehrter Herr, solches auszufüllen, nur bemerkend, daß in dem kleinen Miniatur-Format 32 Seiten auf den kleinen Bogen gehen.

[...]

Wir haben ein frohes Weihnachtsfest gehabt durch die Freude der Kinderchen an den Geschenken, die sie erhalten, – freilich auch eine neue schmerzliche Erinnerung an das süße uns genommene Kind, das am vorigen Weihnachtsbaume auch sein kleines Plätzchen hatte – doch es hat seinen Weihnachten besser im Himmel! Es wird wohl so besser sein! Ich habe zwei Tage mit den Kindern gespielt – das war *mein* Weihnachten, wie es mein größtes Glück ist! Sie dort bauen den Kindern zum neuen Jahre wohl auf. Sei Gottes Segen dabei und behüte Sie Alle!

Mit Achtung und Ergebenheit   Ihr Julius Springer

Die neuen Alpenrosen treffen eben ein. Ihre Erdbeermareili-Geschichte [32] ist wohl ein Bruchstück aus dem Beamtetenbuch? – ich glaube es, meine Frau widerstreitet: wer hat recht?

[Springer an Gotthelf am 23.1.51 (nicht abgedruckt)]
[Gotthelf an Springer am 27.1.51 (verloren)]

Springer an Gotthelf
                              Berlin, den 6. Februar 1851
Sehr geehrter Herr,
Meine Sendung von Ende Dezember an Sie hat also, wie Ihr mir gestern gewordener Brief vom 27. v.M. besagt, über drei Wochen gebraucht, um zu Ihnen zu gelangen. Das ist stark! In der Zeit reist man ja beinahe nach Amerika! Jedenfalls darf ich da meine Antwort auf Ihr Obiges nicht lange aufschieben, da doch wieder Wochen vergehen werden, ehe sie in Ihre Hände kommt.
[...]
Wie ich Ihnen sagte, habe ich für den Sylvestertraum eine besondere Vorliebe gefaßt, wie *mir persönlich* Ihre rein *poetischen* Bücher mehr zusagen, während der Geschmack vieler meiner Freunde sich Ihren Erzählungen zuwendet. Wegen eines Titel-Bildes stehe ich mit Düsseldorf und Dresden in Unterhandlung. In Dresden ist Richter [33] sehr gefeiert. Seine Bilderchen präsentieren sich besonders gut, da sie sehr schön gezeichnet sind, wenn auch ohne allzugroße Tiefe, die, namentlich für Poetisches, mehr in Düsseldorf [34] zu Hause ist. Ich schwanke noch, wohin den Auftrag geben und will nur vor allen Dingen wünschen, daß er auch ganz zu *Ihrer* Zufriedenheit ausgeführt werde. Das verbesserte und veränderte Manuskript zum Sylvestertraum erwarte ich *recht bald!*
Langlois ist bis diesen Augenblick bezüglich des mir verkauften Verlagsrechtes zum *Dursli* noch stumm. Es soll

mich in der Tat wundern, wie er sich herausreden wird. Immerhin hat das Buch nun aufgehört, *ihm* zu gehören und es gehört mir, wenn *Sie* es eben wollen.

[...]

Meine Idee war nun eben, diese neue Auflage des Dursli, d.h. die wirklich neue, nicht die jetzt schon durch einen neuen Titel und Umschlag veränderte, in *ein* Buch mit den «fünf Mädchen im Branntwein» zu bringen. Von letzteren hat der *alte* Jenni (Vater) [35] – er soll ein besserer Mensch als der – Gott hab ihn selig – Sohn sein – den Rest auf der *Gant* an sich gebracht. Da aber der Sohn das *Verlagsrecht* des Buches *nie* gehabt, ruht solches bei Ihnen und nur Sie haben darüber zu bestimmen. Nehmen Sie also die Sache gütigst in Bedenken, ob Sie die *beiden Erzählungen*, die doch einen Gegenstand behandeln, in neuer Ausgabe bei mir erscheinen lassen wollen, in welchem Falle Sie die notwendigen Änderungen leicht bald vornehmen und mir zugehen lassen können.

Ihr für Baselland geschriebenes Büchlein [36] «Heiri oder die beiden Seidenweber» werde ich gerne verlegen und gehe auf den Vorschlag, der Baseler Gesellschaft die benötigten Exemplare zu dem wohlfeilsten Preise zu liefern, gerne ein.

[...]

Daß die Sache mit Jent [37] aber zu keinem Entscheide kommt, ist sehr fatal. Zuletzt schaden Sie sich doch auch dabei! «Geld und Geist» ist ein Buch, das auf dem Markt nicht fehlen sollte. Ich begreife, daß Sie jetzt mit Jent, der Ihnen auf politischem Gebiete so schroff gegenübersteht, nicht anknüpfen wollen und glaube fast, daß das gerade durch mich noch am Besten zu bewerkstelligen sein möchte. Ich würde auf den Umstand hin, daß Sie gesonnen, mir den Verlag einer Gesamtausgabe Ihrer Schriften zu übergeben, vielleicht eine Vermittlung und resp. Abtretung der «Bilder und Sagen» [38] unter annehmbaren Bedingungen durchsetzen! Wie gesagt: entschieden muß die Sache doch einmal werden und besser jetzt als wenn das Blut noch böser gegenseitig geworden. Ich bitte um Ihre geneigte Äußerung deshalb.

[...]

Ihren an den Herausgeber der «Kernstellen aus J. Gotthelf-Schriften» [39] gerichteten Brief, in welchem Sie Ihre Anerkennung demselben aussprechen, hat mir die Verlagshandlung vor einigen Tagen zugleich als eine Rechtfertigung ihres Unternehmens mitgeteilt, um mein Ungehaltensein über die *Auszüge* aus meinem teuer erworbenen Eigentume gleich niederzuhalten. Ich gestehe: das Unternehmen hat mich etwas unangenehm überrascht, zumal ich zuerst nur von dem *Titel* des Buches Kenntnis erhielt. Nun ich es gesehen, habe ich der Verlagshandlung erklärt, daß ich Schritte dagegen nicht tun werde, wenn auch die Auszüge, im Sinne des Gesetzes *Nach*druck sind. Sie werden zugeben, daß der rechtmäßige Verleger auf diese Weise auf das Schönste ausgeplündert werden kann. *Vorteil* wird uns der Abdruck sicher nicht bringen.

Für das gesandte Exemplar der französischen Übersetzung des «Uli» [40] meinen ergebensten Dank. Ich werde das Exemplar in literarischer Hinsicht zu benützen wissen. Das Buch macht sich übrigens im Französischen gar nicht.

[...]

In Ihrem Kanton [41] sah es im letzten Monate etwas wild aus. Nehmen Sie sich in Acht, daß die Österreicher (Preußen) nicht Ruhe und Ordnung herstellen – bei solchen Dingen pflegen die *Völker* unterzugehen! Jedenfalls wünsche ich, daß Ereignisse dieser Art, die hier viel besprochen, wenn auch weniger geglaubt werden – sollen sie wirklich eintreten, entweder *vor* dem August oder bis nächstes Jahr verschoben werden – denn ich habe vor, Mitte August eine Schweizer-Reise zu machen. Wir korrespondieren bis dahin darüber noch, aber ich bin so frei,

Ihnen heute schon meinen Besuch – so Gott es will – ergebenst anzumelden. Sie werden mir Ihr gastliches Haus nicht verschließen! Meine Frau bringe und nehme ich nicht mit, die kann von den kleinen Kinderchen nicht fort, von denen unser Kleinstes Sonntag in heiliger Taufe den Namen «Fritz» erhalten! Es scheint ein Junge so in der Art des Ältesten zu werden, dessen Augen Seele und Feuer ausdrücken!

Ich hoffe auf baldigen Brief von Ihnen und grüße Sie, hochgeehrter Herr, mit unwandelbarer Achtung,

Ihr Julius Springer

[Springer an Gotthelf am 9.2.51 (nicht abgedruckt)]

[1] *Koerber:* Johann Koerber (1794–1890), Inhaber der Buchhandlung Huber & Co. in Bern; galt als ultrakonservativ. Gotthelf kam schlecht mit ihm aus, Springer schätzte seine Zuverlässigkeit; einer der «lamentablen Briefe» ist erhalten und abgedruckt in (8:30f.).

[2] *Erzählungen: Erzählungen und Bilder aus dem Volksleben der Schweiz,* Bd. 1 und 2, erschienen 1850 bei Springer.

[3] *berühmte Buchhändler:* Heinrich Brockhaus, s. Anmerkung 6,15.

[4] *Lithographie von Ihrem Pfarrhofe:* von Marie Stähli (1799–1875), einer Erzieherin, Schwester des mit Gotthelf befreundeten Pfarrers Gottlieb Friedrich Stähli. Das Bild ist mehrfach publiziert worden (vgl. 7:249).

[5] *Töchter des Regiments:* Anspielung auf die komische Oper von Gaetano Donizetti *Marie oder die Tochter des Regiments (Die Regimentstochter).*

[6] *Ihr dortiger Künstler, Ihr Freund:* Johann Jakob Friedrich Walthard (1818–1870), Berner Maler und Illustrator; er illustrierte den *Bauernspiegel* und *Die schwarze Spinne;* sein Nachlaß, der heute in der Berner Burgerbibliothek liegt, enthält noch zahlreiche Studien zu Gotthelf, außerdem schuf er das Porträtgemälde von Gotthelfs Frau.

[7] *anonyme Angreifer:* Gotthelf erhielt zwei anonyme Schmähbriefe, einer ist abgedruckt in (8:30f.).

[8] *Bruch des Friedens:* im Vorfeld des sog. «Neuenburger Konflikts» oder «Neuenburger Handels» 1856/57. Kanton und

Fürstentum Neuenburg wurden bis 1857 von Preußen beansprucht.

[9] *freundliche Gabe:* «ein Schreibzeug aus Berliner Eisen» (8:46), ein Produkt der königlichen Eisengießerei in Berlin.

[10] *besten Manne im Preußenlande:* Wilhelm I., seit 1861 preußischer König, seit 1871 deutscher Kaiser. Als er die Märzrevolution niederschlagen wollte, mußte er, als «Kartätschenprinz» angefeindet, auf Befehl seines Bruders Friedrich Wilhelm IV. nach England fliehen, kehrte aber schon im Juni zurück. 1849 warf er mit preußischen Truppen die Aufstände in der Pfalz und in Baden nieder.

[11] *Oberst von May:* Carl Victor von May von Büren (1777 bis 1853), eidgenössischer Oberst und konservativer Politiker, dessen Nichte, ein Fräulein von Wattenwyl, Erzieherin von Prinzessin Luise von Preußen war, der Tochter von Prinzessin Augusta und Prinz Wilhelm.

[12] *Brockhaus und Vieweg:* s. Anmerkung 6,15 und die Einleitung zu Kapitel 6.

[13] *Herr Hirt:* Ferdinand Hirt (1810–1879), Buchhändler und Verleger in Breslau.

[14] *Bild vom Herrn Walthard:* die von Springer am 23.4. erbetene Probeskizze.

[15] *Gefangenschaft:* In der Folge eines Attentats auf König Friedrich Wilhelm IV. wurden die Presseverordnungen verschärft oder strenger gehandhabt; s. den folgenden Brief.

[16] *Armennot und Sylvestertraum:* die 1840 bei Beyel erschienene *Armennot*, Springer brachte 1851 die zweite Auflage heraus. *Ein Sylvestertraum*, erschienen 1842 bei Beyel, wurde von Springer 1851 in drei verschiedenen Ausgaben herausgebracht.

[17] *Reise durch die Waadt:* Gotthelf besuchte Anfang August 1850 die Versammlung der schweizerischen Predigergesellschaft in Neuenburg und reiste dann weiter durch die Waadt nach Genf.

[18] *gleiche Reise:* im Sommer 1839 machte Springer eine sechswöchige Erkundungsreise durch die Schweiz, da er in Lausanne oder Genf eine eigene Buchhandlung eröffnen wollte.

[19] *erschienene Schrift: Das Preußenthum und die Hohenzollernsche Politik*, 1850 anonym bei Raabe & Co. in Kassel erschienen, wurde am 4.6.50 in Springers Laden konfisziert.

[20] *Abdera:* Stadt in Griechenland; in der Literatur – Lukian, Lafontaine, Wieland – mit dem Schilda des Volksbuchs über die Schildbürger vergleichbar.

[21] *«Grenzboten»:* Zeitschrift für Politik und Literatur, herausgegeben von Gustav Freytag und Julian Schmidt. 1850 erschienen ein Aufsatz über Gotthelf und eine Besprechung der *Käserei in der Vehfreude;* s. Muret, S. 58ff.
[22] *Schwester meiner Frau:* Helene Auguste Oppert (1822–1850).
[23] *jüngstes Kind:* Richard Springer (1849–1850).
[24] *5 Mädchen:* die Erzählung *Wie fünf Mädchen im Branntwein jämmerlich umkommen;* die 2. Auflage erschien 1851 bei Springer.
[25] *Walthard:* Er war über die Wiedergabe seiner Zeichnungen empört und schrieb dies am 11.12.50 an Gotthelf, wobei er die Schuld hauptsächlich Springer gab. «Ich schäme mich wie ein nasser Pudelhund» (8:109).
[26] *Zwist vielmehr vertuscht:* Im Konflikt um Kurhessen bestand Kriegsgefahr zwischen Preußen und Österreich, die durch die «Olmützer Punktuation» vom 29.11.50 beigelegt wurde.
[27] *Brief von Beyel:* vom 4.11.50, abgedruckt in (18:23).
[28] *3. Band der Erzählungen: Erzählungen und Bilder aus dem Volksleben der Schweiz,* Band 3 erschien 1852 bei Springer.
[29] *kleines Knäblein:* Fritz Springer (1850–1944).
[30] *das Haus:* das Bild des Bauernhauses befand sich auf dem Titelblatt des Buches.
[31] *Schleiermachers «Weihnachtsbuch»: Die Weihnachtsfeier. Ein Gespräch,* 1805/06, von Friedrich Schleiermacher (1768–1834).
[32] *Erdbeermareili-Geschichte:* die Erzählung *Das Erdbeeri Mareili* in den «Alpenrosen auf das Jahr 1851» stammt *nicht aus Zeitgeist und Berner Geist.*
[33] *Richter:* Ludwig Richter (1803–1884).
[34] *Düsseldorf:* Künstler der Düsseldorfer Akademie wie Peter Cornelius, Wilhelm Schadow und Theodor Bendemann.
[35] *Jenni:* Die Wagnersche Buchhandlung war an den Buchhändler Friedrich Jenni (1809–1849) übergegangen. Nach dessen Tod erstand sein Vater, der Antiquar, Buchdrucker und Lithograph Christian Albrecht Jenni (1786–1861), die Restbestände bei der amtlichen Versteigerung («Gant»).
[36] *für Baselland geschriebenes Büchlein:* die Erzählung *Hans Jakob und Heiri oder die beiden Seidenweber,* als Werbeschrift für die Erparniskasse in Langenbruck verfaßt, erschien 1851 bei Springer.
[37] *Sache mit Jent:* Sowohl Springer als auch Jent und Gassmann waren an einer Neuauflage von *Geld und Geist* interessiert, während Gotthelf die Entscheidung hinausschob.
[38] *«Bilder und Sagen»: Bilder und Sagen aus der Schweiz,* 6 Bändchen, erschienen 1842–46 bei Jent und Gassmann in Solothurn.

[39] «*Kernstellen aus J. Gotthelf-Schriften*»: Otto Meissner, Verleger und Buchhändler in Hamburg, brachte 1850 *Kernstellen aus den Werken von Jeremias Gotthelf* heraus.

[40] *französische Übersetzung des Uli: Ulric, le valet de ferme, ou comment Ulric arrrive à la fortune*, Traduction libre par Adèle de Pierre, Neuchâtel und Paris 1850.

[41] *In Ihrem Kanton:* Im Februar 1850 berieten Frankreich, Preußen und Österreich in Paris über eine militärische Intervention in der Schweiz, um die Ausweisung aller politischen Flüchtlinge zu erzwingen. – Im Januar 1851 kam es zu Krawallen gegen die seit Mai 1850 amtierende konservative Berner Regierung in Interlaken, Schwarzenburg, Biel, Langenthal und St. Immer.

8. Kapitel
«O! DIESER ‹ZEITGEIST UND BERNERGEIST›»!
BRIEFE 1851–1852

Seit der Mitte der vierziger Jahre kämpften im Kanton Bern zwei nahezu gleich starke Parteien um die Macht, die Konservativen und die Radikalen. Zeitgenössische Karikaturen stellten diese Kämpfe als ein gegenseitiges Zerfleischen zweier ineinander verbissener wilder Tiere dar, des konservativen Löwen und des radikalen Bären, spannten aber auch beide Bestien als Zugtiere gemeinsam vor den Berner Staatswagen (so im «Postheiri» von 1850). Die Führer der beiden Parteien waren Eduard Blösch, der in Gotthelfs Haus verkehrte, den er aber als zu lau einschätzte, und Jakob Stämpfli, den er von allen Zeitgenossen am meisten gehaßt haben dürfte. Stämpfli wurde Anfang 1852 ein ganz persönlicher und privater Brief Gotthelfs aus dem Jahre 1849, der sogenannte ‹Kamelbrief›, ausgehändigt, den er sofort als Beweis für Gotthelfs abgefeimte Verleumdungssucht auslegte, mehrmals in seiner «Berner Zeitung» publizierte und als Faksimile in Wirtshäusern aushängen ließ. Gotthelf hatte das Verbum «stämpfeln» = wissentlich lügen kreiert und Bern in «Stämpflige» umbenannt.

Zeitgeist und Berner Geist ist aus diesen Kämpfen heraus entstanden und sowohl von ihren epochalen Ausmaßen als auch von ihren Niedrigkeiten und Kleinlichkeiten geprägt. Das Buch wurde für Autor und Verleger ein großer Mißerfolg, für Springer eine «wahre Fatalité», die deutschen Leser wandten sich von Gotthelf ab. Robert Prutz nannte das Buch den «Gallenerguß eines verdrießlichen Reaktionärs». Gottfried Keller verband die politische mit der literarischen Kritik: «Seit er aber alle Rechtlichkeit und Weisheit, alle Ehre und Wohlgesinntheit, kurz alles Gute *einer* Partei vindiziert und alle Ehrlosigkeit, Schelmerei und Narrheit, alles Übel der anderen, seit er das Menschenschicksal abhängig macht vom Bekenntnis dieses oder jenes Parteistandpunkts: seitdem hat er den Boden unter den Füßen verloren und liefert uns leidenschaftlich-wüste, inhalt- und formlose stümperhafte Produkte.» Springer war sich mit der gesamten zeitgenössischen Kritik darin einig, daß der Roman eine «Parteischrift» sei, daß es der Dichtung schade, sie sogar zerstöre, wenn Gotthelf sich in die «Kantönli-Zustände» einmische: «Es ist nichts für Sie, so ein politisches, rein der traurigen Gegenwart gehörendes Buch...» Demgegenüber erwartet der Verleger mehr «Seelenmalerei» (21.11.51; 21.5.52) und führt als Beispiel dafür *Geld und Geist* an, von dem er gerade eine 2. Auflage vorbereitet. Es ist ja auch eine Tatsache, daß *Zeitgeist und Berner Geist* aus einem Pamphlet gegen die radikale Regierung von 1846–50, der *Versöhnung des Ankenbenz und des Hunghans*, hervorgegangen ist, und es ist ebenfalls eine Tatsache, daß Gotthelf den Radikalismus und den «Zeitgeist» gleichsetzte, sie als Krankheit, Fieber, Fäulnis bezeichnete, gegen welche der gesunde «Berner Geist» gestärkt werden sollte.

Und doch sehen Springer und seine Zeitgenossen die gewaltige Konstruktion dieses Romans zu eng, sind zu sehr selber «Partei», gehören zu sehr auf die Seite des «Zeitgeistes», der schließlich ja auch wirklich gesiegt hat. Gotthelf ist ein Verlierer seines Jahrhunderts. Heute ist niemand mehr verpflichtet – und es wäre auch ganz unmöglich –, sich auf die eine oder andere Seite zu stellen, auf die fundamentalistisch anmutende Gotthelfs oder auf die von ihm bekämpfte. Heute ist es möglich, das Buch wie ein Drama zu lesen, das den Jahrhundertkampf zwischen Bewahrung und Fortschritt vorführt und darin an Tragödien wie Hebbels *Gyges und sein Ring* oder Grillparzers *Libussa* erinnert und nicht an «Volksschriften» mit «Seelenmalerei».

Springers Vorwurf, «daß Sie Ihre Volksschriften plötzlich zu kleinen Nadel-Angriffen gegen einzelne politische Unleidlichkeit und auch gegen äußerlich-religiöse wenden» (16.4.51), und sein Ausspielen von «Geld und Geist» als «Seelenmalerei» gegen die «Parteischrift», zeugt von Blindheit gegen etwas für Gotthelf Typisches: Die politische Seite seines Schreibens war von Anfang an immer vorhanden. Im selben Brief macht der Verleger auf Gottfried Kellers Besprechung der *Käserei in der Vehfreude* aufmerksam. Darin steht das bekannte Wort, Gotthelf sei gegenwärtig (1851) «die gern gesehene Zierde der nordischen Teetasse», und dann heißt es: «Sodann läßt er sich alle Augenblicke zu einer süßen Kapuzinerpredigt, zu einer Anspielung mit dem Holzschlegel, zu einem feinen Winke mit dem Scheunentor verleiten, welcher weit hinter die Grenze der behandelten Geschichte gerichtet ist. In der ‹Käserei in der Vehfreude›, welche nur von Bernern ganz deutlich gelesen werden kann und wo es sich nur um Käs und Liebe handelt, wird wenigstens ein halbes dutzendmal auf das Frankfurter Parlament gestichelt.» Sehr witzig, aber ebenso falsch! Es wird nicht nur «gestichelt», es geht um den Parlamentarismus überhaupt! Aus heutiger Sicht trifft die Bezeichnung «Parteischrift» für *Zeitgeist und Berner Geist* so wenig zu wie für die *Göttliche Komödie* oder den *Moby Dick*. Die Gotthelf-Rezeption hatte immer an der Misere der Verniedlichung zu leiden, *Zeitgeist und Berner Geist* ist ein bedenkenswertes Beispiel dafür.

Verniedlichend war auch ein Bericht über einen Besuch im Pfarrhaus zu Lützelflüh, der nie stattgefunden hatte. Er erschien 1851 im «Morgenblatt für gebildete Leser» und war von dem Solothurner Schriftsteller Alfred Hartmann nach dem Hörensagen frei erfunden worden. Er ist ein gutes Beispiel dafür, daß Gotthelf schnell mit dem Klischee «gutmütiger, derber, zu Humorigkeit neigender Dorfpfarrer» abgefertigt wurde. Gotthelf tritt als «ein sehr wohlgenährtes Männchen mit äußerst rosiger Gesichtsfarbe» auf, das seinen Gästen mehrere Weinsorten auftischt, versucht, ihnen Räusche anzuhängen, sich von einem Bauern pikante Dorfgeschichten erzählen läßt, um sie später literarisch zu verwerten. Für den Zorn Gotthelfs über dieses idyllische Getue hatte Springer gar kein Verständnis. Mit dem Satz: «Aber ist es denn so etwas Böses, wenn man erfährt, daß es im Lützelflüher Pfarrhause einen guten Tisch und Keller gibt!!» ließ sich das nicht abtun. Gegenüber Pröhle entrüstete Gotthelf sich sogar: «... bin überhaupt auch kein klein Männchen, was mich auch böse gemacht hat (Sie werden lachen), denn ich messe 5'9" und bin dicker als mir lieb ist» (18:56). Pröhle, der ein wenig zum Schwatzen neigte, erwiderte: «Der Verfasser des Artikels im Morgenblatt muß jedenfalls ein sehr dummer Mensch sein. Ich glaube nämlich nicht, daß er's böse gemeint hat, sondern er wird nicht gemerkt haben, daß Ihnen so etwas höchst unangenehm sein müßte. Wenn auch nur für Ihre nächste Umgebung, so ist doch diese es gerade, in der gutes und böses Wetter gemacht wird. Dazu hat er Sie wegen Ihrer Größe wirklich unverschämt verleumdet. 5'9" ist schon eine ziemliche Größe, Schmidt mißt nur 5'3" und rühmte sich doch, als er davon hörte, auch so schon beinahe zum preußischen Soldaten genommen zu sein, wenn auch gerade nicht unter die Garde!» (8:185). (Gemeint ist Julian Schmidt, der Herausgeber der «Grenzboten»; 5 Fuß 9 Zoll ergibt umgerechnet etwa 168,6 cm).

Springer versorgte Gotthelf immer gleich mit den neuesten Rezensionen und Aufsätzen. Daß dann in Lützelflüh darüber geschwiegen – oder höchstens gespottet – wird, könnte darauf hindeuten, daß die Meinungen aus der Welt der Literaten den Dichter kalt ließen. Was soll man von Gutzkows Äußerungen aber auch halten, der den Berner erst als «stämmiges Wesen mit breiten Schultern» auftreten und «in einem widerlich rauhen Schweizerdialekt» daherreden läßt, ihn dann Shakespeare an die Seite stellt, als «Gegenpol der Schillerschen Idealität» etikettiert und schließlich wie alle andern auch als «Parteimann» erkennt? Mit einem polternden Urteil über den Aufsatz *Le romancier populaire de la Suisse allemande Jérémie Gotthelf et ses œuvres* des großen deutsch-französischen Literaturvermittlers Saint-René Taillandier, der auch über Hebbel, Heine und Sealsfield geschrieben hatte, trifft Gotthelf den narzißtischen Leerlauf der gesamten Kritik: «Sie Gelehrte und andere Rezensenten amüsieren mich immer mächtig und zwar mit Ihrem eminenten Scharfsinn, was kein Verstand der Verständigen sieht, das entdeckt in Einfalt ein gelehrt Gemüt. Ich las letzthin eine lange Rezension von R. Taillandier in der 'Revue des deux mondes'. Potz Hagel, was ich da für einen Respekt kriegte vor einem gewissen, mir ganz unbekannt gebliebenen Schweizer Jeremias Gotthelf. Ich nahm mir vor, nächstens mit ihm Bekanntschaft zu machen und ebenso mit seinen Büchern. – Solche Rezensenten sind Geister, die in die Tiefe fahren und zu Tage fördern, was keines Menschen Auge noch gesehen, in keines Menschen Gedanken je gekommen.» (8:311)

Das ist ironisch gesprochen – also das Gegenteil ist wahr! Als Springer dem Autor 1853 einen Text von Gutzkow aus den *Unterhaltungen am häuslichen Herd* zusandte, in welchem folgende Passage stand: «Dieser wunderbar begabte, ohne Zweifel außerordentliche Schriftsteller ist leider vermöge seines Schweizernaturells so sehr ein Rabulist, daß er sich besser zum Advokaten geeignet haben würde als zum Seelenhirten. Man schildert ihn als behäbigen, vollen, runden Lebemenschen, der gut nach Einsiedeln und Muri paßte» – da schrieb er an Fröhlich: «Die günstigen Rezensionen kenne ich in der Regel nicht, mein Verleger sendet mir nur die ungünstigen zu, wahrscheinlich zu geistiger Kasteiung und leiblicher Demut gegenüber dem Honorar...» (9:20).

Das Landleben gilt als geruhsamer als das Stadtleben, der Berner Gemütsart wird eine gewisse Behaglichkeit und Schwerfälligkeit nachgesagt, in einem Biedermeier-Pfarrhaus erwartet man keine Hektik, Gotthelf spricht selber von seiner «Emmentaler Pomade», und noch im letzten, der Tochter diktierten Brief an Springer, wenige Tage vor seinem Tode, heißt es: «Ich sitze noch ganz pomadig in Lützelflüh und spaziere behaglich dem Naschobst nach» (16.10.54). Man sollte sich nicht täuschen lassen! Klagen wie: «Der liebe Gott wollte mir die Tage nicht 48 Stunden lang machen», daß er «durch Geschäfte genotzüchtigt» würde, sich «fast tot gehundet» habe, daß er sich wie Sisyphus fühle, wie «ein armer geritener Teufel» und «alle Jahre tiefer ins Joch» komme – deuten auf eine erdrückende Arbeitslast. Ganz ähnliche Klagen tönen aus Springers Briefen, und seine Frau bestätigt in der *Lebensskizze*, daß der Verleger sich weder Ruhe noch Erholung gönnte, ja sogar Arbeit mit in die Ferien nahm. Protestantisch-preußisches Leistungsethos hier, calvinistisch-schweizerisches dort? Damit ist nicht viel erklärt. Weder Verleger noch Autor wurden 60 Jahre alt. Wenn man sich vergegenwärtigt, wie Springer in seinen Briefen den Dichter antreibt, zum Tempo ruft, numerierte Pflichtenlisten schickt (20.5.50), kann man Gotthelfs gerade um die Jahrhundertmitte sich häufende Verweigerungen und Proteste verstehen. Springer, wie immer höflich und entgegenkommend, nimmt alle Klagen ernst: «Dann schreiben Sie, und auch schon im vorigen Brief, ich drängte und quälte Sie so fürchterlich und setze dabei alle Rücksichten außer Acht... ich werde darauf achten und mich der Ausdrücke 'umgehend, sofort etc.' zu enthalten wissen.» Ein höfliches Versprechen, das gerade bei *Zeitgeist und Berner Geist* nicht eingehalten wurde!

[Gotthelf an Springer am 15.2.51 (verloren)]
[Springer an Gotthelf am 20.2.51 (nicht abgedruckt)]

Springer an Gotthelf

Berlin, den 19. März 1851

Hochgeehrter Herr,

[...]

Wenn Sie nach Bern kommen, suchen Sie doch das 6. Heft des Prutz & Wolfsohn'schen Museums[1] 1851 zu Gesichte zu bekommen. Es enthält dieses einen sehr interessanten Aufsatz von Gutzkow[2] «Was sich der Buchladen erzählt». Es eifert derselbe gegen die Manieriertheit in unserer jetzigen schönwissenschaftlichen Literatur – wie erstaunt bin ich aber, daß Gutzkow auch Jeremias Gotthelf da hineinbringt. Ich habe sofort darüber einige berichtigende Zeilen veröffentlicht und hoffe, daß ein Brief, den ich an Gutzkow deshalb schreibe, nicht ohne Eindruck bleiben wird.

Mein projektierter Besuch bei Ihnen, geehrter Herr, Ende August oder Anfang September, paßt Ihnen also zu meiner sehr großen Freude. Ich schmeichle mir, Sie werden mir, sei es ins Berner Oberland, sei es nach Graubünden, das Geleit geben. Ich beabsichtige bei meiner Reise nach und durch die Schweiz die Teile derselben zu besuchen, die ich noch nicht kenne, dabei die wilderen gerade aufzusuchen! Sie finden mich jetzt viel an Werken über die Schweiz und deren Berge – will man mit vollem Genusse diese besuchen, muß man sich wirklich etwas vorbereiten!

Meine Frau läßt sich Ihnen, hochgeehrter Herr, höflichst empfehlen und bin ich, Ihren baldigen Mitteilungen entgegensehend

mit hochachtungsvoller Ergebenheit   Julius Springer

[Gotthelf an Springer am 5.4.51 (verloren)]
[Springer an Gotthelf am 6.4.51 (nicht aufgenommen)]

Springer an Gotthelf
                              Berlin, den 16. April 1851
Hochgeehrter Herr,
Am Anfang Ihres mir vor wenigen Tagen gewordenen Briefes vom 5. dies. sind Sie mir noch immer böse. Mein Trost ist, daß Sie mir am Schluß wieder gut geworden! Ich wüßte auch keinen zutreffenden Grund Ihres Zürnens! Die Langlois'sche Sache mag ich nicht mehr berühren. Ich habe die böseste Stellung zu derselben, da auf mich, der zwischen Ihnen und Langlois steht, Sie beide loshauen! Sie scheinen etwas eifersüchtig, daß ich die Sache wie die meinige behandle. Ich glaube aber doch, sofern ich der zahlende Teil bin, ist sie es! Das führte mich eigentlich auf das alte Kapitel betreffend das Verhältnis zwischen Verleger und Autor zu dem Buche des letzteren – ein Kapitel, über welches diese beiden Menschenklassen nie übereinstimmen und das ein Gegenstand unserer persönlichen Besprechung, wenn ich Sie diesen Sommer besuche, werden soll. Ich werde dann an Ihren Gerechtigkeitssinn appellieren! Hier wollen wir das Kapitel lassen. Ich werde dem Mons. Langlois einfach schreiben, daß *er nicht* von Ihnen das Verlagsrecht des «Dursli» hat und mag er die Sache dann weiter verfolgen. Ich wasche meine Hände in Unschuld.
    [...]
Was Sie über die Angriffe von gewisser Seite auf Ihre Schriften sagen, ist großenteils begründet. Gutzkow war vorige Woche in Berlin und ich hatte Gelegenheit mit ihm persönlich zu verkehren. Ich habe kein Blatt vor den Mund genommen und ihm seine unmotivierten Angriffe gegen Jeremias Gotthelf vorgehalten. Ich wurde dabei von Ihren Freunden hier unterstützt, wir schlugen G. total und nur in dem einen Punkte stehen auch Ihre wärmsten Anhänger – und offen gesagt auch ich und meine Häuslichkeit – gegen Sie, daß Sie Ihre Volksschriften plötzlich zu kleinen Nadel-Angriffen gegen einzelne

politische Unleidlichkeit und auch gegen äußerlich-religiöse wenden. So etwas ist nur zu geeignet, Ihren Schriften die tiefen Wahrheiten, das wahre Leben, das Unvergängliche zu nehmen, durch welche dieselben so groß dastehen! Sie verzeihen, geehrter Herr, diese Abschweifung. Sie ist nötig, um Sie auf kleine Tadel vorzubereiten, die Ihren Büchern von *befreundeter* Seite, wo man Sie *sehr hoch* stellt, bevorstehen. Von Angriffen wie unlängst in Kolatschecks Monatsschrift schweige ich; wogegen Ihnen die Besprechung der «Käserei» [3] in den Blättern für literar. Unterhaltung, Aprilheft empfehle und auch diese dann Ihnen senden werde. –

Das «Beamtetenbuch» darf ich also im Juni erwarten. Wir werden uns sehr heranhalten müssen, es bis November dann fertig zu bekommen.

[...]

Ich hoffe bald von Ihnen zu hören und verharre mit bekannten Gesinnungen

Ihr achtungsvoll ergebener Julius Springer

[Gotthelf an Springer am 23.4.51 (verloren)]
[Springer an Gotthelf am 26.5.51 (nicht aufgenommen)]
[Gotthelf an Springer am 1.6.51 (verloren)]
[Juni 51 «bitterböser Brief» Gotthelfs an Springer (verloren)]

Springer an Gotthelf

Berlin, den 23. Juni 1851

Hochgeehrter Herr,

Sie haben mir da einen bitterbösen Brief geschrieben und mir damit einen schönen Sonntag, wo ich ihn empfing, verdorben. Die Tage, wo Briefe von Ihnen eingehen, sind sonst freudige Tage. Der gestrige Sonntag wars nicht. Sie sollten mich besser kennen, als daß Sie in meinen Handlungen Ihnen gegenüber je eine Vernachlässigung, oder, wie Sie gar sagen: Mißachtung erblicken dürften! Sie tun mir mit solchen Beschuldigungen eben so Unrecht als weh! Es besteht zwischen Autor und Verleger oft und größeren Teils das kalte Verhältnis zweier Geschäftsleute. *Meinerseits* ist das zu *Ihnen*, Herr Pfarrer, ein innigeres und eine Mißachtung gar nicht zulassend.

Komme ich auf den Gegenstand, der Ihren bösen Brief hervorgerufen, zurück, so sind die Freiexemplare [4] – 30 – durch Huber & Co. abgegangen, und nach Empfang Ihres vorigen Briefes, nachdem ich sah, daß Sie 36 zu erhalten haben – was ich allerdings übersehen, noch gleich 10 Exemplare auf demselben Wege. Den ersteren 30 Ex. lagen auch 6 Exemplare der neuen Auflage der Armennot bei. Ich begreife nicht, daß Hubers Ihnen das Paket nicht längst gesandt haben und muß viel eher darin eine Absichtlichkeit Hubers erkennen.

Sind Sie bei Eintreffen dieses noch nicht im Besitz des Paketes, so melden Sie es mir gütigst sofort und ich sende Ihnen die Exemplare *noch einmal* mit *direkter Post* auf meine Kosten. Da fällt mir ein: Huber & Co. haben von Hans Jacob [5] nur einige wenige Exemplare bestellt gehabt. Vor einigen Tagen verlangten sie 24 nach. Sollten sie etwa, da sie mehr Exemplare als sie zuerst empfingen, schnell gebrauchten, Ihr Paket geöffnet und die Exemplare so lange gebraucht haben bis die nachverlangten eingetroffen, aus denen sie dann das von mir an Sie gesandte Paket wieder machen? Die Sache kommt mir beinahe so vor. Sie werden das leicht dort herausbekommen, die nachverlangten Exemplare können jetzt noch nicht bei Hubers sein. Haben diese also jetzt Exemplare in mehr als 10facher Anzahl, so sind es die Ihrigen! Ich glaube, Sie werden mich für diesen Fall freisprechen, wie *ich* jedenfalls an dem späten Eintreffen *sehr, sehr* unschuldig bin. Um aber für alle Fälle solchen Fatalitäten und besonders solchen bösen Briefen vorzubeugen, erhalten Sie fortan die Freiexemplare aller *neuen* Sachen mit *direkter Post* und eher als irgend ein Exemplar ausgesandt wird. Ich will lieber das teure Porto bezahlen als Ihre bösen Briefe haben.

Dann schreiben Sie, und auch schon im vorigen Briefe, ich drängte und quälte Sie so fürchterlich und setze dabei alle Rücksichten außer Acht. Das liegt vielleicht mehr in meiner eiligen Schreibweise als in meiner Absicht, ich werde darauf achten und mich der Ausdrücke «umgehend, sofort etc.» zu enthalten wissen.

Damit sehe ich diese beiden unangenehmen Punkte als abgetan an. Ich weiß: Sie sind leicht böse, aber ebenso leicht wieder gut, zumal, wenn Sie sehen, daß die Veranlassung Ihres Zürnens nicht meine Schuld und daß ich besorgt bin, jeder ferneren Veranlassung dazu vorzubeugen.

[...]

Ob ich von dem Beamtetenbuche [6], dessen Manuskript also im nächsten Monat hier sein wird, 3000 oder 3500 Ex. Auflage mache, darf ich wohl erst bestimmen, wenn ich die Druckbogen*anzahl* zu übersehen vermag.

Das Wetter ist hier erschrecklich, kein Tag ohne Regen und die Luft kalt. Wenn das bis zum August so fortgeht, wird aus meiner Schweizer Reise nichts und am Ende darf ich Sie auch nicht besuchen, wenn Sie mir so gar böse sind. Meine Frau geht mit den Kindern in 14 Tagen auf das Gut eines meiner Freunde [7], sich dort zu erholen. Ob sie die Schweizer Reise, wenn aus dieser etwas wird, mitmachen wird, hängt von ihrem Gesundheitszustande ab!

Im Frankfurter Konversationsblatt [8] hat unlängst eine Schilderung des häuslichen Lebens im Pfarrhause zu Lützelflühe gestanden. Gelesen habe ich es noch nicht, man hat mir davon erzählt. Ich werde mir die Nr. kommen lassen und sie Ihnen mitteilen!

Daß ein Leipziger Buchhändler, G. Wigand, Ihre Erzählung «Die Erbbase» [9] mit Holzschnitten erscheinen läßt – geschieht doch mit Ihrer Genehmigung? – er sendet uns eben das Zirkular darüber!

In der Hoffnung, geehrter Herr, daß Sie mir bei Empfang dieser Zeilen nicht mehr böse sein werden, ferner daß Sie nie mehr Veranlassung haben sollen, es zu werden und wegen der Freiexemplare Ihrer *Befehle*, wegen des Manuskriptes zum Beamtetenbuch Ihrer Ordres gewärtig, mit Empfehlungen von meiner Frau

Ihr achtungsvoll ergebener   Julius Springer

[Gotthelf an Springer am 15.7.51 (verloren)]

Springer an Gotthelf
   Berlin 20, Breitestraße, den 20. August 1851
   Hochgeehrter Herr,

Seien Sie mir nicht böse, wenn ich Ihren Brief vom 15. v. M. erst heute beantworte, Sie werden gleich hören: ich bin zu entschuldigen. Und da zuerst die für mich so schmerzliche Mitteilung: es wird dieses Jahr wieder aus meiner Reise nach der Schweiz nichts. Der Grund einfach: mein erster Gehülfe [10] ist seit Monaten leidend oder *brust*leidend. Er ist mir eine tüchtige Hülfe und ich halte auf ihn als Mensch und Arbeiter. Ich habe ihn daher ins Bad zur Erholung und Stärkung gesandt und muß dafür zu Hause bleiben! Edel – aber doch traurig und Ihnen den besten Dank jedenfalls für Ihre beabsichtigte so freundliche Aufnahme. Verzehren Sie mit den Ihrigen das für uns gemästete Getier, gedenken Sie dabei zweier Ihnen wahrhaft zugetanen Seelen und erlauben Sie uns, wenn ein gütiges Geschick uns nächstes Jahr günstiger ist, nachzuholen was wir dieses Jahr schmerzlich genug aufgeben mußten.

Um meiner Frau doch einige Erholung zu schaffen, hatte ich sie mit den Kindern auf das Gut eines meiner Freunde [7] gesandt, bin selbst dort einige Tage geblieben und erst wieder zur Arbeit zurückgekehrt. Vielleicht daß ich nach Rückkunft meines Gehülfen noch auf 8 Tage einen Ausflug nach dem Rhein mache und damit das faulere Sommerleben schließe! Ich schob den Brief an Sie noch auf, weil ich den ersten Bogen des neuen Werkes «Zeitgeist und Berner Geist» Ihnen gleich mitsenden wollte. Er ist mir zu morgen verheißen und ich lege ihn bei. Zu meinem Schrecken wird das Buch 30 Druckbogen geben, die wir am besten in *zwei* Teile (natürlich werden diese aber nicht *einzeln* verkauft) broschieren lassen. Bestimmen Sie bei dem betreffenden Korrekturbogen, wo wohl der II. Teil anfangen kann, wenn Sie darauf ein Gewicht legen, sonst mit dem Kapitel, das etwa den 14.–15. Bogen schließen wird.

[...]

Sie sind über den Artikel im Morgenblatte [11] betreffend das Leben im Pfarrhause zu Lützelflühe sehr böse. Mir ist damals der Artikel ganz entgangen und ich las seither nur einen Auszug im Frankfurter Konversationsblatt – aber wirklich, ich finde nichts Kränkendes in demselben. Sie *wissen* vielleicht, daß er von einem Ihrer *Gegner* ist, und sehen darum in jeder Zeile einen Angriff. Aber ist denn das so etwas Böses, wenn man erfährt, daß es im Lützelflüher Pfarrhause einen guten Tisch und Keller gibt!! Die Welt weiß doch, daß Sie gut hauszuhalten verstehen und nimmt es gar nicht übel, daß Sie auch äußerlich ein gastfreies und anständiges Leben führen!

[...]

Ich schließe, geehrter Herr, mit höflichsten Empfehlungen von meiner Frau und den ergebensten Grüßen
Ihres   Julius Springer

[Springer an Gotthelf am 10.9.51 (nicht abgedruckt)]
[Gotthelf an Springer am 17.9.51 (verloren)]
[Gotthelf an Springer am 12.10.51 (verloren)]

Springer an Gotthelf

Berlin, den 13. October 1851

Hochgeehrter Herr,

Seien Sie mir nicht böse, wenn ich Ihren wert. Brief vom 17. v.M. erst heute beantworte. So ein Brief an Sie schreibt sich nicht im Gewühle des täglichen Geschäftes. Dazu muß der Sonntag herhalten und die letzten zwei waren mir auch durch geschäftliche Arbeiten in Anspruch genommen, so daß ich erst heute zu der angenehmen Pflicht und Freude komme, an Sie zu schreiben. So ein Buchhändler ist ein geplagter Mensch. Wir arbeiten mehr als alle Kaufleute und verdienen weniger. Sehen Sie sich in Deutschland um: wie wenig *begüterte* Buchhändler gibt es im Verhältnis zu den andern Kaufleuten! Es nährt unser Beruf bei fleißigem, ehrlichem Betriebe seinen Mann, macht auch zuletzt vielleicht annähernd wohlhabend, aber mehr wie das nicht. Und das ist, wenigstens für mich hier, genug und ich wünsche auch meinen Kindern nicht und nie mehr, und wenns angeht, soll auch der eine meiner Buben das Geschäft fortführen, und sei es auch nur, daß Sie (in Zeitgeist u. B. G.) bei *Ihrem* Verleger wenigstens Recht haben: der Sohn eines Buchhändlers [12] *muß* wieder Buchhändler werden. –

Ihr Schreiben vom 17. v.M. macht eine ausführliche Erwiderung nötig. Voran der geänderte Vertrag über «Zeitgeist und Berner Geist» anbei. Ich *darf* Ihr Verlangen nach Erhöhung des Honorars bei Erhöhung der Auflage nicht unbillig finden, so *hart mich* solche auch trifft. Zudem ist die Erhöhung 3000 in 3500 nur $\frac{1}{6}$, während 25 in 30 Taler $\frac{1}{5}$ plus ist. Doch will ich nicht markten, lasse den Honorarbetrag offen, gebe mich durch meine Unterschrift gefangen und überlasse es Ihnen, ob Sie den Betrag mit 28 oder 30 Taler ausfüllen mögen.

Es geht mit dem Druck des Buches *sehr* langsam vorwärts und ich bin gezwungen, so nachteilig dies auch für mich ist und doppelte Arbeiten und Mühen zur Folge hat, den *ersten* Teil allein zu versenden. Ich darf nur *bitten,* daß Sie die Korrekturen *möglichst* beschleunigen. Katz[13] wird die Bogen zum ersten Teile bis Kapitel 12 Ihnen in 10 Tagen sämtlich senden, und wenn es dann Ihre Zeit zuläßt, lassen Sie solche wohl schleunigst korrigiert zurückgehen, damit wenigstens der erste Teil noch Ausgang des Monats fort kann. Die Korrektur ist Ihrerseits eine besondere Gefälligkeit, die ich zu achten weiß und der ich mit ewigem Quälen um Beschleunigung nicht begegnen sollte. Es hängt von letzterer aber so gar viel ab, daß Sie mir deshalb nicht böse sein dürfen. Allerdings haben die ersten Bogen der Fehler unendlich viele, jetzt wird sich der Setzer aber schon mehr in Ihre Schreibweise und in die Handschrift gefunden haben, so daß die Korrekturen Ihnen auch leichter werden.

[...]

Ehe Sie den Betrag *«in Worten»* in den Vertrag schreiben, nehmen Sie gütigst noch in Bedenken, daß ich das Buch zu dem geringen Preise von 1 Taler 10 Groschen gebe – und nun – – wie Sie's für Recht finden.

[...]

Taillandiers Besprechung[14] aller Ihrer literar. Leistungen habe ich endlich in der Revue des 2 Mondes zu lesen bekommen. Es ist ein großer, durch 30 Seiten gehender Aufsatz. Ich lasse mir das Heft apart aus Paris kommen und werde es Ihnen dann mitteilen, nur muß ich es dann zurückerbitten, da ich alles derlei sorgsamst sammle. T. faßt Ihre schriftstell. Tätigkeit ganz eigen auf, fast nur vom politischen und sozialen *Partei*standpunkte gegen den Hegelianismus. Oft trifft er den Nagel auf den Kopf, und meine Frau und ich staunten, daß er den Kern Ihres Strebens doch herausgefunden. Was er sonst über Sie sagt und Ihre Bücher als die bedeutendsten der Gegenwart darstellt, mögen Sie selber s. Zt. nachlesen. T. sowohl als Pröhle[15] in einem Aufsatze im «Deutschen Museum», den Sie, erhalte ich das Heft apart, auch haben

sollen, und in welchem Pröhle sich auf den T'schen Aufsatz bezieht, wissen auch vorübergehend anzuerkennen, was meine Wenigkeit bezüglich der Verbreitung Ihrer früher nur in der Schweiz allgemein gekannten Schriften getan hat. Sie wissen, geehrter Herr, daß dies mein Stolz ist und verzeihen, daß ich es auch hier hervorhebe.
[...]
An Mons. Taillandier werde ich Ihre neuen Schriften gratis senden (Bitte um Mitteilung seiner *genauen* Adresse!). Ich werde ihm noch besonders deshalb schreiben. Pröhle ist ein in neuester Zeit nicht ungünstig aufgetretener Literat, dessen Schriften, was man so Belletristisches nennt, zu den besseren gerechnet werden. *Bedeutend* ist er bis jetzt noch nicht.

Mit der Verbreitung der Prospekte zu Ihren Schriften bin ich gerade beschäftigt. Ich verspreche mir, was den Absatz betrifft, einen mehr denn gewöhnlichen Erfolg. Nach Frankreich werden Ihre Schriften jetzt mehr als früher verlangt, wogegen gerade die *Schweiz* jetzt weniger braucht. Ich denke, daß auch hier die Prospekte helfen werden!

Sie sind, geehrter Herr, so freundlich, in Ihrem letzten Briefe zu wiederholen, wie leid es Ihnen ist, daß ich meinen Besuch bei Ihnen nicht ausgeführt. Ich habe nicht nötig, Ihnen die Versicherung zu erneuern, daß ich es am schmerzlichsten bedaure, daran verhindert worden zu sein. Ich verspreche von einer persönlichen Begegnung mit Ihnen mir nach allen Seiten hin ein erfreuliches Resultat und halte die zuversichtliche Hoffnung fest, daß der nächste Sommer mir günstiger sein wird. Erlauben Sie's, soll meine Frau, so Gott es will, dann mitkommen!

Seien Sie herzlichst gegrüßt und bedankt für die mir zugedachte freundliche Aufnahme. Seien Sie nicht böse, daß ich hiemit schließlich nochmals um Beschleunigung der Korrekturen so dringendst wie ergebenst bitte, und antworten Sie bald

Ihrem Sie hochschätzenden   Julius Springer

Springer an Gotthelf
>Berlin 20, Breitestraße, den 22. October 1851

Hochgeehrter Herr,

[...]

Bei dem *Titel* stoße ich auf ein Bedenken und deshalb schreibe ich heute fürnemlich. Der Drucker setzt den Titel nämlich:

Zeitgeist und Bernergeist.

Es fragt sich, ob Ihnen das genehm und Sie nicht wollen:

Zeit-Geist und Berner-Geist (Jedes in 2 Worten),

oder, was *mir* noch besser scheint:

Zeitgeist (in eins) und Berner-Geist (in zwei Teilen).

Ich ersuche Sie ergebenst, mir hierüber *umgehend* antworten zu wollen, damit Titel und Umschlag gedruckt werden können.

[...]

Ich bin Ihrer baldigen Antworten gewärtig und grüße Sie
>achtungsvoll   Julius Springer

[Gotthelf an Springer am 27.10.51 (verloren)]

Springer an Gotthelf
>Berlin, 4. November 1851

Sehr geehrter Herr,

[...]

Zeitgeist und Bernergeist ist nun bis auf den letzten Bogen im *ersten* Bande fertig und geht endlich Ende der Woche an Huber & Co. ab, durch den Sie auch Ihre Freiexemplare erhalten. Ich habe mit der Druckerei verabredet, daß sie vom zweiten Bande Tag um Tag einen Bogen druckt und ihr versprochen, daß *Sie* die Korrekturen am selben Tage wo sie dort eintreffen auch lesen und zurücksenden würden. Schelten Sie mich nicht, daß ich Ihnen so Hartes zumute, aber es ist wirklich nötig, daß der zweite

Band auf das Mächtigste gefördert wird, sonst kommt die ganze Geschichte zu spät! Also tun Sie einmal mehr als ein Verleger billigerweise Ihnen zumuten sollte. Es geschieht im Interesse des Buches, also auch in *Ihrem Interesse*!

Der Ausfall der Nationalratswahlen[16] befremdet uns hier nicht. Das liegt in der Luft und hat in den Momenten, die derlei hervorgerufen, seine wesentlichste Begründung. Ich habe übrigens die feste Zuversicht, daß das Regiment Stämpfli[17] nicht, was die Beziehungen der Schweiz nach Außen betrifft, über die Schnur schlagen wird, und für die inneren Institutionen wird ein wenig radikales Regiment *nicht* schaden, weil dadurch eine Menge Dinge an die Oberfläche kommen, die doch und durchaus weichen müssen!

Ein *Verbot* Ihres neuen Buches[18] durch das neue Berner Regime fürchte ich nicht. So dumm ist eine radikale Regierung nicht. Vielleicht fällt der Inhalt Ihres Buches, über den ich hier noch meine Meinung, soweit ich den ersten Teil gelesen, zurückhalte, gerade jetzt auf ein denselben mit *mehr* Interesse aufnehmendes Publikum, weil gerade dieses das geschlagene ist. Jedenfalls hat die Versendung Eile und meine umstehende Bitte wiederhole ich ergebenst.

Das Honorar auf 29 Taler zu stellen, ist Ihnen überlassen. Ich gab mich in Ihre Hände und Ihr Wille geschehe!! Die Kontrakte erbitte dann gefl. zurück!

[...]

Ein durchschossenes Exemplar der «Wassernot» geht behufs etwaiger Veränderungen der neuen Auflage demnächst an Sie ab. Zugleich mit dem Aufsatze von H. René Taillandier, an welchem meine Frau jetzt noch übersetzt. Macht sie die Übersetzung gut – ich habe ihr ein anständiges Honorar zugesagt – so lasse ich vielleicht die Besprechung als eine besondere Schrift drucken, ich will erst einmal sehen, wie die Sache sich macht!! Die Adresse des

H. Taillandier wollten Sie mir angeben, damit ich demselben das neue Werk schicken kann: bitte darum!

Wissen Sie, daß die «Käserei in der Vehfreude» in *Rußland* verboten ist? *Gründe* erfährt man selbstredend nicht, aber die Sache ist interessant.

Sobald der zweite Band von Zeitg. u. Bernergeist erschienen, erhalten Sie neue Zahlungen!

Nochmals empfehle ich die Korrekturen Ihrer sorgsamsten Beschleunigung, also Tag um Tag – es kann nichts helfen!

Heute fällt der erste Schnee hier!

Zürnen Sie mir ob meiner Antreibungen nicht, kämpfen Sie nicht nutzlos gegen das radikale Regiment dort, die Konservativen Ihres Kantons sollten die *Personen* vergessen und den schärfsten Spitzen in dem Regime nur die Schärfe zu nehmen bemüht sein.

Mit bekannten Gesinnungen

Ihr ergebener   Julius Springer

[Springer an Gotthelf am 6.11.51 (nicht abgedruckt)]
[Gotthelf an Springer am 10.11.51 (verloren)]
[Gotthelf an Springer am 12.11.51 (verloren)]

Springer an Gotthelf

Berlin, den 21. November 1851

Hochgeehrter Herr,

Ich habe zwei Briefe von Ihnen zu beantworten, einen sehr freundlichen und liebenswürdigen vom 10. und einen recht, recht bösen vom 12. Der böse muß zuerst heran und ich bekenne ja gerne meine Schuld, daß ich Sie mit den Korrekturen und Kouverts etc. über die Maßen plage. Aber, geehrter Herr, kann ich denn dafür? halten Sie nicht mit mir die schleunigste Beendigung des zweiten Teiles von Zeitgeist u. B. G. für durchaus nötig? Was sind Ihre Plagereien dabei gegen die meinigen und wenn wirs durchsetzen, den Band noch in diesem Monat von Stapel laufen zu lassen, werden Sie nicht alle Plagen und Mühen vergessen und mir wieder gut sein, daß ich so getrieben und geeilt! Ich bekenne also wiederholentlich mein Unrecht in der gewissen Hoffnung, daß Sie es mir um des Erfolges wegen verzeihen werden. Von Neuem will ich zwar heute nicht tribulieren. Ich denke, daß bei Ansicht dieses Bogen 10 von Ihnen schon korrigiert abgesandt ist und sind wir dann ja bald am Schluß! Gott gebe es!

Ihrer geehrten Frau Gemahlin bin ich für die emsige Mithülfe tausend Dank schuldig. Ich glaube deren Korrekturzeichen aus den Bleistiftänderungen zu der zweiten Auflage vom «Knaben des Tell» etc. zu kennen und bewunderte schon lange diese Geschicklichkeit, zu der meine Frau, wenn schon sie als die des Buchhändlers noch eher Veranlassung dazu hätte, es doch noch nicht gebracht hat! –

[...]

Herr G. Mayer-Leipzig [19], der Verleger von «Dr. Dorbach», besuchte mich unlängst. Ich werde mich mit ihm hoffentlich einigen und die Vorräte des Buches mit Verlagsrecht abkaufen, *wenn Sie nichts dagegen* haben, was ich auch mich wissen zu lassen bitte. Ihr Guthaben an den letzen 1000 Exemplaren haben Sie dann *von mir* zu fordern. Mayer war ganz außer sich über die Honorare, die Sie von mir erhalten. Er stimmt bei, daß dies die größten im *deutschen* Buchhandel sind. Ich bin auch stolz auf diese Honorare und verschweige sie nirgends, werde auch überall angestaunt deshalb! –

Mein persönliches Urteil über «Zeitgeist u. B. G.» ist – Sie verlangen, ich solle mich offen aussprechen – *kein* günstiges, und wenn Sie in einem Ihrer w. Briefe von Anfang des Jahres sagen, daß dies Buch wie der «Uli» gefallen werde, so muß ich dem entschieden entgegensprechen. Das Buch ist fast eine reine Parteischrift, es fehlt ihm, mit Ausnahme einiger herrlicher Kapitel, jene

Seelenmalerei, die Ihre andern Schriften auszeichnen! Eine Zukunft hat dies Buch *sicher nicht*, und in Deutschland namentlich wird es selbst bei Ihren Freunden *nicht* gefallen! Meine Frau wills erst lesen, wenns vollständig ist. Sie sollen ihr Urteil offen erfahren, sind mir aber keinesfalls darob böse! –

Für das nächste Jahr hätten wir also zunächst vor: 1) die 2. Auflage vom «Knabe des Tell», die im Dezember zu drucken begonnen wird, 2) zweite Auflage der «Wassernot», zu der ich des geänderten Manuskriptes gewärtig, 3) neue Ausgabe der 3 Teile Bilder und Sagen, 4) zweite, bereits bis Bogen 10 gedruckte Auflage von «Geist und Geld» und 5) den projektierten dritten Teil der «Erzählungen aus dem Volksleben der Schweiz», zu dem Sie sicher schon zu sammeln begonnen haben. Sie sehen, es ist doch eine ganze Menge und wohl genug für ein Jahr.

Sie sind mir, geehrter Herr, nicht mehr böse wegen meiner Korrektur-Quälereien und gestatten mir mich zu zeichnen als Ihr

achtungsvoll ergebener   Julius Springer

Springer an Gotthelf

Berlin, den 15. December 1851

Hochgeehrter Herr,

Hr. Katz meldet mir gestern nun den Empfang der letzten Korrekturbogen vom zweiten Teile von Zeitgeist und Bernergeist, so daß also nächste Woche endlich, endlich der Band versandt werden kann. Jedenfalls hören nun meine Quälereien wegen der Korrekturen auf und ich will vor allem dieserhalb nochmals Ihre freundl. Entschuldigung in Anspruch nehmen. Ich war am 1. dies wegen Beschleunigung des Druckes persönlich in Dessau. Sie haben wohl meine Zeilen auf der Rückseite des Couvertes mit den letzten Bogen beachtet. Solche Qualen hat mir und wohl auch Ihnen noch nie ein Buch gemacht wie dieses und ich will nur wünschen, daß sein Erfolg ein desto günstigerer sein wird. Offen gesagt – und Sie verzeihen, daß ich das hier wiederhole – hat das Buch aber unsern Beifall gar nicht. Es ist nichts für Sie, so ein durch und durch politisches, rein der traurigen Gegenwart gehörendes Buch, zu dem mir auch, was die *Erzählung* betrifft, der Schluß zu fehlen scheint, erwärmte nicht in dieser der herrliche Benz und die nachahmungswerte Lisi – man kriegte es nicht fertig. Die Exemplare an die Journale etc. zur Besprechung versende ich nun erst, nachdem der 2. Teil da. Wir werden da manches Bittere zu hören bekommen!

Sobald Huber und Bahnmaier den 2. Band haben, werden sie Ihnen bedeutende Zahlungen für mich machen und ich helfe dann mit 1–200 Talern von hier (durch Schicklers) nach.

Ihre Freiexemplare erhalten Sie von mir pünktlich. Ich werde mich hüten, Ihre früher und jetzt wieder dieserhalb gemachten Äußerungen zu ignorieren. Ich glaube überhaupt nicht, daß ich wissentlich irgend je etwas, was Sie bemerkt, ignoriert habe. Das liegt nicht in meinem geschäftlichen Wesen und auch nicht in meinem Charakter, es müßte sich denn um Dinge handeln, wo das Nicht-Ignorieren zu üblen Diskussionen führt, wovon zwischen uns nicht die Rede sein kann.

[...]

Wenn Sie von H. Mayers Persönlichkeit Näheres wissen wollen: es ist ein langer Mann, früher Kaufmann gewesen, daher ein besserer Rechner als Buchhändler. Sie sehen das schon daran, daß er meine hohen Honorare an Sie nicht begreifen kann!

[...]

Meine Frau läßt sich Ihnen gehorsamst empfehlen. Wir haben die Masern im Hause. Bis jetzt liegt unser Ältester daran nieder. Gott sei es Dank, es geht alles gut! Die Weihnachtsfreuden werden uns dadurch aber doch etwas gestört! Und der Kinder wegen ist mir das die glücklichste und schönste Zeit des Jahres!

1851 neigt sich seinem Ende. Ich schreibe Ihnen wohl in diesem Jahre nicht mehr und schließe also meine ergebensten und aufrichtigsten Glückwünsche zum neuen Jahre für Sie und Ihr Haus bei. Erhalten Sie mir Ihre Geneigtheit und behüte Sie der Himmel ferner!

Ihr achtungsvoll ergebener   Julius Springer

Wie haben Sie dort den Gewaltstreich in Frankreich [20] aufgenommen? Er ist sittlich eine Schmach und politisch ein Unglück.

[Springer an Gotthelf am 13.2.52 (verloren)]
[Gotthelf an Springer am 15.2.52 (verloren)]

Springer an Gotthelf

Berlin, den 1. März 1852

Geehrter Herr,

[...]

Ihr langes Schweigen konnte ich mir allerdings schwer erklären. Ich schrieb es Ihren Beteiligungen an dem politischen Treiben Ihres Kantons [21] zu und habe wohl nicht so ganz Unrecht. Wenn nur Jeremias Gotthelf demselben ferne bliebe, – der Herr Pfarrer Bitzius hat schon Recht, seiner Partei zu helfen und sie zu schützen. Ich weiß aber, daß das nicht zu trennen und bedaure nur, daß Ihren schriftstellerischen Leistungen das Parteiwesen so anklebt! Sie verzeihen diese Bemerkung Ihrem Verleger, der seine Vorwürfe nicht an Sie – nur an Gotthelf richtet! Das Urteil der *Grenzboten* [22], das ich Ihnen sandte, wiederholt sich durch die ganze Journalistik und in den Kreisen Ihrer Freunde und Sie begreifen, daß mir das am Ende doch nahe gehen muß! Kämpfen Sie doch Ihre Parteiungen in Ihren Journalen dort aus. Ihre *Schriften* stehen wirklich zu hoch, als daß deren Wahrheit und

Seele vom politischen, immer blinden Leben berührt werden sollte! – Von dem aufgefundenen Briefe [23] von Ihnen war auch in unsern Zeitungen die Rede. Sie begreifen, daß die Sache da mehr als ein Faktum erzählt, denn dessen eigentlicher Zusammenhang mitgeteilt wurde. Dazu beurteilen wir die Schweizerischen und namentlich die Kantönli-Zustände, wie sie beurteilt werden müssen – nach einem sehr kleinen Maßstabe.

Verzeihen Sie diese ganze Abschweifung: – das böse «Zeitgeist und Bernergeist» ist an allem Schuld. Ich mache mit dem Buche wirklich ein schlechtes, recht schlechtes Geschäft und Sie können es nicht auffallend finden, daß ich den Ursachen dessen etwas hart zu Leibe gehe! Außer von Bern klagt man auch von Basel und Zürich über geringen Absatz; das Buch ist in seiner Herstellung mit das kostspieligste für mich und der Absatz entspricht dem gar nicht. Meine Erwartungen sind um so weniger befriedigt, als Sie früher immer sagten: das sei ein Buch wie wenige Ihrer Schriften, sei so eins wie der «Uli», – ich wünschte, es wäre es!

[...]

Ihre neue Schrift über den *Wucher* [24] nehme ich gerne, wenn Sie solche meinem Verlage anvertrauen, wünsche freilich, daß das Buch nicht zu lokal und namentlich nicht zu politisch wird.

[...]

Wegen neuer Auflage vom «Geldstag» kann ich auch vor der Messe Genaues nicht bestimmen. Ich komme hierbei auch auf die in meinem Briefe vom 27. Januar besprochene Fortsetzung von Geld und Geist [25] zurück. Daß Sie die Schluß-Seiten bei der neuen Auflage fortgelassen, will mir fast als ein Zeichen scheinen, daß Sie an eine Fortsetzung des so schönen Buches denken. Es wäre sehr hübsch von Ihnen – nur müssen Sie auch die nötige Seelenstimmung haben und keinen politischen Haß hineinbringen, keine Persönlichkeiten – nur Personen!

Zur gefäll. Gutschrift schließe ich Rth. 100,– hier in Quittung Gebr. Schickler bei – denn ich bin noch sehr in Ihrer Schuld!

Ich habe für dieses Jahr große geschäftliche Veränderungen vor und *hoffe*, daß es mir mählich gelingen wird, einen seit mehreren Jahren gehegten Plan – aus meinem *einen* Geschäfte deren *zwei* – eines für das Détail, das andere für den engros-Verkauf – zu machen, auszuführen. Für diesen Fall werde ich meine Schweizer Reise wohl aufgeben müssen. Meine Frau schicke ich ins Bad, sie hat sich wohl wieder ganz erholt, bedarf aber doch einer gründlichen Kur! Sie wissen ja, *wie* körperlich schwache Geschöpfe diese Frauen in den großen Städten sind – selbst die besten und hauslichsten nicht ausgenommen – zu denen ich offen meine Frau zähle.

[...]

Ich höre bald von Ihnen und bitte wert zu halten
Ihren ergebenen   Julius Springer

[Gotthelf an Springer am 11.3.52 (verloren)]

Springer an Gotthelf

Berlin, den 5. April 1852

Hochgeehrter Herr,

[...]

Ich schrieb Ihnen von großen geschäftlichen Veränderungen, die ich vorhabe. Ich beabsichtigte eine Trennung meines Details- und Engrosgeschäftes, wollte mir für letzteres ein kleines Grundstück kaufen, ersteres einem meiner Gehülfen, den ich seit Jahren bei mir habe, zur Verwaltung übergeben. Ich habe den Plan seit Jahren und hoffte endlich ihn auszuführen. Alles ist eingeleitet, der Vertrag mit meinem Gehülfen soll abgeschlossen werden: da überkommt diesen ein Blutsturzanfall, der ihn ganz niederwirft und damit für den Augenblick alle meine Pläne. Sie begreifen meine große Mißstimmung darüber, wenn schon ich die Kraft habe, mich in Gottes Fügungen zu finden, nachdem das erste Ungestüm meines etwas heißen Blutes vorüber ist. Der Mensch denkt und sinnt und macht seine Pläne und Vorbereitungen – und Gott lenkt, will's anders – und die menschlichen Zurüstungen zerfallen in nichts! Wahrscheinlich ists so besser, *jedenfalls* besser, daß der trübe Zwischenfall *vor* als *nach* Ins-Werk-Setzung des Planes kam, in welch letzterem Falle die Störung noch größer geworden!

Mit diesem Gehülfen ist mir, wenn auch noch *drei* außer ihm bei mir arbeiten, meine rechte Hand im Geschäfte genommen und ich bin daher, namentlich jetzt vor der Messe, mit vielen Arbeiten im Rückstande. So weiß ich auch noch nicht, ob ich Ihnen das Contocurrent bis morgen fertigen lassen kann, wo dieser Brief abgehen soll. Jedenfalls erhalten Sie es bald nach und außer den mitfolgenden 150 Talern per Schicklers bald auch eine gleiche Summe noch, so daß das alte Konto bald gänzlich getilgt sein dürfte.

Von der neuen Auflage von *Geld und Geist* [26] gingen an Sie vor einigen Tagen 24 Freiexemplare per Koerber ab, zugleich mit 4 Exemplaren der neuen Auflage vom «Knaben des Tell» [27], und schmeichle ich mir, daß namentlich die Ausstattung des ersteren Buches Ihres besonderen Beifalles sich zu erfreuen haben wird. Ich hoffe auch, daß ein von Ihnen also beabsichtiger zweiter Teil, eine Fortsetzung des schönen Buches, in nicht zu ferner Zeit folgen wird, wozu Sie freilich nicht in so gereizter Stimmung sein dürfen, wie solche namentlich sich auch in Ihrem letzten Briefe gegen mich ausspricht. Ich sollte dies vielleicht übersehen und übergehen, weil ich es darf, aber, damit Sie mir nicht wieder Vorwürfe des Ignorierens machen, will ich es nicht.

Also zuerst mein gescholtener Unglaube wegen Koerber [28]. Geehrter Herr, glauben Sie mir, ich beurteile die grellen Schattenseiten dieses eigentümlichen, vielleicht Mund an Mund unverdaulichen alten Mannes ganz richtig, aber ich verkenne auch die geschäftlichen großen Lichtseiten nicht, die ihn namentlich vor *allen* andern dortigen Buchhändlern was Reellité und Pünktlichkeit betrifft, auszeichnen, und ich wüßte dort keinen Geschäftsfreund, dem ich das Vertrauen wie der Firma Huber & Co. schenken könnte. Dazu glaube ich doch, daß Koerber in seinem Fanatismus sich für Ihre Schriften sehr interessiert und meine Ermunterungen dazu werden, wenn er es daran fehlen läßt, das Nötige nachhelfen. Vermögen Sie es, geehrter Herr, bei Koerber den *Menschen* vom Geschäftsmanne ganz zu trennen, so werden Sie unter den bestehenden Verhältnissen meinen engen geschäftlichen Beziehungen zu ihm nicht so sehr entgegen sein.

Was Ihr letzter werter Brief über meine letzten, die schweizerischen politischen Verhältnisse erwähnenden Bemerkungen sagt, ist zwar sehr bitter, trifft mich aber wirklich nicht. Ich bin alles eher als, wie Sie glauben, ein Clubb-Mensch. Ich handle so wenig, als ich nach der *Schablone beurteile*, und was bei Ihnen im Kanton Bern vorgeht, ist mir nur ein kleiner Beitrag zum Verständnis der Geschichte der Gegenwart. Aber – ich wiederhole es offen – noch lange kein Moment, der letztere *bestimmt*! Doch – ich verlasse lieber diesen Gegenstand und berühre nur noch den einen, der mich eigentlich in Ihrem letzten Briefe am meisten verletzt hat. Herr Studer [29] war und ist mir und meinem Hause sehr willkommen, aber ich hielt es für Pflicht, zu Ihnen, der Sie so freundlich waren ihn uns zu empfehlen, offen auszusprechen, daß wir ein großes Haus mit Saus und Braus nicht machen und Ihr Empfohlener bei uns vielleicht nicht das findet, was er erwartet. Wir haben einen kleinen Kreis von Freunden um uns, die uns und die wir besuchen, wie Lust und Neigung es fügt; wir baten Hr. Studer auch dies zu tun, haben ihn aber nur einmal, wo ich ihn direkt eingeladen, bei uns gesehen. Ich kann Ihnen auch nicht geschrieben haben, daß er mir langweilig vorgekommen, denn das ist nicht der Fall: ich fand ihn etwas kränkelnd und er selbst klagte mir deshalb. Wie Sie nun, geehrter Herr, in alledem eine Mißachtung Ihrer Rekommandation sehen können, weiß ich nicht, fühle mich aber verletzt, daß Sie mir etwas an den Kopf werfen, was ich nicht verschuldet und wozu der Grund vielleicht ganz wo anders liegt. Sie sind nun einmal mißtrauisch, sehr mißtrauisch – ich kann da aber nichts dafür noch dagegen!

[...]

Seien Sie mir, mein werter Herr Pfarrer, wegen meines heutigen Briefes nicht böse und beurteilen Sie solchen in nicht gereizter Stimmung.

Sie achtungsvoll grüßend

der Ihrige   Julius Springer

[Springer an Gotthelf am 21.4.52 (nicht abgedruckt)]

Springer an Gotthelf
             Berlin 20, Breitestraße, den 21. Mai 1852
Hochgeehrter Herr,
[...]
Ja, so eine Messe beutelt den Sortimentshändler aus, und da ich mit «Zeitgeist u. Bernergeist» ein *sehr, sehr* schlechtes Geschäft gemacht, sind auch meine Einnahmen recht klein ausgefallen! O! dieser «Zeitgeist und Bernergeist», was habe ich über dieses Buch nicht alles von den Buchhändlern hören, in den Journalen lesen müssen! – ich möchte weinen darüber. Nicht über meine verunglückte Spekulation – ich bin Geschäftsmann und weiß derlei zu tragen – sondern über die Folgen, welche dieses Buch unfehlbar für den Absatz der andern, mir so lieben Gotthelf'schen Schriften haben wird. Ich habe leider davon schon briefliche Beweise und das von Orten her, wo ich sonst gerade viel Publikum für Ihre Werke hatte. Das obige Buch ist eine wahre Fatalité für mich, dazu ist es das

kostspieligste. Sie dürfen es nicht tadeln und nicht übel deuten, wenn ich mich darüber offen zu Ihnen ausspreche. Der Gegenstand berührt Sie wie mich und ist am Ende von Bedeutung. In die hierbei folgende Besprechung aus dem Prutz'schen Museum [30], welche Zeitschrift Ihre Schriften stets hoch lobte, stimmt die öffentliche Meinung ganz ein, und haben sich andere Blätter bereits darauf bezogen. Dazu kommt, daß selbst konservative Journale der Schweiz, wie das St. Galler Tagblatt [31], auch über das Buch arg herfallen. Nur die Hengstenberg'sche Kirchenzeitung [32] und ihr Heinrich Leo [33] von Halle spricht sich anerkennend über das Werk aus – ein Lob, das in diesem Organe selbst Ihnen nicht sehr schmeichelhaft sein wird. Ich werde Ihnen die Besprechung mit den nächsten Korrekturbogen zusenden. Ich habe sie Hr. Studer geliehen, der mich darum bat.

Meine einzige Hoffnung ist, daß Ihre nächsten Schriften – namentlich auch das erwartete Buch über den «Wucher» sich von der unglücklichen Politik fern halten und den gefeierten Jeremias Gotthelf, den Verfasser von «Geld und Geist» in seiner staunenswerten Seelenmalerei darstellen und dem ihn sonst so verehrenden Publikum wiedergeben werden.

Verzeihen Sie diese Erflehungen – Ihrem Verleger.

[...]

Ich hoffe recht bald wieder einen Brief zu erhalten und grüße Sie, geehrter Herr, mit der Bitte, nicht und nie wieder böse zu sein

Ihrem achtungsvoll ergebenen   Julius Springer

[Springer an Gotthelf am 29.6.52 (nicht abgedruckt)]

Springer an Gotthelf

Berlin, 9. Juli 1852

Hochgeehrter Herr,

Seien Sie mir nicht zu böse, daß ich Ihnen erst umstehend Ihre Rechnung sende, nach der Ihr Guthaben doch nur noch sehr gering (162 Taler) ist und von mir hoffentlich bald auch ausgeglichen werden soll.

Sie haben mir noch nicht Ihre Porto-Auslagen für die Korrekturen von Zeitgeist und Bernergeist gemeldet. Ich werde Ihnen solche noch nachträglich gutbringen.

[...]

Ihr Konto 1852 bleibt dann aber doch sehr klein, wenn Sie mir nicht bald neues Manuskript senden. Die Wuchergeschichte darf ich wohl jedenfalls demnächst erwarten.

Wenn ich über das sehr ungünstige Resultat des Absatzes von «Zeitgeist und Bernergeist» viel klage, habe ich wahrlich hinreichenden Grund dazu. Das Buch ist sehr schlecht abgegangen, aber was die Hauptsache ist, es wird jetzt fast nirgends hin bestellt! Das ist mir noch mit keinem Ihrer Bücher passiert und macht mir große Sorgen. Glauben Sie auch nicht, daß der Vertrag mit Koerber, nach welchem in Bern nur seine Firma Exemplare von mir erhalten, dem Absatze nachteilig gewesen. Im Gegenteil: Hubers haben verhältnismäßig von dem Buche viel abgesetzt und gerade, weil sie ein spezielles Interesse daran hatten, sich mehr als gewöhnlich dafür bemüht! Sicher liegt weder daran noch an andern Momenten, als eben der *Inhalt* des Buches sie leider gibt, das trübe Resultat, das ich noch lange nicht verschmerzen kann.

[...]

Mit dem ergebensten Gruße und der höflichsten Empfehlung

der Ihrige   Julius Springer

[Gotthelf an Springer am 29.7.52 (verloren)]

Springer an Gotthelf

Berlin, den 24. August 1852

Hochgeehrter Herr,

Ihren Brief vom 29. v. M. empfing ich entfernt von Berlin. Ich hatte Mitte Juli Frau und Kinder nach Bad Wittekind [34] bei Halle gebracht, weilte selbst 14 Tage dort und habe nun diese Woche die Meinen wieder herbegleitet. Wir bewohnten im Bade ein einsam gelegenes Häuschen inmitten eines schönen Parkes mit erheiternder Aussicht nach dem Saalefluß. Für uns Berliner ist das schon ein hoher Genuß und eine besondere, sehr wohltuende Erholung, entfernt vom Getreibe der großen Stadt und des geschäftlichen Lebens einige Zeit in Ruhe und Beschaulichkeit hinzubringen. Mir war diese Erholung am Ende notwendiger als Frau und Kindern, denen das Baden selbst, das *ich nicht* gebrauchte, freilich besser angeschlagen als mir das Ruhe-Leben: ich bin etwas leidend, namentlich sehr leicht erregt. Ich habe die letzten Jahre zu anstrengend gearbeitet und die bösen Folgen zeigen sich jetzt! Ich denke, es wird vorübergehen, da ich mich doch mehr nun schonen werde! –

[...]

Ihre wenn auch geistreiche, doch nicht ganz zutreffende Auseinandersetzung, hochgeehrter Herr, weshalb in *meinen* Händen das vielbeklagte «Zeitgeist und Bernergeist» schlechten Abgang gefunden, darf ich so ganz ruhig doch nicht hinnehmen. Ich halte zwar auch daran fest, daß Überzeugungen nicht so leicht wie ein Handschuh umzukrempeln sind und werde auf die dargelegte Ihrige am wenigsten einen Angriff zu machen wagen. Einiges *Tatsächliche* darf ich aber Ihnen doch erwidern und dies namentlich dahin, daß *ich* die Besprechungen von Menzel [35] und Prof. Leo hervorgerufen, daß die Münchener politischen Blätter von Görres [36] wie überhaupt alle Organe der Presse, welche die in dem Buche verteidigte Richtung vertreten, *von mir* zu Besprechungen aufgefordert worden und ich in meiner Stellung als Verleger *nichts* vernachlässigt habe, dem Buche das erwünschte Relief zu geben. Sie irren auch sehr, wenn Sie mich Verleger *radikaler* Schriften glauben. Mein politisches Glaubensbekenntnis habe ich Ihnen weder noch sonst jemandem verschwiegen, aber es wäre närrisch von mir, nur Bücher von Autoren verlegen zu wollen, welche meine politischen Ansichten teilten. Es gab eine Zeit, wo dies *Mode* – aber auch weiter nichts war. Das Einzige, worauf ich als Verleger zu sehen habe ist, daß der *sittliche* Standpunkt der Autoren dem meinigen entspricht und hier werde ich mir nie etwas vergeben, weil ich mich dadurch erniedrigen würde!

Nein, geehrter Herr, Ihr «Zeitgeist u. BGst» mag in Ihren Augen eines Ihrer besten Bücher sein, ich selbst erkenne am besten das viele Schöne in ihm – aber der Absatz des Buches ist *sehr, sehr* hinter meinen Erwartungen zurückgeblieben, und ich kann nicht anders als den Grund davon in dem Buche selbst sehen! Ich muß jedenfalls mehrere Bücher von Ihnen wieder verlegen, um zu verdienen, was ich an dem genannten Buche zusetze!

[...]

Ich hoffe bald von Ihnen mit einem Briefe und dem Manuskripte zur Wuchergeschichte erfreut zu werden.

Mit bekannter Hochachtung

       der Ihrige Julius Springer

Ich schließe noch 50 Taler in Quittg. Gebr. Schickler bei, damit das neue Konto doch gleich etwas verkleinert wird.

[Gotthelf an Springer am 9.9.52 (verloren)]

Springer an Gotthelf
                    Berlin, den 11. October 1852
Hochgeehrter Herr,
Ich hoffte mit Ihrem s.w. Briefe vom 9. v.M. das Manuskript zu der Wuchergeschichte zu erhalten; leider melden Sie mir, daß es vor Neujahr nicht fertig wird. Da werden wir also für dieses Jahr wenig gebracht haben und Ihr Konto recht klein bleiben. Ich mache es durch die mitfolgenden Rth. 175.– (durch Schickler) noch kleiner, nachdem Ihnen bei Eintreffen dieses Hr. Koerber den Rest des alten Kontos mit 82 Talern 15 Silbergroschen gezahlt haben wird.

An sich bin ich wirklich nicht unglücklich, daß Sie in Ihrer gefeierten schriftstellerischen Tätigkeit etwas Pause machen, desto voller und erwärmender quillt es dann hervor, greifen Sie nach neuer Sammlung, Umsicht und Betrachtung wieder zur Feder! In Ihren Schriften ist alles so ganz das Leben selbst, daß ich mir wohl denken kann, wie Sie neues Leben bedürfen, um neu solches wiederzugeben!

Der in der Schweiz sehr regenreiche Sommer hat Ihnen zu erfrischender Wanderung wenig Gelegenheit gelassen. Alle Welt scheint's in der Schweiz dieses Jahr bös getroffen zu haben und ich tröste mich bei meinem heißen Wunsche, das mir teure Land nächstes Jahr zu besuchen, daß es dann lieblicher und erträglicher dort sein wird.

Sie wollen mich darauf hinweisen, *was* Sie seit 15 Jahren geschrieben – – ich weiß dies sehr wohl, ich überschlug es schon oft, wenn ich an eine *Gesamtausgabe* dachte. Ich glaube, sie würde jetzt schon umfangreicher als selbst Zschokkes erzählende Schriften [37]!
[...]
Die von Ihnen erwähnten Moritz Hartmann'schen Kiltabendgeschichten [38] habe ich noch nicht zu Gesichte bekommen. Sie sind von Jent noch *nicht* versandt! Ich las auch noch nicht die Avant-Rezension in der All-

gem. Zeitung, lasse sie mir aber kommen und behalte mir, nachdem ich das Buch selbst gelesen, eine verdeckte Polemik in den *Schweizer*-Blättern dagegen vor! Mor. Hartmann ist wohl auch der Verf. der Korrespondenzen im *Morgenblatte* «Aus der Westschweiz». Die Artikel gefallen mir wirklich nicht so übel und die letzteren «Die Berner Bundesversammlung» sind nicht ohne Geist geschrieben! Aber «Volksgeschichten» scheint mir *der* Mann nicht schreiben zu können. Ich bin auf die Kiltabendgeschichten begierig!

[...]

Mein ältester Knabe – über 6 Jahre – soll nun in die Schule. Das ist ein Abschnitt zugleich in meinem Leben, der die größeren Pflichten gegen das mir vom Himmel geschenkte Liebste aufs neue aufdeckt! – eine neue Lebensaufgabe!

Behalten Sie wert und gut Ihren
                achtungsvoll ergebenen Julius Springer

[Gotthelf an Springer am 28.10.52 (verloren)]

Springer an Gotthelf
                       Berlin, den 4. November 1852
Geehrter Herr,
[...]
Ich verspreche Ihnen aber, da ich nun weiß, daß Sie Ihre Honorare stets schnell wünschen und bedürfen, fortan sie Ihnen möglichst eher noch als stipuliert wird, zuzuführen, so schnell als es nur irgend geht. So bin ich auch bereit, ihnen auf das Manuskript zur Wuchergeschichte sofort nach *Empfang* des Manuskriptes 100 bis 150 Taler Ihrem Wunsche gemäß zu senden, und wenn es sein muß, auch noch selbst *vor* Empfang des Manuskriptes, und stelle den Betrag in letzterem Falle vom 1. Dezember ab zu Ihrer Verfügung, der ich bis dahin gewärtig sein darf. Ich bitte Sie übrigens, geehrter Herr, einmal

kurz einen Blick auf meine Kontos zu werfen und die Beträge zu summieren, die Sie von mir seit 4–5 Jahren empfingen. Ihre etwas verletzenden Worte in Ihrem jüngsten Briefe möchten von Ihnen dann wohl etwas gemildert werden! Rechnen Sie dazu, daß ich die Jent- und Langlois'schen Honorare mit übernommen, und ich dürfte noch gerechtfertigter erscheinen!

Doch verlassen wir diesen Gegenstand, der wirklich eine empfindliche Seite hat!

Sie denken ernster an eine Gesamt-Ausgabe! Die Sache ist von Bedeutung und es steht dabei viel auf dem Spiele. Ich habe die Angelegenheit viel im Sinne, erwäge sie wohl täglich, ohne bis jetzt zu einem definitiven Entschlusse kommen zu können. Will mir der Himmel wohl, so besuche ich Sie nächstes Jahr nun wirklich, und ich hoffe auch von einer ausführlichen, mündlichen Besprechung viel. Einige Momente in der Sache wollen Sie nicht verkennen. Die Gesamt-Ausgabe kann werden: Jerem. Gotthelfs *gesammelte*, oder *sämtliche* Schriften. Ich würde unbedingt für *erstere* sein, denn es sind doch viele Ihrer Sachen, die wir nicht in die Gesamtausgabe aufnehmen würden. Dann ist es ein eigen Ding, die sämtlichen Schriften eines Autors zu bringen, der fort und fort produktiv ist. Endlich schmälert die Gesamt-Ausgabe, abgesehen vom Verkaufe der zur Zeit schon erschienenen einzelnen Werke, besonders den Verkauf Ihrer *ferneren* Schriften, weil diese in der *Gesamtausgabe* jedenfalls *wohlfeiler* zu stehen kommen! Täuschen wir uns darüber nicht!

Was das *Äußere* der Gesamtausgabe betrifft, so schwebt mir so das der neuen Ausgabe der Zschokke'schen Schriften vor. Doch – das hat Zeit und selbst ehe wir Mund an Mund die Angelegenheit bereinigen, läutert eine reifliche Überlegung sie nach den verschiedensten Seiten, die dabei ins Auge zu fassen sind.

Von unserm Herrn Studer schreiben Sie gar nichts?

Sollte wider alles Erwarten Ihnen bei Empfang dieses das Geld aus Basel nicht zugegangen sein, so bitte ich, es gefäll. mir *sofort* zu melden, keinesfalls aber böse zu sein   Ihrem ergebenen   Julius Springer

[*Springer an Gotthelf am 11.11.52 (nicht abgedruckt)*]

[1] *Prutz & Wolfsohn'sches Museum:* Robert Prutz (1816–1872), Verfasser des Romans *Das Engelchen*, Literaturhistoriker, und Wilhelm Wolfsohn (1820–1865) gaben von 1851 bis 1866 die Wochenschrift «Das deutsche Museum» heraus.
[2] *Aufsatz von Gutzkow:* Karl Gutzkow (1811–1878) veröffentlichte im ersten Jahrgang des «Deutschen Museums» 1851 *Was sich der Buchladen erzählt. Ein Märchen im neuesten Geschmack.*
[3] *«Käserei»:* Besprechungen der *Käserei in der Vehfreude* a) in: «Deutsche Monatsschrift für Politik, Wissenschaft, Kunst und Leben», hg. von Adolph Kolatschek 1851, Bd. 2, S. 299ff. b) in: «Blätter für literarische Unterhaltung», 1851, Nr. 76 und 77, von Gottfried Keller.
[4] *Freiexemplare:* die Erzählung *Hans Jakob und Heiri oder die beiden Seidenweber* erschien 1852 bei Springer.
[5] *Hans Jacob:* Die gleichnamige Erzählung Gotthelfs, s. Anmerkung 4.
[6] *Beamtetenbuch: Zeitgeist und Berner Geist* erschien 1852 bei Springer.
[7] *Gut eines meiner Freunde:* vgl. Marie Springer in der *Lebensskizze* über das Jahr 1849: «Oft machte er in dieser Zeit auf der Rückkehr von der Messe einen Abstecher nach dem Gute seines Freundes Ditmar in Annaburg...» (S. 30); über das Jahr 1851: «Ich war mit den Kindern auf dem Gut des Freundes Ditmar zu Besuch...» (S. 38). Die Freunde Ditmar und Saunier begleiteten Springer 1854 in die Schweiz.
[8] *Im Frankfurter Konversationsblatt:* Dort erschien 1851 ein Auszug aus einem kurz vorher im «Morgenblatt für gebildete Leser» abgedruckten anonymen Bericht über einen Besuch in Gotthelfs Pfarrhaus. Der Verfasser war Alfred Hartmann (1814–1897), Schriftsteller in Solothurn, erster Feuilletonredaktor des «Bund». Vgl. Juker/Martorelli S 647.
[9] *G. Wigand, Ihre Erzählung «Die Erbbase»:* Georg Wigand (1808–1858), Buchhändler und Verleger, ließ durch Gustav Nieritz den «Deutschen Volkskalender» herausgeben, in den Gotthelf 1851 *Ein deutscher Flüchtling*, 1852 *Der Besenbinder*

von Rychiswyl und 1853 *Ich strafe die Bosheit der Väter an den Kindern bis ins dritte und vierte Geschlecht* lieferte. – *Die Erbbase* erschien 1849 in der «Neuen Illustrierten Zeitschrift für die Schweiz» und 1851 bei Wigand.

[10] *erster Gehülfe:* Marie Springer erwähnt in der *Lebensskizze* die Krankheit und den Tod des «ältesten Gehülfen Pergande», dessen Nachfolger wurde «Glaeser, der zuverlässige alte Bekannte» (S. 38 und 40).
[11] *Artikel im Morgenblatt:* s. Anmerkung 8.
[12] *der Sohn eines Buchhändlers:* Gotthelf, XIII:82.
[13] *Katz:* Gebrüder M. Katz, Buchdruckerei in Dessau.
[14] *Taillandiers Besprechung:* René Gaspard, genannt Saint-René, Taillandier (1817–1879), Literaturhistoriker und Schriftsteller; sein Aufsatz *Le romancier populaire de la Suisse allemande Jérémie Gotthelf et ses œuvres* erschien in: «Revue des deux Mondes» 21, 1851, S. 447–477.
[15] *Pröhle:* Heinrich Pröhle (1821–1895), Schriftsteller, Volkskundler, Literaturhistoriker; sein Aufsatz erschien ohne Titel in: «Deutsches Museum» I, 1851, Nr. 2, S. 537–540. Gotthelf stand mit Pröhle seit Februar 1851 in regem Briefwechsel.
[16] *Nationalratswahlen:* Der Nationalrat (das Parlament der Schweiz) wurde alle drei Jahre erneuert. 1848 hatte der Kanton Bern eine radikale Mehrheit entsandt. Bei den Wahlen zum Großen Rat (das Parlament des Kantons) von 1850 hatte die konservative Partei knapp gesiegt und wollte bei den Nationalratswahlen vom 26.10.51 ihre Mehrheit ausbauen. Die besser organisierten Radikalen zogen aber mit 15, die Konservativen nur mit 8 Berner Abgeordneten ins eidgenössische Parlament ein.
[17] *Stämpfli:* Jakob Stämpfli (1820–1879), Führer der radikalen Partei im Kanton Bern.
[18] *Ein Verbot Ihres neuen Buches [...] eine radikale Regierung:* Springer irrt sich; radikale Regierung 1846–50; konservative Regierung 1850–54; «Fusion» 1854. Gotthelf griff in *Zeitgeist und Berner Geist* nicht nur die Radikalen an, sondern beschuldigte auch die Konservativen der Lauheit und Untätigkeit.
[19] *G. Mayer-Leipzig:* s. Anmerkung 5,32.
[20] *Gewaltstreich in Frankreich:* Staatsstreich Louis Napoleons am 2.12.51, Auflösung der Nationalversammlung; durch Plebiszit wird Louis Napoleon für zehn Jahre zum Präsidenten gewählt, ein Jahr später (2.12.52) durch ein weiteres Plebiszit als Napoleon III. zum Kaiser der Franzosen.
[21] *politisches Treiben Ihres Kantons:* von der radikalen Partei lan-

ciertes Abberufungsverfahren gegen den Großen Rat, der eine knappe konservative Mehrheit hatte. Bei der Volksabstimmung am 18.4.52 stimmten 38421 für und 46132 Personen gegen die Abberufung.

[22] *Urteil der Grenzboten:* Besprechung von *Zeitgeist und Berner Geist* in den «Grenzboten» 1852, S. 275–280 (s. Anmerkung 7,21); s. Muret, S. 65 ff.

[23] *aufgefundenen Briefe:* der sogenannte ‹Kamelbrief›; der Skandal ist dargestellt bei Holl, S. 179ff.

[24] *Schrift über den Wucher:* Der Roman *Erlebnisse eines Schuldenbauers* erschien 1854 bei Springer.

[25] *Fortsetzung von Geld und Geist:* kam nicht zustande.

[26] *Geld und Geist:* Die 2. Auflage, mit Titelbild von Ludwig Richter, erschien 1852 bei Springer.

[27] *«Knabe des Tell»:* die 2. Auflage erschien 1852 bei Springer.

[28] *Koerber:* s. Anmerkung 7,1.

[29] *Herr Studer:* Carl Huldreich Studer (1825–1860), cand. theol. aus Bern, der sich zum Weiterstudium und zur ärztlichen Behandlung in Berlin aufhielt, wurde von Gotthelf an Springer empfohlen. Schrieb drei Briefe an Gotthelf (8:213 ff.;256 ff.; 282 ff.).

[30] *aus dem Prutz'schen Museum:* s. Anmerkung 1. Vgl. «Das deutsche Museum», 1852, Nr. 1, S. 703–705; dort wird *Zeitgeist und Berner Geist* als «Gallenerguß eines verdrießlichen Reaktionärs» bezeichnet.

[31] *St. Galler Tagblatt:* Tagblatt der Stadt St. Gallen: 19.4.1852, Beilage zu Nr. 91, S. 589 f.

[32] *Hengstenberg'sche Kirchenzeitung:* «Evangelische Kirchenzeitung», hg. von Ernst Wilhelm Hengstenberg (1802–1869), 1852, Nr. 29, Sp. 265–269. Vgl. Bauer, S. 179 ff.

[33] *Heinrich Leo:* (1799–1878), Geschichtsprofessor in Halle, konservativer Lutheraner; Leo hatte schon *Jakobs Wanderungen* besprochen.

[34] *Bad Wittekind:* Solbad bei Halle; vgl. Marie Springers *Lebensskizze*, S. 38.

[35] *Menzel:* Wolfgang Menzel (1798–1873) besprach *Zeitgeist und Berner Geist* im «Morgenblatt für gebildete Leser» 1852, Nr. 39, S. 168.

[36] *Görres:* Die «Historisch-politischen Blätter für das katholische Deutschland» wurden seit 1838 von Guido Görres (1805–1852), dem Sohn von Joseph Görres (1776–1848), zusammen mit G. Philips herausgegeben. Eine Besprechung ist nicht nachweisbar.

[37] *Zschokkes erzählende Schriften:* Von Heinrich Zschokke

(1771–1848) existierten 1852 *Gesammelte Schriften,* Aarau 1826 ff., in 40 Bänden; 2. Auflage 1851 ff., in 35 Bänden; *Ausgewählte belletristische Schriften,* Aarau 1826, in 14 Bänden.

[38] *Moritz Hartmann'schen Kiltabendgeschichten:* Springer meint den in Anmerkung 8 erwähnten Alfred Hartmann, der 1852 *Kiltabendgeschichten* mit 45 Illustrationen von Friedrich Walthard veröffentlichte. Gotthelf empfand das Werk als Plagiat.

9. Kapitel
«... WIR KOMMEN OHNE PERSÖNLICHES BESPRECHEN ALLER IN FRAGE KOMMENDEN MOMENTE NICHT ZU RANDE.»
BRIEFE 1853-1854

Während der Jahre gemeinsamer Arbeit bedient sich Springer in seinen Briefen der konventionellen Anrede- und Grußformeln «Sehr geehrter Herr» oder «Hochgeehrter Herr» und «achtungsvoll» oder «ergebenst». Sein Besuch in Lützelflüh vom 18. bis 22. 7. 54 stellte die Beziehung zwischen Autor und Verleger auf einen neuen Boden. Die wohltuende Wirkung dieser Tage ist nicht nur aus dem Bericht Springers an seine Frau (20. 7. 54), sondern auch aus jeder Zeile seines Dankesbriefes (22. 8. 54) zu entnehmen, in welchem er Gotthelf mit «Mein lieber, werter Herr Pfarrer» anredet und den er mit dem Satz schließt: «Lassen Sie bald von sich hören und erhalten Sie Ihre freundlichen Gesinnungen – Ihrem Freunde Julius Springer.» Es war der letzte Brief des Verlegers an den Dichter; Gotthelf starb am 22. Oktober 1854, drei Monate nach Springers Besuch.

Es ist auffällig, wie alle Gegensätze noch vorhanden sind und die beiden Briefe doch immer wieder von «Harmonie» sprechen. Nach dem Debakel mit *Zeitgeist und Berner Geist* wollte Springer «den alten Jeremias Gotthelf wieder zur Geltung» bringen, aber Gotthelf verhieß ihm ein Manuskript – dessen Fertigstellung ständig hinausgeschoben wurde – mit dem Titel *Hans Joggi und der Rechtsstaat*. ‹Rechtsstaat›, schreibt Springer, «das ist wieder so ein ‹Zeitgeist u. B. Geist›! Es wäre schrecklich!... Der ‹Rechtsstaat› muß wirklich aus dem Titel fort, mag dieser sonst werden wie er wolle.» Auch wenn daraus dann die *Erlebnisse eines Schuldenbauers*, Gotthelfs letzter Roman, wurde, scheinen die beiden Herren unbelehrbar geblieben zu sein.

Dann das alte Mißtrauen Gotthelfs! Er spricht den Verdacht aus, Springer habe den Vertrieb von *Zeitgeist und Berner Geist* absichtlich vernachlässigt, weil ihm der Inhalt zuwider sei. Der gegenseitige Vorwurf der «Parteilichkeit»! «Wie wenig kennen Sie Tun und Lassen eines Verlegers!» protestiert Springer. «Das ist der härteste Vorwurf, der einem Verleger gemacht werden kann und der ungerechteste, der gerade in bezug auf Ihre Schriften mir gemacht wird.» Zuerst meldet Springer den Rückgang des Absatzes von Gotthelfs Büchern auf dem Schweizer Markt, wobei noch nicht klar ist, wo die Ursachen liegen (20. 5. 53). Ein Jahr später (29. 5. 54), kurz bevor Springer seinen jahrelang hinausgeschobenen Besuch in Lützelflüh nun als gewiß ankündigt, kommt die Meldung: «Ich bin fast entmutigt. Es kann dies auch nicht an den allgemeinen Verhältnissen des Jahres 1853 liegen, in welchem sonst der Absatz allgemein nicht schlecht war. Das Ihren Schriften lange und früher stets anhangende Publikum scheint sich von denselben zurückzuziehen...» Gotthelf antwortet zwei Wochen später: «Ihr Brief, mein lieber Herr Springer war voll Hiobsposten bis an eine. Diese eine hob die Übrigen mehr als auf, die nämlich, daß Sie endlich unfehlbar kommen werden...»

Die Abwendung der Leser von Gotthelfs Schriften läßt sich mit der vermeintlichen Parteizugehörigkeit des Dichters oder mit Versäumnissen des Verlegers *nicht* erklären. Tempora mutantur! 1877, im Todesjahr Springers, erschien im Springer Verlag eine neue, wohlfeile Ausgabe der *Leiden und Freuden eines Schulmeisters* mit einem Essay von Gotthelfs Tochter Henriette Rüetschi-Bitzius über ihren Vater. «Mehr denn zwanzig Jahre sind seitdem über diesem Grabe dahingegangen», heißt es dort am Schluß, «unser engeres und weiteres Vaterland hat in dieser Zeit einen gewaltigen Umschwung erfahren; neue Verkehrsmittel bedingten neue Lebensgewohnheiten, neue Anschauungen. Unmerklich, aber unablässig formte das Volksleben sich nach der neuen Zeit, die andere Begriffe, andere Sitten mit sich brachte. – Bitzius starb an der Markscheide dieser neuen Entwicklungsperiode seines Vaterlandes» (Muschg, S. 70). Oder, um es mit einem anderen Dichter zu sagen, der dieselbe Wahrnehmung machte: In der Zwischenzeit «hat sich mit dem wirklichen Seldwyla eine solche Veränderung zugetragen, daß sich sein sonst durch Jahrhunderte gleich gebliebener Charakter in weniger als zehn Jahren geändert hat und sich ganz in sein Gegenteil zu verwandeln droht... Es ist insonderlich die überall verbreitete Spekulationssucht in bekannten und unbekannten Werten... das Eröffnen oder Absenden von Depeschen... sie lachen weniger als früher und finden fast keine Zeit mehr, auf Schwänke und Lustbarkeiten zu sinnen... Von der Politik sind sie beinahe ganz abgekommen... Aber eben durch alles das verändert sich das Wesen der Seldwyler; sie sehen, wie gesagt, schon aus wie andere Leute...» (Gottfried Keller im Vorwort zu *Seldwyla II*).

[Gotthelf an Springer am 29.11.52 (verloren)]

Springer an Gotthelf

Berlin, d. 7. December 1852

Hochgeehrter Herr,

Seit langer Zeit habe ich keinen so liebenswürdigen Brief von Ihnen erhalten als Ihr w. letztes Schreiben vom 29. v.M. Schrieben Sie denselben in rosiger, heiterer Stimmung und froher Laune, so versetzte er mich in eine gleiche, denn es gibt für einen Verleger nichts Wohltuenderes als die Zufriedenheit seines Autors! Und um mir diese gleich zu erhalten, und da der angebliche holde Schein des Mondes, dem Ihre Stimmung gleich sieht, doch eigentlich nur der blitzenden Goldes, und das sanfte Wellengeplätscher nichts ist als das Klimpern rollender

Kronentaler, komme ich, einen ganzen Monat früher, als zu erwarten Sie nur den Mut hatten, Ihrem Wunsche nach oder eben zuvor und schließe weitere Rthr. 50.– durch Schickler bei.

Sie sprechen ein sehr wahres Wort über den Unterschied zwischen dem Menschen mit voller und dem mit leerer Kasse, und vorzüglich gilt das dem Geschäftsmanne. *Sie* haben, was die Geldeingänge und Ausgänge betrifft, ein einfaches, geregeltes Leben, haben Ihre fixen Termine, können sich einrichten. Der Geschäftsmann ist allen Wechselfällen des Handels ausgesetzt, auf was er rechnet, vernichtet vielleicht die unglückliche Spekulation seines Schuldners! Beneidenswerter Sie und zufrieden Ihr Verleger, wenn auch Sie wissen, was eine leere Kasse bedeuten kann! –

Das Manuskript zur Wuchergeschichte [1] darf ich also bis Ende des Jahres erwarten. Der beabsichtigte Titel, den Ihre Frau Gemahlin sehr weise verworfen: «Hans Joggi und der *Rechtsstaat*» macht mich etwas ängstlich. «Rechtsstaat» – das ist wieder die unglückliche Politik, am Ende wieder so ein «Zeitgeist u. B. Geist»! Es wäre erschrecklich! Sehen Sie, ich hoffe noch immer auf die Frau Pfarrerin, ich habe von Ihrer Frau Gemahlin mir ein so ganz eigenes Bild gemacht und habe das vor mir seit Jahren – wo Sie mir einmal schrieben, daß Sie ihr alle Ihre Erzählungen erst vorlesen und ihre Kritik den Ausschlag gibt. Wenn ich Ihrer besseren Hälfte – Sie haben gegen die Benennung nichts, mögen Sie entscheiden, ob ich dieselbe aus Galanterie oder im Bewußtsein der Wahrheit gebrauche – nur einmal so mein Herz ausschütten, der hohen Frau alles vorlegen dürfte, was Ihre Freunde am häuslichen Herde und Ihre Freunde und Feinde in den kritischen Zeitungen über die Politik in Ihrer Schriftstellerei äußern, oh, es würde sicher von fürtrefflichen Folgen sein! Sehen Sie, geehrter Herr, auch nach dieser Seite hin, und wenn, wie Sie als gefeierter Wirt, auch die Frau Pfarrerin als hohe Wirtin mich in dem kommenden Sommer in Ihre viel gerühmte Häuslichkeit aufnehmen will, verspreche ich mir von meinem Besuche bei Ihnen ganz besonderen Erfolg, und wenn wir über die Gesamtausgabe verhandeln, ich werde darauf bestehen, daß Ihre w. Frau dabei ist, vielleicht den Schiedsmann abgibt, wo es zu Differenzen kommt! Doch – jetzt zunächst also zu der Wuchergeschichte. Der «Rechtsstaat» muß wirklich aus dem Titel fort, mag dieser sonst werden wie er wolle. – Sie verlangen als Honorar 25 Taler pro Druckbogen und nennen das «gnädig». Ich markte nicht, mache aber folgenden Vorschlag: Ich habe seither wohl *zu große* Auflagen mit Ihnen akkordiert. Das ist nicht Ihr, noch mein Vorteil: 3000 und 3500 Ex. ist viel zu viel. Da steckt eine Menge Kapital drein, das Buch veraltet, es gibt keine neue Auflage, kein neues Honorar etc., also: ich drucke nur 2000 Exemplare und Sie setzen das Honorar auf 3 Fried'chsdor = 17 Taler, meinetwegen 20 Taler pro Bogen. Ich glaube, Sie stimmen dem zu und ich erwarte Ihren gef. Bescheid und werde den Vertrag dann festsetzen.

[...]

Unlängst ist in den Leipziger Blättern für literarische Unterhaltung [2] eine sehr ausführliche, bittere Kritik von Zeitgeist und Berner Geist erschienen. Ich werde sie Ihnen senden. Sie muß von einem Schweizer sein. Lassen Sie sie ja Ihre Frau Gemahlin lesen!

Auch wir haben hier noch keinen Schnee gehabt, freilich auch keine Veilchen und Erdbeeren. Wir fürchten aber noch einen sehr bösen Winter zu bekommen, der lang freilich nicht werden wird.

Ich bin seit einigen Wochen etwas leidend. Ich laufe nicht genug und da steigt das heiße Blut nach oben! Wie sehne ich mich nach dem Sommer und den Bergen und tüchtigem Marschieren. Wenn Sie ein Freund vom Wandern sind: wer weiß, ob ich Sie nicht zu einer gehörigen

Fußtour in und über die Berge aufforderte! Ich muß mich einmal wieder so recht auslaufen und die Lungen mit reinerer Luft als der zwischen unsern Steinmassen füllen!

Meine Frau läßt sich schönstens empfehlen und bittet mit mir, Herrn Studer [3], der uns wohl einmal schreiben könnte, bestens zu grüßen.

Ich hoffe auf baldigen Brief und Manuskripte von Ihnen, und indem ich bitte, mich der Frau Pfarrerin gehorsamst zu empfehlen, bin ich mit bekannter Achtung und Ergebenheit

der Ihrige   Julius Springer

[Gotthelf an Springer am 14.1.53 (verloren)]

Springer an Gotthelf
Berlin, den 4. Februar 1853

Sehr geehrter Herr,

Als ich Ihren lieben Brief vom 14. v.M. zu Gesichte bekam, suchte ich vorweg auf der Adresse nach einem Pakete dabei, in welchem das Manuskript Ihrer neuen Erzählung enthalten, es war aber keines dabei, und Ihr werter Brief ist so recht eigentlich ein Vertröstungsbrief. Nun – ich bin nicht ungeduldig, noch weniger dränge ich. Durfte ich das Manuskript auch zu Neujahr erwarten, so ists noch kein Unglück, wenn ich es zwei Monate später bekomme, und damit Sie auch durch etwaiges Verlangen nach dem Honorar nicht zu schädlicher Eile gedrängt werden, lege ich hier gleich noch 50.– durch Schicklers bei, obschon Sie mir den Empfang der mit meinem Letzten gesandten 50.– noch gar nicht avisiert haben, worum ich ergebenst bitte. – Das vorgeführte Schema zu der neuen Erzählung verspricht Reizendes, indes fehlt Ihrem schönsten Stoffe fast nie die weniger schöne Lauge der Politik und der Parteischaft, die das Schönste zu verderben im Stande ist.

[...]

Ob die öffentlichen Kritiken gerade in unsern deutschen Journalen von Ihnen wirklich mit solcher Gleichgültigkeit hingenommen werden??!, ich bin keck genug, von dem Werte, den Sie auf manches öffentliche Lob legen, die Wirkungen öffentlichen Tadels auf Sie anders zu glauben, und Sie sind mir sicher nicht böse, daß ich das zu Ihnen offen ausspreche. Nun trifft aber gerade der Tadel oft den Nagel am besten auf den Kopf, und da Sie sicher sich selber so wahr und richtig beurteilen, wie an Ihnen Andere gegenüber dies aller Ihrer Sie hoch feiernder Bewunderung erregt [sic!], so darf ich Ihnen auch öffentliche tadelnde Besprechungen wohl mitteilen. Eine ganz neue von Gutzkow[4], in seinen «Unterhaltungen am häuslichen Herd» geht mit diesen Zeilen wieder an Sie ab, Sie muß Ihnen immerhin von Wert sein, wenn auch an einer Stelle Gutzkow durch dieselbe beweist, daß er die Glocken hat läuten hören, ohne zu wissen wo und weshalb.

[...]

Was Ihr gemeldeter Traum: sich selber hier in Berlin in neuen Hosen und schöner Weste gesehen zu haben, bedeutet, weiß ich nicht, da ich kein Traumbuch zur Hand habe. Vielleicht stichelten Sie auf meine neue Weste, wegen der mich die Frauen in unserem Familienkreise viel auslachen, weil sie ihnen so garstig scheint! Ich bringe sie, komme ich im Sommer zu Ihnen, mit: Sie mögen dann urteilen. Oder sollte Hose und Weste mich an das Honorar erinnern, welches Klopstock[5] für seinen Messias von seinem Verleger erhielt? Das bestand nämlich in diesen zwei dem Menschen so wichtigen Gegenständen, und der Verleger führte den großen Meister in dem neuen Anzuge die Stadt herum und brüstete sich allenthalben mit dem großen Honorar! Ja, das waren noch schöne Zeiten für den Buchhändler, und wenn Sie die Rückkehr früherer Zustände patriarchalischen Wohlseins und zierlicher Bescheidenheit anstreben – so denken Sie nur an Ihren Traum und Klopstocks Hosen!!

Ich muß am Schlusse noch auf eine Angelegenheit kommen, die uns beiden unangenehm sein wird, und die ich schon um deshalb bis zuletzt verschoben. Ich erhalte vor einigen Tagen das einliegende Circulair von einer Schabelitz'schen Buchhandlung [6] in Basel, in welchem dieselbe als bei ihr demnächst erscheinend ankündigt «Patrizierspiegel. Histor. Novelle von Jeremias Gotthelf jgr.» [7]. Das «jgr.» = junior oder «dem Jüngeren», steht in dem Circulair sehr klein, und ich weiß nicht, wie es auf dem Titel des Buches selbst zu stehen kommen wird. Im Circulair ist es jedenfalls so klein und abgekürzt beigefügt, um das buchhändlerische Publikum zu täuschen, und was ich von früher von der Schabelitz'schen Buchhandlung weiß, läßt mich annehmen, daß dieselbe auf dem Titel ihres «Patrizierspiegels» auch dem Publikum den Jerem. Gotthelf mit einem möglichst kleinen «jgr.» vorführen wird. Ich habe dem Schabelitz sofort geschrieben, daß ich für diesen Fall das Publikum auf die beabsichtigte Täuschung in den verschiedenen Zeitungen aufmerksam machen müßte. Ich muß aber jedenfalls wissen, daß Sie für diesen Fall damit einverstanden sind, und bitte um Ihre gefl. umgehende Antwort darauf. Das Circulair erbitte ich mit derselben zurück.

Ob Sie sich durch diese durch kein Gesetz zu behindernde, auf Betrug hinzielende Manipulation veranlaßt sehen werden, dem Jeremias Gotthelf fortan Ihren werten Namen beizufügen, gebe ich zu bedenken anheim, weil es jedenfalls der Erwägung wert ist.

Ich hoffe, sehr geehrter Herr, bald von Ihnen zu hören, auch das besprochene Manuskript zu erhalten und zeichne
        mit bekannter Hochachtung   Ihr Julius Springer

[Gotthelf an Springer am 9.2.53 (verloren)]

Springer an Gotthelf

Berlin, den 20. Mai 1853

Hochgeehrter Herr,

Ihr letzter Brief vom 9. Februar liegt nun länger als drei Monate unbeantwortet auf meinem Pulte. Wie er die damalige Verheißung des vielbesprochenen Manuskriptes war, so glaubte ich, seine Beantwortung auch verschieben zu dürfen bis ich Ihnen den Empfang des letzteren zugleich melden könnte – indes das Manuskript bis heute ausgeblieben ist, und so muß ich mein heutiges schon mit einer höflichen Erinnerung daran beginnen. Ich wiederhole indes, daß ich Sie deshalb nicht drängen will und daß Sie noch weniger durch den kleinen Honorar-Posten, den Sie voraus erhalten, sich zur Eile angetrieben sehen sollen. Nur ist es nötig, daß wir, sollen die beiden neuen Bücher [8] noch auf den diesjährigen Markt rechtzeitig gebracht werden, doch im nächsten Monat mit dem Drucke beginnen! Die Materialien zu dem 4. Bande der Erzählungen könnten Sie wohl jedenfalls mir bald zugehen lassen!

Da die Messe gerade beendigt ist, habe ich Veranlassung, Ihnen einige Mitteilungen über den zur Zeit zu übersehenden Absatz Ihrer Schriften im vorigen Jahre zu machen, weniger in der Absicht, Sie dadurch zu ermutigen oder einzuschüchtern, als in der, daraus heilsame Lehren zu ziehen. Ich bin nämlich – leider – mit dem Absatze aller Ihrer neueren Bücher sehr unzufrieden und habe die nicht angenehme Erfahrung gemacht, daß fürnemlich in der Schweiz durchgängig der Absatz ein bedeutend geringerer geworden. Ich will der Wahrheit gemäß hinzufügen, daß der Grund dessen vielleicht weniger an Ihren Büchern selbst liegt, denn der Buchhandel hat allgemein wahrgenommen und dies bereits in unsern Organen zur Diskussion gebracht, daß der Bücherbedarf in der Schweiz allgemein ein bedeutend kleinerer geworden. Die Ursachen dessen vermögen Sie sicher besser zu ergründen als wir hier, die Tatsache bleibt aber gerade für mich, dem bei Ihren neuen Büchern fürnemlich die Schweiz ein sicherer und in Betracht kommender Markt war, von wesentlicher Bedeutung und muß mich zunächst dahin bringen, durch kleinere Auflagen die Herstellungskosten Ihrer Bücher zu verringern. Ich muß Ihnen dies vortragen und bitte Sie, mich gütigst wissen zu lassen, wie Sie Ihre Honorarforderungen stellen, wenn ich die Auflagen der beiden in Aussicht stehenden neuen Bücher um 500 Exemplare verringere. Namentlich wünsche ich dies bei dem neuen und den folgenden Bänden der «Erzählungen und Bilder», da der Absatz des 3. Bandes im Verhältnis zu dem des 1. und 2. sehr bedeutend geringer ausgefallen ist.

Ich hoffe, daß Sie diese Bemerkung nach allen Seiten gerechtfertigt finden und meine Stellung dabei nicht verkennen werden. Auch nach andern Orten und Ländern, wohin ich einen ziemlichen Absatz Ihrer ersteren Bücher habe, wollen die neueren nicht gehen, und ich hoffe nur, daß vielleicht das neue Buch so recht wieder den alten Jeremias Gotthelf zur Geltung und seinen Schriften die erstrebte Verbreitung bringt.

Das Kapitel der «Gesamtausgabe» liegt dem obigen nahe, und Sie werden gleich hören, daß wir dasselbe doch zunächst schriftlich verhandeln müssen. Lachen Sie mich noch nicht aus, wenn ich Ihnen melde, daß auch dieses Jahr aus meiner Schweizer-Reise schwerlich etwas werden dürfte. Ich führe nämlich diesen Sommer den seit 2 Jahren projektierten Vorsatz einer wesentlichen Vergrößerung meines Geschäftes [9] aus, zu welchem Zwecke ich ein bedeutend geräumigeres Lokal in demselben Hause, in welchem ich seit Beginn meine Etablissements domiziliere, beziehe. Dies wird zum Juli geschehen, und Sie begreifen, daß derlei meine persönliche Anwesenheit erfordert. Eine solche Veränderung ist in ein – zwei Monaten nicht durchgeführt, und es dürfte der Herbst wohl herankommen, ehe alles wieder im richtigen Geleise ist. Entschuldigt bin ich also, sowohl bei mir als sicher auch bei Ihnen, wenn ich eine Reise unterlassen muß, auf die ich mich wahrhaft und aus mehr als einem geschäftlichen Grunde gefreut und die in meinem Leben, das seine schönsten und reinsten Jugendjahre in der mir so lieben Schweiz verbracht hat, ein mehr als vorübergehendes Moment bringen wird!

Ich komme also auf dem schriftlichen Wege auf die Gesamtausgabe zurück und möchte zunächst hören, ob Sie zu derselben nun definitiv entschlossen sind und es für angemessen halten, daß wir damit im nächsten Jahre beginnen. Für diesen Fall wollen Sie in Bedenken nehmen, ob wir in der Gesamtausgabe alles seither von Ihnen Veröffentlichte bringen. Als Format würde ich das der neuen Ausgabe von Zschokkes Schriften[10] vorschlagen, und sobald ich weiß, daß auch Sie damit einverstanden sind, Ihnen berechnen, wie der Bogen unseres Buches zu dem des Zschokke-Formates sich etwa verhält. Über die Höhe der Auflage vermag ich mich noch nicht auszusprechen. Es ist aber bei den Gesamtausgaben der Umstand zu beachten, daß der Preis sehr gering zu stellen ist und daß also, da nur bei einem größeren Absatze irgend ein Gewinn zu erzielen, die Auflage nicht klein sein kann.

Ich erwarte nach diesen Mitteilungen zunächst Ihre obige Punkte erledigende Antwort.

Ich habe seit meinem letzten Briefe in meinem Hause schwere Tage gehabt. Meine Kinder[11] lagen mir alle krank und besonders unser jüngster Bube, dessen Leben durch eine wiederkehrende Lungenentzündung gefährdet war. Es waren angstvolle Tage, und wir haben dem Himmel den demütigsten Dank zu sagen, daß Er uns das süße Kind erhalten hat! Der Junge springt nun wieder munter herum und macht der Mutter, die auch seit einigen Wochen leidend ist, wohl oft zu viel Lärm. Wir schmachten sehr nach dem erquickenden Sommer, der dies Jahr ganz ausbleiben zu wollen scheint. Unsere Sommervilla im

Thiergarten steht noch leer, und wenn die Kälte fortdauert, werden wir sie sobald noch nicht beziehen. Auch mir wird der Aufenthalt außerhalb der Steinmassen der großen Stadt wohl tun, da ich durch die anstrengende Tätigkeit der letzten Monate etwas angegriffen bin!

Bei Ihnen – ich hoffe es – ist alles wohl und frisch, und Sie genießen wohl schon aus vollen Zügen die wohltuende Sommerluft zwischen grünenden Bäumen und blühenden Früchten. Sie werden dieses Jahr wieder manchen Besuch in Ihrem gerühmten gastlichen Hause erhalten. Ich melde Ihnen heute gleich eine Dame an, sogar eine Schriftstellerin, ein Frl. von Hering [12], die unter dem Namen «Olga Eschenbach» als Jugendschriftstellerin nicht unvorteilhaft bekannt ist. Ich lernte sie hier in Begleitung ihres Breslauer Verlegers, Buchhändler Hirt [13], kennen, der zu den Verehrern Ihrer Schriften gehört und der sehr wünscht, daß die Dame Sie bei ihrer Reise durch die Schweiz besuche. Wie sie Ihnen gefallen wird, weiß ich freilich nicht: es ist mit alten, schriftstellernden Jungfern so eine eigene Sache. Indes ist die genannte kein «Blaustrumpf» und hat wirklich sich eine Natürlichkeit bewahrt, die anspricht. Ich gebe ihr noch einen besonderen Brief für Sie mit und werde wohl hören, was Sie, der gekannte Seelenforscher und Menschenkenner, in ihr gefunden.

Nun genug für heute und nur noch von meiner Frau die schönste Empfehlung!

Durch Dalps [14] haben Sie doch das Ihnen von mir überreichte Exemplar der Meyer-Merian'schen Erzählung [15] erhalten? Es interessiert mich sehr zu hören, wie sie Ihnen gefallen!

Ich hoffe bald von Ihnen Brief zu erhalten und grüße Sie mit bekannten Gesinnungen
der Ihrige   Julius Springer

[Gotthelf an Springer am 11.6.53 (verloren)]

Springer an Gotthelf

Berlin, den 29. Juli 1853

Hochgeehrter Herr,

Seien Sie mir nicht böse, daß ich Ihren Brief vom 11. v. M. erst heute beantworte. Ich habe in der Zeit den geschäftlichen Umzug bewerkstelligt, von dem ich Ihnen bereits mitgeteilt und mit dem eine Erweiterung aller meiner Geschäftszweige verbunden ist[9]. So ein Umzug einer Buchhandlung, sei es auch aus dem einen Magazin des Hauses in ein anderes in demselben Hause, ist, wie Sie denken können, mit unaussprechlichen Mühen und Weiterungen verbunden. Das laufende Geschäft darf dabei nicht ruhen, und zu dessen Fortgang darf auch die Ordnung in den Büchermassen nicht unterbrochen werden. Das machte die Arbeit so mühselig; jetzt ist das Notwendige aufgestellt, und wir fühlen uns in den weiten schönen Räumen sehr wohl, und es arbeitet sich, wo man Platz zu all den tausenderlei Dingen, die unser mühseliger Beruf erfordert, hat, besser und leichter. Ich habe fünf große Piecen, dabei ein Comtoir nur für mich, wo ich auch die Herren Autoren empfange und mich glücklich schätzen würde, auch Sie einmal neben meinem grünen Arbeitstisch zu sehen!

Dringend erinnere ich nun aber auch an das lang verheißene und sehnlichst erwartete Manuskript zu dem neuen Buche: «die Erlebnisse des Schuldenbauers». Wir müssen mit dem Drucke wirklich nun beginnen, wenn wir für dies Jahr damit fertig werden wollen. Es ist die höchste Zeit – ich darf also das Manuskript bald erwarten.

Ich komme nun zu dem Unternehmen der vielbesprochenen Gesamtausgabe Ihrer Werke. Das Format von Zschokkes Schriften[10] würde ich gerne sehen. Es ist das jetzt sehr beliebte sogenannte Schillerformat. Die Typen könnten wir etwas deutlicher nehmen.

Nach einer Zusammenstellung der Buchdruckerei gibt das sämtliche Erschienene Ihrer Werke in obigem

Formate etwa 500 kleine Bogen. Es käme dazu noch der 4. Band der Erzählungen und Ihr neues Buch, so daß es wohl 550 kleine = 275 Doppelbogen geben wird.

Die nächste Frage würde sein: welches Honorar verlangen Sie? Unter 3-4000 Exemplaren kann die Gesamtausgabe nicht gedruckt werden, da sie jedenfalls zu einem wohlfeilen Preise gegeben werden muß.

Der zweite Moment, der in Betracht käme, wäre, ob wir wirklich alles, was bisher von Ihnen erschienen, aufnehmen? Sie verzeihen, wenn ich mich dagegen ausspreche und gerne aus der Gesamt-Ausgabe fortgelassen wünsche: «Dr. Dorbach», «Zeitgeist und Bernergeist» und einige der ganz kleinen Erzählungen im 1. und 2. Bande der «Erzählungen aus dem Volksleben der Schweiz». Ich treffe hierbei auch Ihre Ansicht, die ich mir ergebenst erbitte. Eine weitere Frage wäre, ob Sie alles wie es seither erschienen wieder aufnehmen oder etwa umarbeiten oder doch bearbeiten wollen.

Lassen wir obige Sachen aus der Gesamtausgabe fort, so werden es also 500 kleine = 250 Doppelbogen werden und haben wir hieran einen ungefähren Anhalt.

Sobald ich Ihre gefäll. Erledigung der obigen Punkte kenne, vermag ich Ihnen zu sagen, ob und in welcher Weise ich auf den Verlag der Gesamtausgabe eingehen kann und werden wir den Vertrag dann abschließen.

Nehmen Sie auch gef. in Bedenken, in welcher Reihenfolge Sie die einzelnen Erzählungen erscheinen lassen mögen und ob wir vielleicht Abteilungen machen. Es werden im Ganzen wohl 10-12 Bände, etwas stärker wie die von Zschokkes Werken werden. So ziemlich durchdacht ist die Sache von mir. Es gehört zur Herstellung des Ganzen ein bedeutendes Kapital, und sobald ich also Ihre Ansicht namentlich über das Honorar kenne, kann ich das Ganze zum Abschluß bringen.

Sie haben hoffentlich jetzt Zeit und Muße zu Ihren weiteren Arbeiten und werden auch nicht durch zu vielen

Besuch gestört. Es ist wohl gut, daß ich diesen Sommer noch nicht Ihnen lästig falle. Sie werden genug Dérangement haben, wenn ich in Begleitung meiner Frau – erschrecken Sie nur – Einquartierung bei Ihnen halte.

Zur Zeit ist meine Gattin Wöchnerin. Sie hat mir unter Gottes Beistand vor 14 Tagen einen süßen Knaben geschenkt [16], einen prächtigen Jungen, der, kaum zur Welt gekommen, sich mit großen Augen im Zimmer umsah! Mutter und Bube sind wohl!

Fast hätte ich vergessen, Ihnen zu melden, daß die Käserei und Zeitgeist und Bernergeist, endlich auch Dr. Dorbach in Rußland verboten sind. Fragen Sie mich nach dem Grunde, so zucke ich mit den Achseln und werden das die russischen Buchhändler auch wohl tun. Das Verbot ist nicht ohne Einfluß auf den Absatz, der gerade nach den Ostseeprovinzen nicht ganz gering ist. Ob wir unter diesen Umständen nicht die «Käserei» auch aus der Gesamtausgabe fortlassen, gebe ich zu bedenken anheim.

Wenn Sie Geld brauchen, so schreiben Sie es. Die neue Einrichtung und Erweiterung meines Geschäftes hat mich zwar gegen 2000.– gekostet, ich komme aber gerne und nach Möglichkeit Ihren desfallsigen Wünschen nach.

Ich hoffe, recht bald Brief von Ihnen zu erhalten und besonders auch Manuskript zu den Erzählungen 4. Band und dem neuen Buche.

Mit bekannten Gesinnungen
               der Ihrige achtungsvoll   Julius Springer

[Gotthelf an Springer am 30.7.53 (verloren)]
[Gotthelf an Springer am 8.8.53 (verloren)]

Springer an Gotthelf

Berlin, den 22. August 1853

Hochgeehrter Herr,

Ihre beiden Briefe vom 30. vor. M. und 8. dies. M. habe ich erhalten und mit ersterem das sehnlichst erwartete Manuskript [17], das auch sofort nach Altenburg [18] gewandert, wo es schnell gedruckt wird und Ihnen bei Empfang dieses wohl schon Bogen 1 und 2 zur Korrektur zugegangen sein dürfte.

[...]

Nun zu der Gesamtausgabe. Die Sache beschäftigt mich viel, denn es ist ein Unternehmen, bei welchem ich ein ganzes Vermögen einsetze. Trotzdem fehlt es mir nicht an Mut zu der Sache, bei der aber sehr weit ausgeholt werden muß. So möchte ich vor allem einen recht schönen Prospectus haben. Ich meine, in welchem die Schriften dem Publikum in recht ansprechender Weise vorgeführt werden, ohne dabei in einen Marktschreierton zu fallen. Derlei zu machen ist schwer. Sie, geehrter Herr, würden es auch nicht können. Ich pflege derlei auch etwas hölzern zu Stande zu bringen. Es fragt sich, ob Sie unter Ihren Freunden jemand kennen, der zu derlei Talent und Geschick hat. Die buchhändlerische und geschäftliche Färbung will ich dem Dinge schon geben, den geistigen Überhauch wünschte ich nur von anderer, gewandterer und den Geist Ihrer Schrift vollständiger erfassender Hand.

Ich bitte Sie, dies in Überlegung zu nehmen! Es hat keine Eile damit, denn vor dem nächsten Jahre beginnen wir mit dem Unternehmen doch nicht.

Was das Honorar betrifft, so hätte ich allerdings es gerne gesehen, wenn Sie sich darüber wenigstens ungefähr zuerst ausgesprochen hätten, denn am Ende ist das auch Ihre Sache! Soll ich indes das erste Wort dabei sprechen, so möchte ich einen Vorschlag machen:

Wir setzen vorweg ein Gesamthonorar von 2000

Thaler – zwei Tausend Thaler – fest und bestimmen, daß nach einem Absatze von 1500 Exemplaren Sie noch 1000 Thaler und nach einem von 2000 Exemplaren abermals 1000 Thaler erhalten.

Ich möchte vor allem erst hören, wie Sie diese Proposition aufnehmen, und füge nur bei, daß nach obigem Satze mein Gewinn nach Absatz von 2000 Exemplaren etwa Ihrem darnach fälligen Honorar von 4000.– zusammen gleichkommen würde, was besonders günstig für mich nicht wäre.

Von Ihrem Badeorte «Gurnigel» [19] hatte ich bis dato noch nichts gehört. Ist jedenfalls ein obskurer Ort und könnte erst durch Ihren Besuch berühmt werden wie Putbus [20] durch die Preußische Majestät! Ich wünsche nur, daß die Kur Ihrer Gesundheit recht zuträglich sein möge. Ich hasse alle Bäder sofern ich sie gebrauchen und mich namentlich der dabei vorgeschriebenen Diät – die doch das Wesentlichste ist – unterwerfen soll! Es ist mir nichts fataler als wenn ich mir, was ich gerne esse und trinke, versagen soll, und ich gestehe, daß ich in dieser Hinsicht nicht Herr über mein Fleisch bin und hinreichend deshalb von meiner Gattin ausgescholten werde. Ich habe den seit einigen Jahren von meinem Arzte jeden Sommer gemachten Vorschlag des Besuches eines Bades entschieden verworfen und habe auch die Überzeugung, daß solches keine besonderen Folgen für mich haben möchte. Das Einzige wäre der Gebrauch eines Seebades, bei dem man schrankenlos und ohne sich zu mäßigen sein Dasein haben kann!

Hoffentlich sind Sie ein stärkerer Geist und fühlen sich in Ihrem kleinen Badeorte ganz à votre aise, essen magere Suppen, wenig Fleisch, trinken Wasser statt Wein etc. etc., und es schmeckt Ihnen dann, wenn Sie mit neuem kräftigem Körper heimgekehrt, desto besser!

Im September erhalten Sie Gelder von mir!

Ich hoffe recht bald und recht viel und recht Gutes

von Ihnen zu hören. Meine Frau läßt sich Ihnen höflichst empfehlen, es geht ihr wie Ihnen, sie glaubt an die Schweizerreise im nächsten Sommer nicht! Am 3. nächsten Monats – unserem 9. Hochzeitstage – haben wir Kindtaufe, so es der Himmel will!
Der Ihrige achtungsvoll   Julius Springer

[Gotthelf an Springer am 6.9.53 (verloren)]
[Gotthelf an Springer am 20.9.53 (verloren)]

Springer an Gotthelf
                    Berlin, den 15. Oktober 1853
   Sehr geehrter Herr,
   [...]
   Wenn ich nun noch an das verheißene Vorwort zum «Schuldenbauer» zu erinnern mir erlaube, so wäre soweit das wesentlich Geschäftliche unserer letzten Korrespondenz erledigt. Es kommt nun freilich das vielleicht Wichtigere, das sich, weil es noch so formlos, so unangefangen ist, in eine streng geschäftliche Korrespondenz gar nicht bringen läßt: ich meine unsere Gesamtausgabe!
   Sie teilen in Ihren letzten Briefen, geehrter Herr, über diesen für uns Beide wichtigen Gegenstand einige recht tüchtige Hiebe gegen mich aus. Ich will nicht leugnen, daß sie getroffen, wenn auch weniger mich als den Gegenstand. Meine Offerte in meinem Briefe vom 22. August war allerdings so ein hingeworfener Gedanke, ganz richtig wie Sie sagen: um das Gefecht nur einmal zu eröffnen. Aber der Gedanke war ohne Falsch und Hintergedanken Ihnen ausgesprochen – das versichere ich Sie. Der ganze Gegenstand ist aber wirklich der Art, daß ich, nachdem ich alle Punkte nochmals überdacht, die Überzeugung gewonnen, wir kommen ohne persönliches Besprechen aller in Frage kommenden Momente nicht zu Rande. Ich muß nächstes Jahr zu Ihnen, ein Muß, so eisern wie das, das mich jeden Morgen nach dem Ge-

schäfte gehen läßt, ich muß hin! Es wird nicht allein die persönliche Besprechung der ganzen Angelegenheit solche fördern – meine Anwesenheit bei Ihnen, eine Besprechung mit Ihren Berner literarischen Freunden und mein persönliches Eingreifen an Ort und Stelle wird so wesentlich alles beschleunigen, daß ich wirklich vorschlage: wir lassen die Angelegenheit bis zu meiner persönlichen Anwesenheit ruhen! Dazu kommt noch Eines, was für mich von Wert ist! Meine Absicht – oder Gedanke, wenn Sie wollen, war, die Gesamtausgabe in kleinen Lieferungen von 5–6 Bogen zu etwa 3 Batzen erscheinen zu lassen. Es ist Ihnen wohl bekannt, daß seit einem Jahre auf diese Weise Cottas [21] ihre deutschen Klassiker, Schiller, Goethe, Herder, Wieland, Lessing etc. etc. erscheinen lassen und einen enormen Absatz erzielt haben. Nun sind bald eine Anzahl Verleger der Schriftsteller zweiter Klasse wie Seume, Voß, und dann auch dritter und vierter wie Hauff etc. etc. und eine Menge anderer Unternehmungen der Cotta'schen Spekulation gefolgt und haben deren Klassikern die ihrigen anzuhängen versucht. Das Publikum beginnt das satt zu bekommen, und es wird unserem Unternehmen nicht schaden, erst aufzutreten, wenn die genannten Anhängsel vergessen und verschmerzt sind. Ich halte den Punkt für wohl wichtig.

Sie holen nun in Ihren letzten Briefen über das Unternehmen der Gesamtausgabe noch weiter hinaus und werfen mir da einige Vorwürfe an den Kopf, die ich nicht übergehen kann und sie verdienen würde, nähme ich sie ruhig an. Sie scheinen sich selber es eingeredet zu haben und es mir einreden zu wollen, ich hätte absichtlich den Vertrieb des unglücklichen «Zeitgeist und Bernergeist» um des Inhaltes des Buches wegen vernachlässigt! Wie wenig kennen Sie Tun und Lassen eines Verlegers! Ich habe es gerade bei diesem Buche, abgesehen von bezahlten Ankündigungen, an Verteilung von Freiexemplaren an literarische Institute und Persönlichkeiten nicht fehlen lassen.

Nun schießen Sie aber gar noch weiter und meinen, ich täte für Bekanntwerden und Vertrieb Ihrer Bücher überhaupt nicht genug! Das ist der härteste Vorwurf, der einem Verleger gemacht werden kann und der ungerechteste, der gerade in Bezug auf Ihre Schriften mir gemacht wird. Ich will es zu Ihnen aussprechen, ohne mich über die Gebühr zu loben: ich bin unter den hiesigen Buchhändlern als gerade der gekannt und vielfach um deshalb zu Rate gezogen, der es versteht, die von einem neuen Buche behufs dessen Bekanntwerden zu verteilenden Freiexemplare richtig zu plazieren. Ich führe darüber ein Geheimbuch, habe diesen Punkt mehr als wohl hunderte der großen Verleger sehr fest im Auge und versäume darin nichts, selbst auf die Gefahr hin, Dutzende von Exemplaren umsonst fort zu geben! Ebenso scheue ich öffentliche Ankündigungen nicht, und wenn Sie den Posten sehen würden, den ich jährlich für die Ihrer Schriften ausgebe – Sie würden staunen! So lasse ich von vorliegender Weihnachtsanzeige zur Verbreitung durch die ganze Welt achtzigtausend Stück drucken, lasse diese Anzeigen in alle meine Verlagsartikel einlegen und sie auf diese Weise in alle Schichten des Publikums gelangen!

[...]

Wie glauben Sie denn, geehrter Herr, wie man Bücher absetzt und bekannt macht! Wenn die bezahlte Ankündigung, die veranlaßte Besprechung nicht hilft, auch das Herumsenden des Buchhändlers nicht – – ja dann ist es eben aus – da liegts am Buche, nicht am Buchhändler!

Was haben Sie auch für eine wunderbare Idee von der russischen Zensur, daß Sie sagen – am Ende nur um mir so einen kleinen Hieb zu geben – das Ihre Schriften dort betroffen habende Verbot verschulde nicht der Inhalt sondern mein Verlag! Abgesehen, daß ich noch nie ein Buch gegen Rußland verlegt habe – übrigens es zu tun keinen Augenblick zögern würde – – abgesehen, daß außer den Ihnen genannten Büchern aus Ihrer Feder kein weiteres Buch meines Verlages in Rußland verboten ist – was halten Sie denn von der Kritik des Russischen Zensors! Der verbietet ein Buch gegen den Mord, weil darin vom Mord überhaupt die Rede ist, er verbietet die gegen den Radikalismus streitenden Bücher, weil in denselben der Radikalismus in seiner ganzen Gewalt gezeigt wird – gezeigt vom Autor mit der Absicht, gerade daraus seine Gefährlichkeit zu erweisen! Das ist russische Logik – und die soll ich Armer ausbaden. – – –

[...]

Durch mein Dazutun sind seit Jahren Ihre Schriften in Kreise gekommen, denen ein Ihnen wohl ganz unbekannter Dr. Koester [22] angehört. Der Mann und seine Frau – erste Königl. Sängerin hier – sind die ersten Enthusiasten der Gotthelf'schen Bücher. Dr. Koester ging schon lange mit dem Plane um, aus einer Ihrer Erzählungen den Stoff zum Texte zu einer Operette zu nehmen und hat das nun mit der Erzählung «Wie Joggeli eine Frau sucht» ausgeführt und Kapellmeister Taubert hat die Musik dazu komponiert. Die Oper ist vorigen Sonntag als «Joggeli» hier zum ersten Male aufgeführt, und Sie finden den Text hier beigeschlossen. Die Sache wird Ihnen von Interesse sein, wenn auch, wie wenigstens meine Frau meint, sie Ihren Beifall kaum haben wird. Wir haben natürlich der Vorstellung beigewohnt. Die Sache hatte gerade für uns ein besonderes Interesse, die Oper übrigens allgemein gefallen! Koester versteht Sie und hat wenigstens in dem Glunggenbauer und der Anne Mareili zwei Gotthelf'sche Figuren auf die Bühne gebracht. Der Darsteller des ersteren hatte aber von dem Kern seiner Rolle keinen Begriff, wogegen die Anne Mareili von der Frau Koester gegeben und wirklich getroffen wurde. Es war fast ein Vreneli, und dieser Name wurde von meiner Frau und mir nach dem zweiten Akte zu gleicher Zeit ausgerufen.

Wie ich höre, will ein anderer Schriftsteller aus

Ihrem «Advokat in der Falle» [23] den Stoff zu einem Lustspiel nehmen, ebenso Herr Keller [24], der Dichter, aus einer andern Erzählung von Ihnen den zu einem dramatischen Gedichte.

Es wird mich sehr interessieren zu hören, wie Sie das Alles aufnehmen! –

Es freut mich sehr, daß Ihnen der Aufenthalt im Bade Gurnigel so gut bekommen ist. Daß ich dies Schweizerbad nicht kannte, ist wohl verzeihlich. Ein hiesiger Arzt rühmte es sehr, besonders der gesunden Luft wegen, die dort weht. Sie werden nun bei Gesundheit auch Kraft und Lust zu neuen literarischen Arbeiten gewinnen, und ich höre vielleicht bald von dem verheißenen neuen Teile von «Geld und Geist» und «Pächter» [25]! Lassen Sie uns damit aber nicht bis in die zweite Hälfte des neuen Jahres warten!

In meinem Hause ist, Gott sei es Dank, Alles wohl. Unser Jüngster ist aus dem ersten dummen Vierteljahr, und seine älteren Geschwister werden für seine weitere Klugheit zunächst schon zu sorgen wissen! Meine Frau ist auch wohl und läßt sich Ihnen schönstens empfehlen.

[...]

Ich empfehle mich Ihnen, geehrter Herr, mit bekannter Achtung der Ihrige   Julius Springer

[Springer an Gotthelf am 22.10.53 (nicht abgedruckt)]
[Gotthelf an Springer am 26.10.53 (verloren)]

Springer an Gotthelf

Berlin, den 19. December 1853

Hochgeehrter Herr,

[...]

Ich komme hierbei gleich auf die von Ihnen pro 1854 gewünschten Gelder zu sprechen. Trotzdem Sie nicht inmitten der geschäftlichen Welt leben, werden Sie doch von der gegenwärtigen allgemeinen Geldklemme gehört haben. Es herrscht in der Geldwelt eine gedrückte Stimmung, zumal hier bei uns. Das Geld ist teurer als sonst, und die Verluste durch Falliten haben sich hier am Orte leider in jüngster Zeit wiederholt. Das Geld im Geschäfte dreht sich langsamer, und es ist nicht abzusehen, wann der Zustand sich bessern wird. Das nötigt den Geschäftsmann, seine Gelder etwas zusammen und zu Rate zu halten, und so wenig der Buchhandel direkt auch mit diesen Verhältnissen zusammenhängt, so influieren sie doch fühlbar auch ihn, und ich nehme keinen Anstand, Ihnen das unumwunden auszusprechen. Ich verspreche nicht gerne, was ich nicht mit Gewißheit zu halten in Aussicht habe, und so mag ich Ihnen für das kommende Jahr wirklich vierteljährlich nur 150.– verheißen, ganz gleich, ob Sie mir Manuskript senden oder nicht. Kann ich mehr vorschießen – so geschieht es gerne, nur rechnen Sie nicht auf mehr und seien mir nicht böse, daß ich Ihren Wunsch wegen der 250.– nicht vollständig erfülle!

Wegen der Gesamtausgabe also alles mündlich, so Gott es will! Der Himmel wird meinen so lange gehegten und gepflegten Vorsatz, meine liebe Schweiz wiederzusehen und Sie, geehrter Herr, persönlich kennen zu lernen, doch endlich in Erfüllung gehen lassen! Nur wollen wir vorher nicht wieder zuviel davon sprechen. Geht alles nach Wunsch, so schreibe ich Ihnen so im Sommer eines Tages: morgen reise ich ab und bin dann auf einem Umwege in kurzem bei Ihnen!

Ihre Exemplare vom «Schuldenbauer» werden Sie längst in Händen haben. Das Buch macht sich gut, und ich wünsche und hoffe, daß es besser abgehen wird, als das wie Blei liegende «Zeitgeist und Bernergeist».

[...]

Was Ihre Arbeiten für 1854 zunächst betrifft, so können wir mit dem Sammeln der Erzählungen zu dem 5. Bande der «Erzählungen und Bilder» wirklich bald beginnen und den Druck dann ruhig und allmählich beginnen und ohne Hast und Not fortgehen lassen. Ebenso darf ich in nächster Zeit wohl die schon erwähnte Fortsetzung von «Geld und Geist» erwarten, da das Buch eine solche doch erheischt. Festhalten wollen wir daran, daß, was an Manuskripten nicht bis Juli mit dem Druck begonnen hat, bis zu dem nächsten Jahre liegen bleiben muß, um den Ärger und die Quälerei wie beim «Schuldenbauer» nicht wiederholt zu sehen.

[...]

Das Jahr 1853 mit seinen Freuden und Sorgen geht zu Ende, noch steht uns in ihm die große Freude der Christbescherung der Kinder bevor. Sie wissen wohl, vielleicht an keinem Orte wird das Weihnachtsfest so allgemein, so hoch gefeiert als hier, und unsere Kinderchen sehen dem Aufbau mit Sehnsucht entgegen. Das waren stets, als mir selber noch der Baum angezündet wurde, meine schönsten Tage, und sie sind es jetzt nicht minder, wo ich selber den mir Liebsten auf der Welt die Bäumchen anzünde. Ich weiß nicht, ob ich mich nach dem heiligen Abend nicht ebenso sehne als die Kleinen.

Schließe Ihnen, geehrter Herr, der Himmel das alte Jahr in gleicher Freude und lasse Ihnen das Neue gleich freudig und glücklich werden. Das wünschen wir beide Ihrem Hause von ganzem Herzen!

Ich hoffe, bald von Ihnen zu hören und zeichne mit bekannten Gesinnungen
 der Ihrige   J. Springer

[Gotthelf an Springer am 30.12.53 (verloren)]

Springer an Gotthelf
 Berlin, den 9. Januar 1854
Sehr geehrter Herr,
[...]
In Deutschland scheint der «Schuldenbauer» nicht so recht zu gehen, besser in der Schweiz, für welche das Buch auch so eigentlich geschrieben ist und bestimmt sein dürfte!

[...]
Daß ich zum Juni ein neues Manuskript[26] erwarten kann, freut mich sehr zu hören. Wenn ich, was ich bestimmt hoffe und sehnlichst wünsche, dieses Jahr nun, so Gott es will, zu Ihnen komme, so wird das Ende Juli oder Juni sein. Gerne wünschte ich, daß der Druck Ihres neuen Buches vorher noch eingeleitet und begonnen werden könnte, um die widrige Hetzerei zu vermeiden. Ich hoffe, daß Ihre Gesundheit Sie weder bei der Arbeit noch sonst im Stich lassen möge, und wenn Sie durchaus wieder den Gurnigel besuchen müssen, dies nur geschieht, die gute Gesundheit noch besser zu machen! So einige Wochen die reine, frische Gurnigel-Luft – das wäre auch was für mich, und wenn mich der Himmel meine liebe Schweiz dies Jahr wiedersehen läßt, in den Tälern bleibe ich zu viel nicht!
[...]
Die Koester-Taubersche «Joggeli»-Oper hat sich leider auf dem Repertoire des Berliner Hoftheaters nicht halten können. Die Musik hat der Masse nicht gefallen, und da der Komponist viele Feinde hat, haben diese das Stück gestürzt. Für meine Frau und mich hatte dasselbe, wie Sie denken können, ein ganz spezielles Interesse, das bei dem großen Publikum natürlich fehlte. Ich weiß nicht, ob ichs Ihnen schon schrieb: Koester, der den Text zur Oper geschrieben, gehört mit seiner Frau, welche die Hauptrolle – die Anne Mareili – singt, zu Ihren ersten Verehrern und zu den nicht vielen, die Ihre Schriften ganz verstehen. So war denn auch die Anne Mareili, wie die Koester sie gab, eine wirklich Gotthelfische Figur, eigentlich das Vreneli im «Uli», und wir waren über diese Auffassung ganz entzückt! – Wie ich höre, soll die Oper auch an andern Orten zur Aufführung gekommen sein. Aus Ihrem «Notar in der Falle» will ein junger Schriftsteller[27] jetzt auch ein «Lustspiel» machen! Die Sache ist noch in der Mache.

[...]

Spotten Sie über den in Aussicht stehenden Krieg[28] nicht zu viel. Glaube ich für die ersten Jahre auch nicht ernst daran, so ist doch nie mit Bestimmtheit vorauszusagen, wann die doch einmal zur Entscheidung drängenden Fragen ausgekämpft werden werden. Ich glaube zwar eben, es wird dem Kampfe manch anderes vorangehen, aber bei der augenblicklichen Situation im Orient kann der Umstand, daß Frankreich und England einig bleiben, den Kontinent mit Gewalt in eine erschreckliche Katastrophe ziehen, die auf Deutschlands Gebiet ausgekämpft wird. Ich hoffe, daß wir vorher noch die vollständige Ausgabe von Jerem. Gotthelfs Schriften fertig bekommen – – und das gebe der Himmel!

Vergessen Sie also den 5. Band[29] der Erzählungen nicht, und sei ein guter Geist bei dem neuen Manuskripte Ihnen anwesend!

Mit bekannten Gesinnungen
       der Ihrige Julius Springer

Springer an Gotthelf
        Berlin, den 15. April 1854

Sehr geehrter Herr,
[...]

Der drohende Ausbruch des Krieges[28] und die ängstigende Ungewißheit, wie Preußen sich demselben gegenüber stellen wird oder besser: wie es gestellt werden wird, übt auf alle geschäftlichen Zustände den nachteiligsten Einfluß und hemmt jede Spekulation und den Unternehmungsgeist. Ich will nur wünschen, daß die vielleicht bevorstehenden Ereignisse meinen Reiseplan nicht umwerfen, da, ist der Krieg im eigenen Lande, ich den häuslichen Herd nicht verlassen kann noch mag. Dann muß auch die Gesamtausgabe aufgeschoben werden – aufgeschoben wäre dann vieles, das auf den ungetrübten Fortgang aller Zustände berechnet war.

Doch – lassen wir diese Beschäftigung mit einer Zukunft, die vielleicht dunkler scheint als sie wird, der wir doch aber wenn auch nicht kopf- und mutlos, doch mit einiger Vorsicht entgegensehen und -gehen müssen.

Am 13. Januar ist mein lieber, treuer Freund Simion [30] nach langem Leiden verstorben; ein harter, schmerzlicher Verlust für mich, dem in ihm, außer meinem Familienkreise, der liebste und treueste Freund, ein wahrer Freund genommen ist. Das Unternehmen der «Volksbibliothek», das ich mit Simion zusammen führte, wird nun in meinen alleinigen Besitz übergehen. Ich möchte bei diesem Anlasse Sie gebeten haben, wenn Sie einmal eine kleinere Volkserzählung von 9–10 Bogen schreiben, mir solche für die Volksbibliothek zu geben, in der ich gerne Besseres fortan wieder aufgenommen sehen würde.

Ich schließe, geehrter Herr, in der Hoffnung, daß diese Zeilen Sie wohlauf dort antreffen mögen und mit der Bitte, Ihre freundlichen Gesinnungen zu erhalten Ihrem ergebenen Julius Springer

[Gotthelf an Springer am 17.4.54 (verloren)]

Springer an Gotthelf

Berlin, den 29. Mai 1854

Hochgeehrter Herr,

Ihr wertes Schreiben vom 17. v. M. und mein Brief vom 15. desselben haben sich gekreuzt, und Sie werden mit letzterem Ihren Wunsch nach einigem Gelde wenigstens einigermaßen erfüllt erhalten haben. Ich würde meinem heutigen gerne wieder eine Geldsendung beifügen – die Zeiten sind aber in der Tat so schlecht, daß ich es nicht kann. Sie haben wohl dort auch von der schlechten Ostermesse gehört, von der ich seit 8 Tagen zurück bin. Die Geldverhältnisse in Österreich und Rußland sind der Art, daß die ersten Firmen dort kaum die Hälfte bezahlt haben und auf bessere Zeiten vertrösten. Dann verschweige ich Ihnen auch nicht, daß der Absatz Ihrer beiden im vorigen Jahre bei mir erschienenen Bücher sich bedeutend geringer gestellt als ich erwarten durfte. Der «Schuldenbauer» ist außer in Basel und Bern selbst in den Schweizer Städten wenig gekauft worden. Der 4. Band der «Erzählungen» selbst dort nur in geringer Anzahl. Ich bin fast entmutigt. Es kann dies auch nicht an den allgemeinen Verhältnissen des Jahres 1853 liegen, in welchem sonst der Absatz allgemein nicht schlecht war. Das Ihren Schriften lange und früher stets anhangende Publikum scheint sich von denselben zurückzuziehen, und ich bin fast entschlossen, den 5. Band der «Erzählungen» gar nicht dies Jahr zu bringen oder wenigstens in einer möglichst kleinen Auflage, vielleicht nur 1000 Exemplare, um Honorar und Herstellungskosten zu sparen.

Wir können diese und manche andere Angelegenheit mündlich am besten besprechen. Meine Absicht, Sie und die mir liebe Schweiz dies Jahr zu besuchen, steht fest. Kommt nichts Besonderes dazwischen – wofür ich aber nicht stehen kann – so fahre ich eines schönen Morgens Anfang Juli bei Ihnen vor und hoffe dann auf einige Tage ein Obdach und die liebenswürdige Aufnahme zu finden, durch welche Ihr Haus einen Ruf erhalten. Ich denke, bestimmter anzumelden brauche ich mich nicht. Ich habe eine gewisse Scheu, viel von der Reise zu sprechen, fürchtend, daß dann aus derselben abermals nichts wird. Umstände und Mühen darf mein Besuch Ihnen und Ihrem werten Hause nicht machen. Bin ich aus dem geschäftlichen Leben heraus, fort aus dem der alltäglichen, pflegenden Häuslichkeit, so werde ich hoffentlich der vielen Bequemlichkeiten und Verwöhnungen entbehren können und hoffe dann selbst die mir jetzt so wohltuende Nachmittagsruhe und ein kleines halbstündiges Schläfchen nicht nötig zu haben. Also – komme ich, so nehmen Sie mich auf. Ein recht hartes Bett – ich bin daran von den

Kinderjahren gewohnt – haben Sie, und so werde ich Ihnen, darauf rechne ich, Mühen und Störungen nicht verursachen. Sorgen Sie auch nicht für die im vorigen Jahre verheißenen Leckerbissen – ich verschweige Ihnen zwar nicht, ich esse für Zweie, aber am liebsten ein gutes Stück Fleisch und entbehre die feinen Leckereien gerne.

Eines nur noch vorher, und das bezieht sich auf Geschäftliches. Wir werden – besuche ich Sie – die Gesamtausgabe doch jedenfalls besprechen, wenn mit derselben auch erst in späterer Zeit sollte begonnen werden können. Ich möchte wissen, ob Sie dort im Besitze eines Exemplares aller Ihrer Werke sind oder ob ich Einzelnes etwa mitzubringen hätte. Das zweite wäre, daß Sie sich allgemein vorher äußerten, ob und welcher von den Drucken der hier mitfolgenden Bogen Ihnen für eine Gesamtausgabe zusagen würde, damit ich meine Herstellungskosten vorher näher überschlagen kann. Dies letztere wünschte ich recht bald zu wissen und alles andere also dann, so es der Himmel will, mündlich.

[...]

Über die politischen Verhältnisse der Gegenwart läßt sich besser plaudern als schreiben. Wir sehen hier kein Ende dieses Krieges [28], der Rußland zwar sehr wehe tut und ihm seine besten Provinzen ruiniert, aber doch nicht vernichten kann. Zuletzt wird die Diplomatie doch vermitteln.

Ich hoffe, in Bälde von Ihnen zu hören und grüße Sie indes mit bekannten Gesinnungen

der Ihrige achtungsvoll   Julius Springer

Gotthelf an Springer
Lützelflüh, den 12. Juni 1854

[...]

Ihr Brief, mein lieber Herr Springer, war voll Hiobsposten bis an eine. Diese eine hob die Übrigen mehr als auf, die nämlich, daß Sie endlich unfehlbar kommen werden und zwar anfangs Juli. Nun, das ist schön und hoffentlich so sicher als schön, und hoffentlich macht das fechtende Karlchen [31] keinen Strich durch die Rechnung, denn mit dem Fechten scheint es ihm nicht so Ernst zu sein. Im Schiffe-Stehlen, da sind sie Helden, diese miserabeln Engeländer. Am Fechten scheint überhaupt niemand große Lust zu haben, der Handel soll wahrscheinlich vertröhlt werden auf Kosten der dummen Türken und auslaufen in einen jämmerlichen Schacher, nachdem die Dummheit einiger Fürsten die Notzeit ihrer Völker durch tolle Verschwendung fast bis ins Unerträgliche gesteigert. In Berlin, so weit von der Ostsee, sind Weib und Kinder sicher, obgleich nach den Prahlereien der Engeländer man hätte glauben sollen, ihre Geschosse reichten von Kronstadt bis Moskau und schössen über alle Pommern weg. Sie haben auch den Zeitpunkt Ihres Eintreffens mir sehr recht lieb gewählt, nur bemerken muß ich, daß, wenn Sie unerwartet kommen würden, Sie mich bis den 6. Juli nicht zu Hause fänden, da ich als Mitglied der Kantonssynode in Bern sein würde. Weiß ich es aber, so ist kürzen oder schwänzen nicht verboten. Später wartet mir vielleicht eine Kur irgend einer Art, in Cannstadt [32] vielleicht. Wenn ich nur wüßte, wo sich eine auf Pump machen ließe, so hätte sicherlich dieser Ort den Vorzug.

Nun, die Zeiten werden sich auch bessern; wenn die Ernte gut wird und der Krieg zu Ende geht, so werden die Leipziger Messen auch wieder besser, und wenn dann ein neues Reich entsteht, wo noch gar keine Bücher sind und wo doch wegen der Zivilisation sein müssen, wie das ziehen wird und gurgeln im leeren Schlunde, bis derselbe nur anständig sich voll gesogen! Die Druckproben gefallen mir nicht übel, ich weiß wirklich nicht, welche besser, doch soviel ich mich erinnere, gefiel mir die frühere von Zschokke ebenso gut. Doch das wird Ihre Sache bleiben, die Hauptsache ist, daß Sie recht gut, d.h. coulant rechnen und recht angenehme Aussichten eröffnen, dann soll Ihnen Ihr Nachmittagsschläfchen unverkümmert bleiben. Indessen werden Sie es auch ein oder zwei Mal entbehren müssen, denn ich rechne auf Exkursionen, welche den ganzen Tag füllen und nur kurze Zeit zur Ruhe gewähren werden. Laut hundertjährigem Kalender, der bisher auf sehr auffallende Weise wahr gesprochen, treffen Sie schönes, aber heißes Wetter, was so ein Berlinerkind zusammennehmen wird. Nun, im Laufen bin ich keine Hexe mehr, ich lasse Ihnen gerne die Krone, vor 25 Jahren wäre es anders gewesen. Es ist nur schade, daß Ihre werte Frau Sie nicht begleitet und Ihr wertes Herr Söhnchen. Die Reise wäre für Sie angenehmer, und wir hätten die Freude, die Bekanntschaft zu ergänzen und vollständig zu machen, die uns schon lange lieb geworden. Was Körber [33] wohl für ein Gesicht machen und wie er brüllen wird, wenn Sie vor sein Angesicht kommen werden! Oder wollen Sie es machen wie Brockhaus [34], der allenthalben war, aber sich nirgends zu erkennen gab? Seit Körber mir einmal die Bezahlung einer Ihrer Anweisungen so unanständig abgeschlagen hat, bin ich nicht mehr bei ihm gewesen.

Wir haben hier eine wichtige Geschichte durchgemacht. Sie werden lachen und sagen, es sei ein Sturm in einem Glas Wasser gewesen. Nun, jeder nimmt sowas, wie es ihm vorkommt, nach seinem Maßstabe, nennt auf kleiner See Sturm, was auf dem Meere kaum eine anständige Brise genannt werden darf. Das Resultat unseres Wahlkampfes war eine beinahe Gleichstellung der Parteien, jedoch war das Mehr auf unserer Seite und zwar bedeutender, als man es sich eigentlich noch dachte. Da wurde eine sehr merkwürdige Fusion [35] gemacht. Es waren namentlich im radikalen Lager eine Menge Landleute des Extrems satt und froh, Gelegenheit zu finden, ihre Parteistellung mit Ehren zu verlassen. Fast 200 von 226 taten sich zusammen, wählten einen konservativen Präsidenten, wählten 5 konservative Regierungsräte, wobei unsere Führer [36], Blösch, Fischer, Fueter, Dähler, und 4 Radikale, wobei nur Stämpfli zieht, und die sollen jetzt fuhrwerken mit uns. Weiß Gott, wie das geht! In Beziehung auf die Kräfte sind wir entschieden im Vorteil, und die Fusion hat für uns den Sieg entschieden auf Jahre hinaus [37], aber was vermögen ehrliche Kräfte gegen den Jesuitismus [38], dem alle Mittel recht sind? Die äußersten Spitzen werden rechts einige Patrizier, links einige Advokaten bilden. Einstweilen sind sie auffallend schwach, aber sie werden sich rasch verstärken durch die Unzufriedenen, welche sich bei den nächsten Wahlen [überlegen] glauben, und wie dann die radikalen Regenten sich stellen, weiß der Teufel. Ich traue nicht, was ehrliche Talente gegen Perfidie vermögen, ist hinlänglich bekannt.

A propos, des Professor Steiners [39] war letzthin in den Zeitungen sehr pompös gedacht, hier ist er soviel als verschollen. Ich dachte mir ihn ausgelebt, vom alten Ruhm zehrend, nun klang es, als hätte er einen neuen Aufschwung genommen und strahle in blendenderem Feuer als je. Wissen Sie was von ihm? Doch geben Sie sich keine besondere Mühe etwas von ihm zu erfahren, es ist mir ebenso lieb, nichts von ihm zu wissen als zu viel.

Nun leben Sie wohl, mein lieber Herr, in einigen Wochen also! Bestens empfehle ich mich Ihrer Frau. Wäre ich sie, ich liefe Ihnen nach, doch nicht barfuß.

Ergebenst Alb. Bitzius

Springer an Gotthelf

Sehr geehrter Herr,
Ihren lieben Brief vom 12. dies muß ich sogleich beantworten.

Sie haben mir freundliche Dinge geschrieben und mir eine so liebevolle Aufnahme in Ihrem gastlichen

Hause zugesagt, daß ich in der Tat mit dem Geschicke zürnen würde, wenn aus der Reise abermals nichts würde. Ich treffe sozusagen gar keine Vorbereitungen zu der Reise. Ich will im Hause und Geschäfte drei, vier Tage ehe ich fort will, es erst als definitiv aussprechen und dann rüsten und Pläne und Vorhaben gar nicht eher als feststehend behandeln. Sie sehen, ich spiele mit dem Schicksal Versteckens, tue so als reiste ich gar nicht und bin dann – N. B. wenn ich sehe, daß das allwaltende Schicksal es zuläßt – mit einem Schlage im Eisenbahnwagen.

Vor dem 15.–20. Juli bin ich schwerlich bei Ihnen. Mein Besuch in Zürich, wo ich länger als 2 Jahre, die schönsten meiner ersten Jugend, weilte, muß vorher geschehen, und dann denke ich so an eine Tour durch die Glarner und Appenzeller Berge!

Werter Herr, ich war – freilich im 20sten Jahre – ein fürtrefflicher Fußgänger. 8–9 Stunden marschieren war mir nicht zuviel, kein Weg zu steil und schwierig. Sind meine Beine und Sehnen in den 17 Jahren nicht zu steif geworden, so werde ich mich so recht einmal wieder auslaufen. Sie deuten auf Exkursionen, die Sie vorhaben. Das ist so mein Geschmack, und an solchen Tagen schlafe ich ein halbes Stündchen ebenso gerne im weichen Grase als jetzt im bequemen Lehnstuhl.

Ich freue mich unendlich auf den Besuch bei Ihnen und mag gar nicht denken, daß vielleicht doch nichts daraus wird.

[...]

Damit der Brief nun nicht so ganz leer an Sie abgeht, lege ich von Schicklers Rth. 30.– und in einem Wechsel auf Fischer in Bern 20.– bei [40], welch letztere der edle Berner am 15. Juli Ihnen zahlen soll.

Wenn ich nach dort komme, melde ich vorher Ihnen von Zürich aus meine Ankunft, damit ich Sie wenigstens sicher zu Hause antreffe.

Wegen eines Exemplars Ihrer Schriften, die wir zu

der Besprechung der Gesamtausgabe nötig haben, antworten Sie mir also ja umgehend.
Ihrer werten Frau Gemahlin meine höflichste Empfehlung und Ihnen, geehrter Herr, den besten Gruß
von Ihrem ergebenen
Berlin, den 17. Juni 1854 Julius Springer

Julius an Marie Springer [41]

Pfarrhaus zu Lützelflühe, den 20. Juli 1854
Mein liebes, süßes Mariechen,
die Datumszeichnung dieses Briefes zeigt Dir, daß ich ihn im Hause des gefeierten Jeremias Gotthelf schreibe, in dem ich seit vorgestern, mit mehr als gewöhnlicher Gastfreundschaft aufgenommen, weile. Ich sah, Du weißt es, meinem persönlichen Begegnen mit Bitzius mit einem gewissen Bangen entgegen: Ich war nicht sicher, wie weit der leibliche Bitzius dem idealen Gotthelf gleichen möchte. Ich war noch weniger sicher, ob meine Persönlichkeit Auge gegen Auge jene Harmonie nicht stören dürfte, die mein geschäftliches Verhältnis zu Bitzius seit zehn Jahren ein beiden Teilen so zusagendes werden ließ.

Ich hatte mir in Bern ein kleines Wägeli genommen, nach dem drei Stunden entfernten Lützelflühe zu fahren: Als wir gen letzteren Ort kamen, der versteckt im schönen Emmentale liegt, ein aus zerstreut und ohne Zusammenhang daliegenden Häusern bestehendes Dörfchen, stieg ich aus und suchte nach dem Bildchen [42], welches wir von Bitzius Wohnung besitzen, das Pfarrhaus zu erspähen, was mir aber, da die Hauptseite des Hauses gen der Kirche liegt, doch erst nach einer Anfrage gelang. Es beklemmte mir etwas die Brust, als ich in das Haus trat und die mir entgegenkommende Magd nach dem Herrn Pfarrer fragte. Bitzius war nicht zu Hause: Er hatte, um mir ungestört angehören zu können, einen anderen Besuch auf gute Manier wegbegleitet und wollte erst nach einigen Stunden wieder heim sein. Die Frau Pfarrerin empfing mich nun, der sich bald die zwei erwachsenen Bitzius'schen Töchter [43] und eine ältere Schwester [44] des Pfarrers zugesellte. Man empfing mich mit einer feinen Freundlichkeit, die mir zeigte, daß man mich gern erwartet hatte. Die einfache Art und Weise, mit der man mich aufnahm, sprach für die Wahrheit dessen, was man mir dabei sagte und zeigte, und es bedurfte weniger Stunden nur, daß ich mich in den Verhältnissen des Lebens im Pfarrhause orientiert und mit ein Glied des Lebens geworden war.

Nach Einnehmen einiger Erfrischungen machten wir eine kleine Promenade nach einer nahe gelegenen Anhöhe, von der das ganze schöne Tal, in welchem Lützelflühe gelegen, zu übersehen ist. Bei unserer Rückkehr traf eben der Herr Pfarrer, sein Wägelchen allein kutschierend, ein. Als mein Auge zuerst auf seine Person fiel – ich kann nicht sagen, daß das sich mir zeigende Bild seiner Persönlichkeit ein angenehmes war. Bitzius leitete sein Pferd, ich begrüßte ihn, der noch im Wagen saß, aber ich merkte bald, daß es ihm schwer wurde, im Wagen sitzend und noch etwas entfernt von mir, meine Begrüßung zu erwidern. Ich verstand dies nicht gleich, und so hatte der erste Moment, wo ich mit der mir sonst so werten Persönlichkeit nun nach Jahren zusammentraf, etwas Störendes. Als der Pfarrer aus dem Wagen gestiegen und sein blitzendes, geistreiches, dabei sanftes Auge auf das meine traf, er mich in seine Arme schloß und eine ebenso herzliche wie doch auch würdevolle, ich möchte sagen: stolze Begrüßung erfolgte, fühlte ich und auch Bitzius, daß wir uns verstehen. Wir waren uns in wenigen Minuten nähergerückt, meine kurze Besprechung in seiner stillen Gartenlaube, seinem Lieblingsaufenthalte, genügte, unserer persönlichen Begegnung das Colorit zu geben, das ich erstrebte und das ich für den Fortbestand meiner

Beziehungen zu Jeremias Gotthelf für wünschenswert erachtet.

Das Portrait [45], welches wir von Bitzius besitzen, ist allgemein ähnlich, aber auch wieder gar nicht ähnlich: Bitzius ist von kleiner, untersetzter Gestalt; *sehr* störend für den ersten Moment ist sein *dicker*, von Krankheit zeugender Hals [46], der seine an sich durch den rein Berner Dialekt schwer verständliche Sprache noch unverständlicher macht. *Du* würdest nicht ein Wort von ihm verstehen. Was ich nicht so geglaubt: Bitzius ist sehr gesprächiger Natur. Er hat ein sehr einfaches Wesen, gibt sich, wie er ist, und es ist mir noch bis diesen Moment unerklärlich, wie er mit diesem Naturell die feine Menschenkenntnis erlangt, die wir so oft an ihm bewundert. Sein Wesen ist gemessen, aber gemessen von Natur, wohl durch eigenen Willen. Es ist über sein ganzes Tun und Leben eine natürliche Harmonie gegossen, die mir ungemein zusagt und die ich an mir selber zu meinem Leidwesen so ganz vermisse.

Diese Harmonie erstreckt sich über das ganze Haus, auf welches das Liebenswürdigkeit, Wahrheit und Stolz vereinigende Wesen der Frau Pfarrerin [47] einen großen Einfluß hat. Ich hatte mich noch nirgends so schnell wohl gefühlt als hier. Es gibt sich hier jeder, wie er ist, aber dies Sichgehenlassen ist ein durch die eigene Natur so fest und stolz-begrenztes, daß ich, dessen Naturell so leicht alle Schranken durchbricht, es doch nicht geschehen lassen möchte, mich in der ganzen Gewalt meines häufigen Umgestüms zu geben, wie ich bin. Ich glaube wirklich, so wie hier *muß* es in dem Kreise der Familie sein und gerade Dein Naturell, Marie, dessen Gemessenheit und Gebundenheit auch von jener Begrenzung etwas hat, die mir hier so wohl tut, würde in den hiesigen Kreis sehr wohl passen, und Du würdest Dich hier sehr wohl fühlen – von Gottes schöner Natur ganz abgesehen.

Die Frau Pfarrerin übt auf Bitzius einen bedeutenden

Einfluß. Bitzius würde ohne seine Frau nicht Jeremias Gotthelf geworden sein. In ihrer Fürsorglichkeit hat die Pfarrfrau etwas von Mutter [48]. In ihrer Gewalt über das feste Wesen ihres Mannes übertrifft sie Dich, Marie. In klarer Anschauung des Lebens und des Lebensglückes würde sie gerade *Dir* zusagen, wie nur deswegen ich selber mich ihr sehr bald näher gestellt habe und stellen konnte.

Bitzius hat zwei Töchter [43], eine von 20, eine von 17 Jahren. Die ältere: kleiner, äußerlich unbedeutender, die jüngere: eine schlanke Gestalt, ein blühendes Gesicht – so recht eine Pfarrerstochter, wie ein Bild sie darstellen würde. Es sind zwei sehr verschiedene Naturen, die keinen Augenblick die Erziehung in den hier so abgeschlossenen und so bestimmt begrenzten Kreisen verleugnen. Sie sind hier beide und fürnehmlich die ältere die rechten Hände der Mutter in der Haushaltung. Es hat jede ihre bestimmte Funktion, wie überhaupt das ganze Leben im Pfarrhause ein so geregeltes, bestimmtes ist, daß alles scheinbar unmerklich geschieht und, ich muß es wiederholen, alles mit solcher Harmonie, daß der fremde Gast nie Veranlassung hat zu fürchten, lästig zu werden. Eine Schwester [44] des Pfarrers verlebt den Sommer hier und trägt durch ihr ganzes Wesen, trotzdem es eine alte Jungfer ist, ihr gemessenes Eingreifen in das ganze Leben im Pfarrhause nur zu dessen Hebung bei. Zur Zeit ist eine Freundin [49] der Pfarrhaustochter, eine Neuenburgerin, im Hause und gibt dem jüngeren Element des Lebens ein ganz angenehmes Übergewicht, das zu erhöhen auch ich mich bemühe!

Das materielle Leben geht sehr aus dem Vollen. Bitzius hat in der Tat einen Weinkeller, wie er in Berlin selten sein dürfte. Im Laufe des gestrigen Tages gab es vom Champagner bis zum Tokaier [50] acht verschiedene Wein- und Likörsorten. Der Mittagstisch ist ein ausgezeichneter, ohne sich in jene Überladung zu ergehen, die in den Nachwehen einer guten Mahlzeit einen diese verleiden macht. Man hat mir das eine Zimmer des Pfarrers bestimmt, auf das ich mich zurückziehe, wenn es mir beliebt, so daß ich mich in dem ganzen Hause so wenig geniert fühle und sehe, als ich es nur immer wünschen kann.

Den 21. Juli: Ich mußte gestern abbrechen. Der Pfarrer hatte gestern früh anspannen lassen, mit mir das schöne Emmental im kleinen Wägelchen zu durchfahren. Was für ein schönes, herrliches, reiches, so recht von gesundem Wohlstande zeugendes Tal ist dies! Wir besuchten die umliegenden Dörfer. Als Verleger von Jeremias Gotthelf fand ich überall eine mehr als freundliche Aufnahme. Es war, als kenne man mich überall und als gehörte ich hierher. Um 3 Uhr kamen wir nach dem benachbarten Dorfe Hasli[51], und da ließ der Pfarrer ein Diner bestellen – ein Diner, das 3 Stunden dauerte und das mir besser schmeckte denn je; währenddessen kam es zum Austausch vieler Ansichten, Verabredungen und Besprechungen. Ich war im Trinken sehr mäßig, weil ich fühlte, daß ich sonst die das gesellige Zusammensein fördernde Gemessenheit [folgt unleserlicher Text] nicht einhalten könnte. Auch Bitzius kam keinen Moment aus seiner Natur, die ich auch hier als eine bestimmte, entschieden sich gebende erkannte.

Vorgestern vormittag, die ersten Frühstunden, die ich im Pfarrhause verlebte, bestimmten wir, unsere geschäftlichen Angelegenheiten zu besprechen und festzusetzen. Es machte sich alles einfach und schnell, und wir fixierten bald die Punkte, welche bei der beabsichtigten Gesamtausgabe der Gotthelfischen Schriften in Frage kommen. Ich teile Dir das weitere mündlich mit und hoffe Ursache zu haben, mit den Verabredungen auch geschäftlich zufrieden zu sein.

Da entnimm nun, Du süßes liebes Weib, aus diesen Mitteilungen ein Bild aus meinem Leben im Pfarrhause in Lützelflühe. Meine mündlichen Erzählungen werden dasselbe noch vervollständigen. Kann es auf der Welt kein glücklicheres Haus geben als das unsrige – und das sage ich mit Überzeugung wie mit dem Gefühle des höchsten Dankes gegen Gott, der Dich mir zugeführt und durch Dich unsere Kinder – kann nirgends das Glück, einander anzugehören, für den Gang durch dieses Leben und darüber fort tiefer und inniger empfunden werden als zwischen uns, Du mein einziges Herzensweib, so steht das äußerliche Glück, der Genuß des äußerlichen Lebens doch hier höher, und ich spreche dies unumwunden und in dem Gefühle aus, daß ich, was unser äußerliches Leben und Treiben betrifft, vielfach daran die Schuld trage. Ich habe von Dir und meinem Hause hier viel und oft erzählen müssen, und man wird Dich hier mit gleicher Teilnahme und Wärme aufnehmen, wie mir solche in mehr als erwarteter Weise geworden ist.

Ich wollte heute früh schon fort, gab aber der Bitte des Pfarrers nach und werde erst morgen früh abreisen, um noch einige Tage in meinem lieben Zürich zuzubringen.

Es befremdet, ich will nicht sagen: beunruhigt mich, so ganz ohne Briefe von Dir und von Hause zu sein. Nach meiner Berechnung hätte vorgestern, den 19. schon ein Brief von Euch hier sein können, jedenfalls gestern die Montag abzusendenden Zeitungen. Ich erhielt nichts, und wenn ich das Ausbleiben jeder Nachricht von Berlin auch nur unbedeutenden Zufälligkeiten zuschreibe, hat es mich doch verstimmt, daß auch heute früh kein Brief eintraf, trotz der Beschwichtigungen der Frau Pfarrerin, die mir besonderen Anteil und Teilnahme zuwendet. Ich hoffe nun morgen früh auf Post, sonst telegraphiere ich von Zürich hinüber, um wenigstens zu wissen, woran ich bin.

Ich hoffe, es geht Dir, liebes Herze, und den süßen geliebten Kindern [52] wohl und gut, Ihr denkt viel an mich und freut Euch meiner Rückkehr, wie auch ich mich derselben, aller Teilnahme ungeachtet, die ich hier finde, und trotz des äußerlichen Wohlergehens, in dem ich lebe und dabei doch eben stets und immer an die Meinen denke, herzlich freue. Genieße, liebe Marie, die Tage der Ruhe, die doch vorüber sind, wenn der unruhige Mensch, den Du nun einmal lieb hast und so gerne bei Dir siehst, wieder dort ist. Verwöhne Dich dabei nicht zu sehr. Hüte und leite die süßen Bälger, die ich tausendmal küsse. Wie ich mich freue, sie und Dich und Euch alle wohl und munter wiederzusehen!

Morgen geht Dein nach Zürich zu sendender Brief spätestens ab: Ich schmachte nach Nachrichten von zu Hause und hoffe, meine Sehnsucht bald befriedigt zu sehen.

Ich werde eben zum Mittag gerufen. Es soll mir schmecken, wie ich hoffe, auch Euch.

   Herzlich und mit treuer Liebe Dein Julius

Springer an Gotthelf

Mein lieber, werter Herr Pfarrer,

Schon vierzehn Tage wieder zurück am häuslichen Herde, komme ich doch erst heute dazu, Ihnen zu schreiben: ich weiß, ich bin ob dieses späten Schreibens entschuldigt. Einen Monat aus dem Geschäfte, bedarf ich jetzt einer gleichen Zeit, das während meiner Abwesenheit Versäumte nachzuholen, zumal nach den Tagen der Erholung die der Arbeit und des Bekümmerns um alle die hundert Kleinigkeiten des geschäftlichen Verkehrs sauer wird und nicht munden will. Nach der schönen Reise, die ich gemacht, hängt meine ganze Gedankenwelt ausschließlich an den Erinnerungen an das viele Schöne, das ich erlebt, das Herrliche, was ich gesehen, das Liebe und Freundschaftliche, was ich erfahren, die alten Freunde, die ich wiedergesehen, die alten, die ich neu von Angesicht zu Angesicht kennengelernt. Es ist mir das alles in so vollem, schönem Maße geworden, daß es eine ganze Zeit bedürfte, alle die vielen Erinnerungen zu ordnen und verständig zu regeln.

War der Hauptantrieb zu meiner Reise der Besuch bei Ihnen, so waren die bei Ihnen verlebten Tage neben den darauf folgenden in Zürich auch die schönsten, die unvergeßlichsten meiner langen Wanderung. Es ist ein ganz eigenes Ding, wenn zwei Menschen sich aus einem jahrelangen Briefwechsel, aus geschäftlichen Beziehungen kennen gelernt – sich nach Jahren nun von Angesicht zu Angesicht schauen. Ich weiß nicht, sagt es J. J. Rousseau oder wo las ich es einmal: beide Teile sind da häufig sehr enttäuscht! Ich hoffe, ja ich spreche es aus, ich weiß, bei uns ists anders gewesen. Ich wenigstens gestehe, ich fühle, nachdem ich in dem Herrn Pfarrer Bitzius Jeremias Gotthelf kennen gelernt, zu beiden mich mehr denn selbst früher hingezogen, und das liebliche, herrliche Bild, das von meinem Aufenthalte im Pfarrhause zu Lützelflühe her in mir geblieben, überträgt seine hellen, freundlichen Farben auch auf die genannten zwei Persönlichkeiten, denen – eigen vielleicht – ich dies hiermit ausspreche! Ja, Herr Pfarrer, die schönen Tage, die ich in Ihrem gastlichen Hause verlebt, werden mir unvergeßlich bleiben, sie bilden eine Erinnerung in meinem Leben, die zu den liebsten, zu den erwärmendsten, die ich habe, gehört. Sie sind ein glücklicher Mann, Sie haben ein glückliches Haus, aus welchem neben dem Ernst auch alle die Freuden leuchten, die das Glück des Menschen ausmachen. Es ist bei Ihnen alles wie es sein muß, jene Harmonie des Lebens, ohne welche dieses ein ewig erregter Kampf ist – ich weiß nicht, ist sie von außen über Ihr ganzes Haus gegossen, kommt sie von Ihnen, von der Frau Pfarrerin. Sie ist eine besondere Gnade des Himmels, und ich wünsche von Herzen, daß sie Ihnen und Ihrem Hause erhalten bleibe!

Die ersten Tage, die ich im Kreise der Meinen wieder zugebracht – ich habe nur von Ihnen, von dem Leben im Pfarrhause erzählt, und meine Frau trägt ein mehr als gewöhnliches Verlangen, dasselbe kennen zu lernen. Sie haben mich wie einen Freund aufgenommen: noch vielen Dank habe ich Ihnen und den lieben Ihrigen zu sagen und Sie alle zu bitten, mir die bewiesenen freundschaftlichen Gesinnungen zu erhalten, Gesinnungen, die in meinem Herzen zu Ihnen in steter Dauer fortleben werden.

Auf unsere geschäftlichen Beziehungen wird unsere persönliche Bekanntschaft von dem besten Einfluß sein. Wir haben uns in dem trauten Wägelein, das Ihre geschickte Hand leitete, in der idyllischen Laube an dem Pfarrhause über alles gegenseitig ausgesprochen. Wir werden uns bei jedem Anlasse nun leicht verständigen, ein jeder weiß, mit wem er es jetzt zu tun hat.

Ich schreibe Ihnen heute eigentlich nur, um jenen schuldigen Dank Ihnen und den lieben Ihrigen für die mir gewordene freundliche Aufnahme auszusprechen, um ein Lebenszeichen von mir zu geben, aus dem Sie mein Eintreffen hier ersehen. Von meiner Reise habe Ihnen, was Sie besonders interessieren möchte, wenig mitzuteilen. In Zürich [53] verlebte ich fünf schöne, herrliche Tage. Es ist eine eigene Freude, die Stadt nach 16jähriger Trennung wiederzusehen, in der wir die schönsten Tage der Jugend verlebt. In diese Freude mischte sich aber auch viele Wehmut. Das Schicksal hat in den 16 Jahren gar manchen meiner Jugendfreunde hart getroffen. Mancher ist verkommen, mancher untergegangen, mancher vom Tode weggerafft. Von den vielen, die das gleiche Recht an das Leben und seine Freuden als ich hatten – wie wenige haben sich auf dessen Oberfläche erhalten! Wie dankbar wird der Mensch, wenn er sich so vom Schicksal bevorzugt sieht!

Ich ging von Zürich nach Basel, wo ich zu meinem Bedauern Meyer-Merian [15] nicht traf, von da über Baden-Baden nach Stuttgart, wo ich auch zwei Jahre meiner Jugend verlebt und liebe, werte Freunde dort habe.

Cannstadt [32] hat sich, seit ich es nicht gesehen, sehr verschönert, und die Eisenbahn erleichtert den Besuch von Stuttgart ungemein. Wie schön, wenn Sie, Herr Pfarrer, schon dort gewesen wären! Bei Eintreffen dieses in Lützelflühe sind Sie wohl schon von der gebrauchten Kur zurück, und ich hoffe und wünsche von ganzem Herzen, daß sie Ihrer Gesundheit recht zuträglich sein wird.

Von Stuttgart reiste ich nach Frankfurt a. M., blieb dort einen Tag und eilte dann der Vaterstadt zu, wohin die Sehnsucht nach Frau und Kindern mich sehr zog. Ich traf alles, Gott sei es Dank, wohl und lebe nun wieder allmählig in dem gewöhnlichen Geleise des täglichen Lebens, in jener Ruhe und Beschaulichkeit, die das Glück des Lebens ausmachen.

Unsere Verabredungen betreffend die Gesamtausgabe Ihrer Schriften habe ich erst oberflächlich zu Papier gebracht. Sobald ich damit fertig bin, gehen sie Ihnen zu. Eile hat es nicht damit, wir täten uns beide schaden, wenn wir das Unternehmen zu einer Zeit auf den Markt bringen, die wie die nächste, für den geschäftlichen Verkehr keine zuträgliche ist.

Ich schließe hier Auszug Ihres Kontos bei. Die verausgabten Portis für die letzten Korrekturen haben Sie mir noch nicht angegeben, außerdem habe ich Ihnen das Porto für einen Brief zu erstatten, der einen Tag nach meiner Abreise Ihnen von Bern für mich zuging und den Sie so freundlich waren, mir nach Zürich nachzusenden. Sie finden hernach in einem preußischen Bankschein Rth. 50.– und wollen mir gütigst melden, ob deren Verwertung Ihnen einen bessern Kurs abwirft als die Gelder durch Schicklers.

Ich hoffe, bald einen Brief von Ihnen zu erhalten mit vielen und guten Nachrichten von Ihnen und den Ihrigen. Um wie noch lieber werden mir jetzt Ihre Briefe sein, wo ich Sie alle kenne, Ihr Haus, Ihre Pfarrei, Ihr schönes, reiches, liebes Emmental kenne!

Grüßen Sie mir alle die werten Ihrigen, besonders die verehrte Frau Pfarrerin. Wieviel spreche ich von ihr mit meiner Frau, die die werte Ihrige nach den treuen Schilderungen des Lebens im Pfarrhause sehr, sehr kennen zu lernen wünscht. Ich hoffe, daß das doch auch geschehen wird. Empfehlen Sie mich Ihrer verehrten Fräulein Schwester, der sorgenden Tante zweier blühenden Töchter, die so recht zu dem Glück Ihres Hauses gehören! Bleibe Ihnen dies erhalten, das wünsche ich Ihnen aufrichtig! Grüßen Sie Ihre Töchter vielmals von mir und auch das so preußisch gesinnte Fräulein Favarger [49], wenn sie noch bei Ihnen weilt. Auch Ihrem Sohne [43], den ich zu meinem Bedauern noch nicht persönlich kenne, bestellen Sie viele Grüße. Ich hoffe, ihn lerne ich später hier in Berlin kennen. So leben Sie wohl, geehrter Herr Pfarrer, nochmals vielen, vielen Dank für Ihre so liebevolle Aufnahme. Lassen Sie bald von sich hören und erhalten Sie Ihre freundlichen Gesinnungen

Ihrem Freunde Julius Springer

Berlin, den 22. August 1854

Die neue Auflage vom «Knecht» [54] ist fertig, wünschen Sie einige Exemplare? Sobald Ihre neuen Erzählungen [55] zum V. Bande der Sammlung beendet sind, darf ich das Manuskript wohl erwarten.

Gotthelf an Springer

Lützelflüh, den 16. Oktober 1854

Lieber Herr Springer!

Sie werden glauben, ich sei nach Sebastopol [56] gezogen und dort mit vielen braven und dummen Leuten in die Luft geflogen, aber da würden Sie sich wirklich einen groben Irrtum zu Schulden kommen lassen, ich sitze noch ganz pomadig in Lützelflüh und spaziere behaglich dem Naschobst nach. Hingegen hat Jetti [57], welche dieses schreibt, den berühmten Brautmarsch angetreten mit dem

Ihnen bekannten Pfarrer von Sumiswald aus der Nachbarschaft; obschon Petersburg nicht so weit entfernt ist von Lützelflüh, wie Sumiswald von der Krim, so werden die armen Streitenden zu Sebastopol doch längst im Grabe modern, wenn die harmlosen Unsern noch lange ihren ruhigen Wohnsitz nicht werden erreicht haben. Es gab sich ganz unerwartet, bietet von keiner Seite was Glänzendes, hat desto mehr die Garantie eines bleibenden Glückes. Von allen Seiten bezeugte man uns große Freude, das war aber auch hinreichend, all unsere Zeit in Anspruch zu nehmen.

[...]

Springer an Frau Henriette Bitzius
                        Berlin, den 27. Oktober 1854
Hochgeehrte Frau Pfarrerin,

Tief erschüttert erhalte ich soeben die Nachricht von dem Tode des Herrn Pfarrer [58] und es drängt mich, Ihnen und den mir so werten Ihrigen meine und der Meinen aufrichtige und innige Teilnahme an dem harten, schmerzlichen Verluste, der Ihr liebes Haus betroffen, auszusprechen. Ja, ein harter, großer Verlust, bei dem die Worte des Trostes fehlen, wenn ein Blick auf ein segensreiches, Gott ergebenes und die Werke Gottes förderndes Leben nicht einigen Trost gewähren kann!

Kaum vermag ich das schmerzliche Ereignis zu fassen, so überrascht hat mich die traurige Nachricht! Ihr Haus der stillen Freude, der Zufriedenheit und all des Glückes, das der Himmel dem Menschen nur schenken kann – ein Haus der Trauer. Der fürtreffliche Mann, an dessen Seite vor wenigen Monaten ich so schöne Tage verlebte, der mir nach persönlichem Begegnen ein wahrer, ein so lieber Freund geworden, von dem ich mit dem zuversichtlichen «Auf Wiedersehen» schied – er ist uns entrissen!

Verzeihen Sie einem dem Verstorbenen treu und

innig anhangenden Herzen diesen Ausdruck seines Schmerzes!

Das lange Schweigen auf meinen Brief vom August hatte mich etwas befremdet, ich suchte den Grund in Äußerlichkeiten und daß der Herr Pfarrer vielleicht erst auf einen verheißenen weiteren Brief von mir wartete.

Ich höre nun, daß das Halsübel, über welches der Verstorbene schon bei meiner Anwesenheit klagte, seit der Rückkehr von Cannstadt zugenommen und die Ursache seines tief, tief betrauerten Todes gewesen! Ich hoffe, daß ihm das Ende ein schmerzensfreies gewesen und lebe der Überzeugung, daß Sie, sehr verehrte Frau, das schmerzliche Ereignis mit der Ergebung und Demut tragen werden, die dem Verstorbenen so eigen war und die er von Ihnen, Sie vielleicht von ihm, gelernt und die Sie einem Hause erhalten wird, dem ich mit unendlicher Teilnahme und Innigkeit anhange.

Grüßen Sie viel, vielmals Ihre lieben, mir so werten Kinder und Fräulein Bitzius und versichern Sie alle meiner tiefinnigen Teilnahme. Behüte Gott Ihr Haus und geben Sie, wenn es Ihnen möglich wird, mir ein Zeichen Ihrer Freundschaft, auf deren Fortbestand ich ein großes Gewicht lege.

Mit Achtung und Anhänglichkeit

Ihr ergebener   Julius Springer

[1] *Wuchergeschichte:* s. Anmerkung 8,24.
[2] *Blätter für literarische Unterhaltung:* Die Kritik stammt von Gottfried Keller; sie erschien 1852, Nr. 47, S. 1116.
[3] *Herr Studer:* s. Anmerkung 8,29.
[4] *Gutzkow:* Karl Gutzkow (s. Anmerkung 8,2) gab 1852–64 die «Unterhaltungen am häuslichen Herd» heraus. Der Aufsatz erschien 1853, Nr. 10, S. 160.
[5] *Klopstock:* Anekdote, nach welcher der Verleger Karl Hermann Hemmerde dem Dichter des *Messias*, quasi als Ausgleich für ein schäbiges Honorar, Anzug und Hut anmessen ließ.

[6] *Schabelitz'schen Buchhandlung:* Dort erschien 1840 in «Der Wanderer in der Schweiz und seine Mitteilungen aus dem Auslande» Gotthelfs Erzählung *Der letzte Thorberger*, die nach seiner Meinung schlecht honoriert wurde.

[7] *Jeremias Gotthelf jgr.:* Pseudonym für Arthur Bitter, eigentlich Samuel Haberstich (1821–1872). Auf die Anfrage von Sophie Nägeli-Ziegler, einer Thurgauer Verehrerin, ob der *Patrizierspiegel* von ihm sei, antwortete Gotthelf am 10. 10. 54: «Mein Verleger in Berlin frug mich, ob ich nicht gegen die Autorschaft protestieren wolle? Ich antwortete, das sei wohl unnötig, ich dächte, wir seien wohl kaum zu verwechseln. Der Autor heißt Haberstich, Schreiber, vergantet, überhaupt ein schlecht Subjekt...». Vgl. auch Juker/Martorelli S 630a,b.

[8] *die beiden neuen Bücher:* die *Erlebnisse eines Schuldenbauers* und *Erzählungen und Bilder aus dem Volksleben der Schweiz*, 4. Band, erschienen 1854 bzw. 1853 bei Springer.

[9] *Vergrößerung meines Geschäfts:* Marie Springer in der *Lebensskizze*: «Wir hatten geschäftlich und fürs Haus einen Umzug vor, übersiedelten mit der Familie ins elterliche Haus Monbijouplatz 3 in eine Parterrewohnung, und für das Geschäft nahm Julius den bedeutend geräumigeren und helleren Laden neben der Ecke in der Breiten Straße 20. Dies kostete alles viel Zeit und Geld, und wieder konnte er nicht an die Ausführung der Schweizreise denken» (S. 39f.).

[10] *neue Ausgabe von Zschokkes Schriften:* s. Anmerkung 8,37; die hier erwähnte Ausgabe: *Gesammelte Schriften in 35 Teilen*, Aarau 1851–54.

[11] *meine Kinder:* Ferdinand, Antonie, Fritz.

[12] *Frl. von Hering:* Johanna Olga Hering (geb. 1821) veröffentlichte unter dem Pseudonym Olga von Eschenbach Erzählungen für die weibliche Jugend, die reifere weibliche Jugend, junge Mädchen usw.

[13] *Buchhändler Hirt:* s. Anmerkung 7,13.

[14] *Dalps:* s. Anmerkung 4,5.

[15] *Meyer-Merian'sche Erzählung:* Theodor Meyer-Merian (1816–1867), Dr. med., Direktor des Burgerspitals in Basel, Schriftsteller; bei Springer erschien 1853 *Der verlorene Sohn*.

[16] *süßen Knaben geschenkt:* Julius Springer (1853–1859).

[17] *Manuskript:* des Romans *Erlebnisse eines Schuldenbauers*, erschienen 1854 bei Springer.

[18] *nach Altenburg:* in die Hofbuchdruckerei.

[19] *Gurnigel:* Gotthelf hielt sich vom 1.–20. 8. 53 im Schweizer Gurnigel-Bad zur Kur auf.

[20] *Putbus:* auf der Insel Rügen, wo Friedrich Wilhelm IV. im Sommer 1853 einen Erholungsurlaub verbrachte.
[21] *Cottas:* die J.G. Cotta'sche Verlagsbuchhandlung.
[22] *Dr. Koester:* Hans Koester (1818–1900), Rittergutsbesitzer, verfaßte das Libretto; komponiert wurde es von Gottfried Wilhelm Taubert (1811–1891); das Anne Mareili sang Luise Koester-Schlegel (1823–1905). Der von Springer erwähnte «Glunggenbauer» kommt nur in den *Uli*-Romanen vor, heißt dort allerdings auch «Joggeli». «Vreneli» ist die Frau Ulis.
[23] *«Advokat in der Falle»:* Springer meint *Der Notar in der Falle*, den er schon im Brief vom 29. 2. 48 als «Notar Stößli» erwähnt.
[24] *Herr Keller:* Gottfried Keller (1819–1890) trug sich mit Plänen, Gotthelfs Erzählungen *Wie Joggeli eine Frau sucht, Michels Brautschau* und *Elsi die seltsame Magd* zu dramatisieren.
[25] *«Geld und Geist» und «Pächter»:* wurden beide nicht fortgesetzt.
[26] *neues Manuskript: Die Frau Pfarrerin*, Gotthelfs letztes Werk, erschien 1855 bei Springer.
[27] *junger Schriftsteller:* Max Ring (1817–1901), der Plan wurde nicht ausgeführt.
[28] *Krieg:* der Krimkrieg 1854–1856.
[29] *5. Band:* der *Erzählungen und Bilder aus dem Volksleben der Schweiz*, erschienen 1855 bei Springer.
[30] *Freund Simion:* s. Kapitel 4.
[31] *das fechtende Karlchen:* Sir Charles Napier (1786–1860) befehligte die englische Flotte, die im Sommer 1854 russische Häfen blockierte, Kronstadt erfolglos belagerte und schließlich nur mit einigen gekaperten Handelsschiffen heimkehrte.
[32] *Cannstadt:* Eine Kur in Bad Cannstatt hat Gotthelf sehr wahrscheinlich nicht mehr gemacht.
[33] *Körber:* s. Anmerkung 7,1.
[34] *Brockhaus:* s. Anmerkung 6,15.
[35] *merkwürdige Fusion:* Vereinigung der konservativen und der radikalen Partei des Kantons Bern in einer großen Koalition, nachdem die Konservativen bei den Wahlen vom 5. 5. 54 äußerst knapp gesiegt hatten und allein keine Regierung mehr bilden konnten.
[36] *unsere Führer:* Eduard Blösch (1807–1866), Ludwig Fischer (1805–1884), Friedrich Fueter (1802–1858), Jakob Dähler (1808–1886), Jakob Stämpfli (1820–1879).

[37] *auf Jahre hinaus:* Gotthelf irrt sich; 1858 siegten wieder die Radikalen, 1860 löste sich die konservative Partei auf.
[38] *Jesuitismus:* Gotthelf machte dem «Jesuitismus» wie dem «Radikalismus» den Vorwurf, sie handelten nach dem Prinzip «Der Zweck heiligt die Mittel».
[39] *Professor Steiner:* s. Anmerkung 6,9, war 1853 zum korrespondierenden Mitglied der Reale Accademia dei Lincei, im März 1854 zu einem der sechs korrespondierenden Mitglieder der Pariser Académie ernannt worden.
[40] *Schickler:* Bankhaus in Berlin. *Fischer:* wahrscheinlich der Buchhändler Christoph Fischer in Bern (s. 18:295f.).
[41] Der folgende Brieftext ist aus Marie Springer: *Julius Springer. Eine Lebensskizze*, hg. v. Heinz Sarkowski, Berlin-Heidelberg-New York 1990, S. 142–149 entnommen.
[42] *Bildchen:* s. Anmerkung 7,4.
[43] *Töchter:* Henriette Bitzius (1834–1890), Cécile Bitzius (1837–1910); der Sohn Albert Bitzius (1835–1882) hielt sich in Lausanne auf.
[44] *ältere Schwester:* Marie Bitzius (1788–1860), die Halbschwester Gotthelfs aus der ersten Ehe seines Vaters.
[45] *Portrait:* das Bild Gotthelfs aus den «Neuen Alpenrosen 1849», das in Springers Wohnzimmer in Berlin hing.
[46] *von Krankheit zeugender Hals:* Gotthelf hatte ein Kropfleiden. Vgl. Carl und Käti Müller-Jost: *Jeremias Gotthelfs Konstitution und Krankheit*, Bern und München 1979.
[47] *Frau Pfarrerin:* Henriette Bitzius-Zeender (1805–1872).
[48] *Mutter:* die Mutter von Marie Springer, Henriette Oppert-Lindau (1798–1882).
[49] *Freundin:* Isabelle Favarger (1833–1896).
[50] *Tokaier:* stammte wahrscheinlich von dem Verleger Georg Wigand, der Gotthelf als Dank für die Erzählung *Der Besenbinder von Rychiswyl* 12 Flaschen Wein geschickt hatte (8:145,149, 157, 165).
[51] *Hasli:* Hasle-Rüegsau.
[52] *Kindern:* Ferdinand, Antonie und Fritz Springer.
[53] *Zürich:* vgl. Marie Springer in der *Lebensskizze*: «Nicht weniger schöne Tage folgen in Zürich, wo er bei Höhr wohnen muß und aufgenommen wird, wie wenn ein Kind des Hauses heimkehrt! Er schreibt: ‹Ich muß wirklich in meiner Jugend sehr liebenswürdig gewesen sein und glaube nicht, die viele mir bewiesene Freundlichkeit mir jetzt schaffen zu können.› Er sucht mit Freude und Wehmut die Stätten seiner Jugendfreuden auf, rudert auf dem See und besucht alte Freunde. Wenige findet er wieder, viele sind auswärts, verkommen, tot!

Und wieder dankt er Gott für die ihm bewiesene Gnade, für sein selbstgeschaffenes Lebensglück» (S. 41 f.).

[54] *«Knecht»:* die 3. wohlfeile Auflage von *Uli der Knecht* erschien 1854.

[55] *Erzählungen:* Im 5. Band der *Erzählungen und Bilder aus dem Volksleben der Schweiz* erschienen zum ersten Mal *Die Frau Pfarrerin* und *Die drei Brüder*, aber erst 1855.

[56] *Sebastopol:* wurde während des Krimkrieges von Oktober 1854 bis September 1855 von den Westmächten belagert.

[57] *Jetti:* Gotthelfs Tochter Henriette heiratete 1855 den Pfarrer Karl Ludwig Rüetschi (1822–1867).

[58] Gotthelf ist am 22. 10. 54 morgens um 5 Uhr in Lützelflüh gestorben.

10. Kapitel
DIE «GESAMTAUSGABE» – «...WELCH VERFEHLTES
UNTERNEHMEN ES GEWORDEN...»

In Springers Kondolenzschreiben vom 27. 10. 54 an Gotthelfs Witwe Henriette Bitzius war einmal nicht von Geschäften die Rede. Aber schon im nächsten Brief (7. 11. 54) gibt er seinem «sehnlichsten Wunsch», seiner «bestimmten Hoffnung» Ausdruck, «die geschäftlichen Beziehungen zwischen dem Herrn Pfarrer und mir auch nach seinem Tode ihren Fortgang nehmen zu sehen». Es geht zunächst um den geplanten 5. Band der *Erzählungen und Bilder aus dem Volksleben der Schweiz*, dann um die nachgelassene Erzählung *Die Frau Pfarrerin* und schließlich vor allem um die «Gesamtausgabe». Sie erscheint unter dem Titel *Gesammelte Schriften* in 24 Bänden von 1856 bis 1858.

Im Sommer 1855 hatte sich die Gelegenheit ergeben, das Angenehme mit dem Nützlichen zu verbinden: Julius und Marie Springer reisten gemeinsam in die Schweiz und trafen in Bern mit Henriette Bitzius zusammen. In Marie Springers Bericht werden alle für die *Gesammelten Schriften* wichtigen Personen genannt: «Es war natürlich ein sehr trauriges Wiedersehen und für die arme Frau, die in der kurzen Zeit nicht bloß den heißgeliebten Gatten, sondern auch ihre teure Heimat, das schöne Pfarrhaus verlassen hatte, schwer. Voll Zartgefühl verbarg sie uns so viel als möglich, wie sehr sie dieser doch so notwendige Besuch aufregen mußte, und machte stets die freundliche, gefällige Wirtin, teils in ihrer, am ‹Falkenplätzli› schön gelegenen Wohnung, teils auf Spaziergängen in der Umgegend Berns. Auch ihr Hausstand hatte sich noch weiter verändert. Die älteste Tochter hatte sich mit dem Pfarrer Rüetschi in Sumiswald verheiratet, die jüngste war im stillen mit dem Vikar verlobt, der während des Gnadenjahrs die Stelle in Lützelflüh für die Frau Pfarrer Bitzius verwaltete, und der Sohn des Hauses, der im vergangenen Sommer am Genfer See gewesen war, studierte jetzt in Bern. Der frische, gescheute junge Mann machte uns einen sehr guten Eindruck, ein echter, munter-witziger Schweizer. Er brachte Leben und Heiterkeit in das traurige Haus, in dem noch eine ältere unverheiratete Schwester des verstorbenen Pfarrers angenehme Gesellschaft war. Die Verhandlungen wurden ebenso leicht weitergeführt wie im vergangenen Jahr. Herr von Rütte (der Vikar) übernahm es, ein Wörterbuch der Schweizer Ausdrücke für die deutschen Leser zu schreiben, und Professor Manuel, ein Freund der Familie, eine Biographie Jeremias Gotthelfs» (S. 43f.).

In seinem Brief vom 29. 7. 53 hatte Springer zum ersten Mal Berechnungen zur «Gesamtausgabe» gemacht: etwa 500 Bogen, 10–12 Bände, Auflage 3000–4000 Exemplare. «Die nächste Frage würde sein: welches Honorar verlangen Sie?» Gotthelf beantwortete diese Frage nicht, schrieb aber vom Gurnigel-Bad aus, wohin ihm der Brief nachgeschickt worden war, an seine Frau: «Springers Brief hat mir nicht übel gefallen, es kommt jetzt nur noch auf das Honorar an, das er bestimmen muß. Jedenfalls zähle ich auf ein artig Sümmchen, welches mir über die schweren Zeiten flott hinaus helfen soll» (9:40). Am 22. 8. 53 schlägt der Verleger dann als Verhandlungsbasis ein Honorar vor: 2000 Taler Gesamthonorar vorweg, beim Absatz von 1500 Exemplaren weitere 1000 Taler und beim Absatz von 2000 Exemplaren noch einmal 1000 Taler.

Schon im März 1851 hatte Gotthelf versucht, über Heinrich Pröhle Erkundigungen «wegen des Honorars im allgemeinen mit besonderer Rücksicht auf Gesamtausgaben» einzuziehen. Pröhle hatte sich mit dem Verleger Eduard Avenarius besprochen, der aber wollte nicht mit der Sprache heraus, «vielleicht weil Brockhaus, sein

Schwager und früherer Compagnon, Ihnen, wie ich bei der Gelegenheit erfuhr, auch einmal von einer Gesamtausgabe Ihrer Schriften gesprochen, vielleicht aus allzugroßer Besorgnis, Herrn Springer in Berlin, der früher als Gehülfe in seiner Buchhandlung Brockhaus und Avenarius in Paris war, irgendwie in Nachteil zu setzen» (8:154). Als zweite Autorität sprach Pröhle mit dem Schriftsteller Gustav Freytag, dem Mitherausgeber der «Grenzboten». «Die Schwierigkeiten einer Gesamtausgabe von Jeremias Gotthelf», so berichtet Pröhle, «beruhen nun, wie wir herausgebracht, in bezug auf das Honorar darauf, daß die Sachen *einzeln* so außerordentlich billig sind. Eine Gesamtausgabe muß aber *noch* billiger sein verhältnismäßig, weil sie sonst Unsinn ist. Und doch kann die Auflage nicht so stark sein wie bei den Einzelwerken, denn das Volk kauft keine Gesamtausgaben, sondern es ist nur auf Leih- und einzelne Privatbibliotheken zu rechnen, denen eine solche Gesamtausgabe auch wohl zu gönnen ist. Nach Preis und Stärke der Auflage aber richtet sich eben das Honorar. Etwas anderes kommt dazu. Die bisherigen Einzelschriften sind so kompreß gedruckt, daß gewiß eineinhalb oder einzweidrittel gewöhnliche Romanseiten auf Ihre Seite gehen. Wollte man die Sachen nun wie gewöhnliche Romane drucken, so würde die Gesamtausgabe gewiß nahe an vierzig Bände füllen, was nicht angeht. Es muß also das Ganze wieder so kompreß gedruckt werden. Dadurch wird Satz und Druck der einzelnen Bogen teuer, was wieder mit der nötigen Billigkeit in Widerspruch steht» (8:154f.).

Nun, am 30. 8. 54, also etwa eine Woche nach Eingang von Springers Honorarvorschlägen, legt er diese seinem Freunde Fröhlich zur Prüfung vor (9:52f.), wobei er allerdings von einer Auflage von 2500 Exemplaren spricht, während Springer von 3000–4000 geschrieben hatte. Fröhlichs Antwort ist nicht erhalten, sie muß aber postwendend erfolgt sein, denn Gotthelfs Dankesbrief ist auf den 6. 9. 54 datiert. Er enthält die Begründung für seine Vorsicht und sein Mißtrauen: «Herzlichen Dank sollst Du haben für Deine guten Räte, ich werde sie so viel möglich benutzen. Ich tauge aber durchaus nicht zu solchen Verhandlungen, ich bin viel zu weich und ängstlich, jemand zu nahe zu treten, und wenn ich einmal mit jemand in Verkehr getreten, so habe ich hundert Rücksichten, bis die Not mich zwingt, von ihm abzulassen. Der liebe Gott hätte noch einen mit mir sollen geboren werden lassen, der die Bücher, die ich mache, verkauft. Wir sind in den Händen der Buchhändler, und die Bücher, welche gehen, müssen sie entschädigen für den Schofel, den sie sich selbst aufladen» (9:55). Gotthelf «viel zu weich und ängstlich»? Springer beklagt sich im folgenden Brief (15. 10. 53), er habe von Gotthelf «einige recht tüchtige Hiebe» bekommen! Und von diesen «Hieben» berichtet der Autor dann am 13. 11. 53 wieder an Fröhlich: «Meine Unterhandlungen mit Springer wegen der Gesamtausgabe sind einstweilen eingestellt worden bis zu seiner persönlichen Anwesenheit, die im nächsten Sommer erfolgen soll. Es ist da so manches zu erläutern, das, wenn es schriftlich geschehen muß, ein unendliches Geschlepp gibt. Deine Lehren habe ich vielfach benutzt, und wenn sie auch Springer ins Fleisch gegangen, so scheinen sie mir doch das Geschäft günstiger gestellt zu haben, denn er entschuldigt sich, daß er mit etwas habe anfangen müssen und weit entfernt von einem Ultimatum gewesen sei; da habe er denn auch nicht an alles gedacht» (9:69).

Bei der Besprechung zwischen Gotthelf und Springer im Juli 1854 in Lützelflüh hatte man sich auf folgendes Geschäft geeinigt: die «Gesamtausgabe» solle zunächst 12 Bände in einer Auflage von 3000 Exemplaren umfassen; dafür sollte der Verleger bei Erscheinen 1500 preußische Taler auszahlen und weitere 1000 Taler nach Absatz von 1850 Exemplaren (Hövel, B 457; Sarkowski, S. 27). Bei den Verhandlungen mit Gotthelfs Hinterbliebenen im

Sommer 1855 ließ sich Springer bewegen, die Ausgabe auf 24 Bände zu erweitern, erhielt dafür aber Erleichterungen hinsichtlich des Modus der Honorarzahlungen von insgesamt 20000 Schweizer Franken. Als sich herausstellte, daß der Absatz dieser *Gesammelten Schriften* ein Debakel größten Ausmaßes zu werden drohte, ließ Springer die Titelblätter der Auflage von 1856–58 durch neue ersetzen mit dem Vermerk «Neue wohlfeile Ausgabe, Berlin 1861», setzte den Ladenpreis von 70 auf 36 Schweizer Franken herab und machte bei der Buchhandlung Dalp in Bern den Test, ob der niedrigere Preis den Absatz steigern könne. Da er die Erben über dieses Vorgehen nicht informiert hatte, mußte denen der Verdacht kommen, Springer habe den schlechten Absatz nur vorgetäuscht, um die Honorare nicht zahlen zu müssen und die «Neue wohlfeile Ausgabe» sei schon eine weitere Auflage. In einem empörten Brief protestierte Albert von Rütte und drohte mit gerichtlichen Schritten. Springer konnte aber die Gemüter besänftigen, und unter den gegebenen Umständen stimmten die Erben einer Vertragsänderung zu. Auch die «Neue wohlfeile Ausgabe» wurde nicht verkauft, sie war 1911, als der Verlag vom Monbijouplatz in das neue Haus in der Linkstraße umzog, noch lieferbar (Hövel, B 458; Sarkowski, S. 28). Im Jahre 1911 begann die heute maßgebende Gotthelf-Ausgabe des Eugen Rentsch Verlags mit *Geld und Geist* (Bd. VII) ihr Erscheinen. Der letzte der insgesamt 42 Bände erschien erst 1977.

Ein «artig Sümmchen» haben die *Gesammelten Schriften* also niemand eingebracht. Aber im Vorwort des Grimmschen Wörterbuchs ist die Leistung von Autor und Verleger so gewürdigt: «Die schweizerische Volkssprache ist mehr als bloßer Dialekt, wie es sich schon aus der Freiheit des Volks begreifen läßt; noch nie hat sie sich des Rechtes begeben, selbständig aufzutreten und in die Schriftsprache einzufließen, die freilich aus dem übrigen Deutschland mächtig zu ihr vordringt. Von jeher sind aus der Schweiz wirksame Bücher hervorgegangen, denen ein Teil ihres Reizes schwände, wenn die leisere oder stärkere Zutat aus der heimischen Sprache fehlte; einem lebenden Schriftsteller, bei dem sie entschieden vorwaltet, Jeremias Gotthelf (Bitzius) kommen an Sprachgewalt und Eindruck in der Lesewelt heute wenig andre gleich. In den folgenden Bänden des Wörterbuchs wird man ihn öfter zugezogen finden, und es ist zu wünschen, daß seine kräftige Ausdrucksweise dadurch weitere Verbreitung erlange.»

Springer an Henriette Bitzius
                                Berlin, den 7. November 1854
[...]

Zu sehr bestürzt von der mir erst gewordenen Trauerbotschaft habe ich in meinem vorigen Briefe meiner geschäftlichen Beziehungen zu dem Verstorbenen nicht erwähnt. Ich erlaube mir, heute dieselben zu Ihnen geehrte Frau Pfarrerin, zu besprechen.

Sicher wissen Sie von dem Herrn Pfarrer selbst, daß es unsere Absicht war, Ende dieses Jahres mit dem fünften Bande der «Erzählungen und Bilder aus der Schweiz»[1] zu beginnen. Es sollten einige bereits an andern Orten früher gedruckte Stücke und einige neue Erzählungen, an denen der Verstorbene gerade arbeitete, den Inhalt bilden.

Doch, ehe ich weiter fortfahre: fast hätte ich vergessen, Ihnen meinen sehnlichsten Wunsch, freilich aber auch meine bestimmte Hoffnung auszusprechen, die geschäftlichen Beziehungen zwischen dem Herrn Pfarrer und mir auch nach seinem Tode ihren Fortgang nehmen zu sehen, habe ich doch die Überzeugung, daß Sie mir wie Ihre und der Ihrigen Freundschaft so auch Ihr geschäftliches Vertrauen schenken und bewahren werden.

Irre ich mich hierin nicht, so darf ich also die geschäftlichen Angelegenheiten hier weiter besprechen und komme, angehend den fünften Band der Erzählungen, mit der Anfrage, ob die neuen Erzählungen, welche der Herr Pfarrer damals unter der Feder hatte, soweit fertig sind, daß sie, vielleicht mit Ihrer und der Ihrigen Nachhülfe, zum Druck gebracht werden könnten. Ich darf in letzterer Beziehung gerade Ihrem Urteile, geehrte Frau Pfarrerin, die Entscheidung vor vielen überlassen und erlaube mir nur meine persönliche Ansicht insoweit auszusprechen, daß an sich fertige Erzählungen, wenn ihnen auch der Schluß und die Beendigung fehlen sollte, doch dem Publikum übergeben werden dürfen, das den letzten Arbeiten des gefeierten Mannes um deshalb nicht weniger die Teilnahme, die sie verdienen, schenken wird. Ich beziehe das auch auf ein «idyllisches Bild» [2], von welchem mir der Verstorbene bei unseren Ausflügen viel erzählte, und das er damals begonnen, seitdem vielleicht weiter geführt hat; ebenso auf die letzte Erzählung [3], von der mir Ihr Herr Sohn schreibt, die gleichsam aus der Ahnung seines nahenden Todes hervorgegangen. Auch unbeendet, darf diese nicht verloren gehen, und ich sehe Ihrer gefälligen recht baldigen Mitteilung über dies alles entgegen.

Wie Ihnen bekannt, war, was das Geschäftliche betrifft, fürnemlich die oft besprochene Gesamtausgabe der Jeremias Gotthelf'schen Schriften der Anlaß zu meinem Besuche bei Ihnen, und ich war glücklich genug, nach einer kurzen Besprechung mich über deren Verlag in allen Punkten mit dem Verstorbenen zu einigen, wie ich demselben ja gerade den zu vollziehenden Vertrag darüber einsenden wollte. Nachdem ein hartes Schicksal der schaffenden Tätigkeit Jeremias Gotthelfs das Ziel gesetzt, dürfte so gerade, wenn das letzte, was er geschrieben, gedruckt ist, eine Gesamtausgabe am Orte sein, und ich glaube, daß wir unbedingt dann an dieselbe gehen dürfen.
[...]
So bin ich also über die vielen geschäftlichen Dinge

einer recht baldigen Antwort von Ihnen gewärtig. Ist es nötig, so komme ich selbst im Winter noch einmal nach dort, wenn ich dadurch die nicht unwichtige Angelegenheit zu fördern vermag.
[...]

Springer an Henriette Bitzius
Berlin, den 18. November 1854
[...]
Ich wiederhole Ihnen übrigens, daß ich gerne, trotz Winter und meiner sehr in Anspruch genommenen Zeit, doch sofort zu Ihnen nach dort komme, wenn Ihnen dies für den richtigen Fortgang der Angelegenheit nötig scheint.
[...]

Springer an Henriette Bitzius
Berlin, den 4. Jenner 1855
[...]
Mein Brief vom 18. November und der mir so werte Ihrige vom gleichen Tage haben sich gekreuzt. Sie verzeihen die in dem ersteren sich kundgebende Ungeduld meinerseits, die mich zum Teil auch heute wieder zu diesen Zeilen an Sie treibt. Voran aber lassen Sie mich meinen wärmsten Dank für Ihren liebevollen Brief und für das große Vertrauen, das Sie mir in demselben zu erkennen geben, aussprechen! Ich fühle mich durch dasselbe geehrt, überzeugt, daß es ein dauerndes sein wird.

Gestützt auf dieses Vertrauen darf ich, um vorweg die geschäftlichen Angelegenheiten zu erledigen, Ihnen nicht verschweigen, daß ein baldiges Erscheinen des verheißenen neuen Bandes der Erzählungen[1], namentlich mit der besprochenen letzten Arbeit des unvergeßlichen Mannes, im Interesse des Absatzes sehr, sehr wünschenswert wäre. Ich stimme bei, diese letztere Arbeit in den fünften Band mit aufzunehmen würde aber auch mir vorzuschlagen erlauben, solche in einer aparten Ausgabe [4] zu bringen und glaube zu wissen, damit einer Idee des Herrn Pfarrers zu begegnen. Jedenfalls wird aber der neue Band der Erzählungen sowohl als der besondere Abdruck der Idylle eines eigenen, von Freundes- und Geistesverwandten zu fertigenden Vorwortes [5] bedürfen. Wenn ich weiß, welchem Herrn Sie letzteres anvertrauen wollen, bin ich dreist genug, mit demselben darüber noch weiter zu korrespondieren. Jedenfalls, gestatten Sie es mir zu wiederholen, ist Eile nötig, wenn wir nicht einen Teil des Absatzes einbüßen sollen.

[...]

Die Hinweisung, daß ein gründliches Wörterbuch [6] der Ausdrücke des bernerischen Idioms vielfach das Verständnis der Gotthelfschen Schriften erleichtern möchte, scheint mir wohl zu beachten.

[...]

Springer an Henriette Bitzius
Berlin, den 5. Februar 1855

[...]

Nach Empfang Ihres Briefes habe ich sofort an Herrn Professor Fröhlich nach Aarau geschrieben und gestern eine sehr freundliche Antwort erhalten. Derselbe geht auf einen Aufsatz zur Einleitung in den 5. Band sofort ein, und ich darf selbigen in einigen Monaten erwarten. Ich hatte mich erboten, ihm die einzelnen Bogen der «Frau Pfarrerin» jedesmal zu schicken, worauf er mir aber schreibt, daß er das Manuskript zu der Erzählung kenne und, wenn ich keine Korrigenda im Manuskript wünsche, die einzelnen Bogen nicht nötig habe. Bestimmen Sie also gefl. hierüber.

Auch eine größere Biographie Jeremias Gotthelfs ist Herr Fröhlich bereit zu übernehmen und auch nicht abgeneigt, die Herausgabe der Gesamt-Ausgabe zu leiten, über welche er mit dem Herrn Pfarrer oft und eingehend ge-

sprochen. Fröhlich hat seine eigenen Ansichten über die Behandlung der Gesamtausgabe, und es würde sich allerdings fragen, ob Sie, geehrte Frau, ihm in dieser Hinsicht den nötigen Takt, Verständnis und Urteil zutrauen. Fröhlich bemerkt übrigens vorweg und von selbst, daß mit Ihnen natürlich über die Art und Weise, wie er die Herausgabe vor hätte, eine genaue Verständigung stattfinden müßte.
[...]

Springer an Henriette Bitzius
          Berlin, den 18. März 1855
[...]
Die Bogen der Fröhlichschen Arbeit sende ich Ihnen nicht zur Korrektur, die Herr Fröhlich auf das ihm gesandte Exemplar selber machen wird, sondern nur, damit Sie von der kleinen Skizze Kenntnis erhalten, die also dem 5. Bande vorangeschickt werden soll.

Ich will abwarten, ob dieselbe Ihren Beifall hat. Ich habe Herrn Fröhlich offen ausgesprochen, daß mir nur der letzte Teil – vielleicht von Seite XX ab – ganz zusagte, dagegen im ersten mir vieles zu sein scheine, das doch eigentlich unsern unvergeßlichen Freund nur sehr indirekt berühre. Es soll bei Herrn Fröhlich stehen, hier zu ändern, und ich habe nur an einer kleinen Stelle die Erinnerung meines eigenen Herzens, das in dem unvergeßlichen Pfarrhause sich so wohl gefühlt und so viel dorthin sich gezogen fühlt, sprechen lassen.

Sie empfangen zugleich mit dem Fröhlichschen Bogen zwei Artikel[7] über Gotthelf, die Ihnen von Interesse sein möchten. Zu dem ausgeschnittenen habe ich das Material *gegen* die von Gottfried Keller gebrachten Notizen geliefert, was ich Ihnen nicht verschweige.

Ich glaubte vor Wochen schon auf eine Mitteilung von Ihnen, geehrte Frau, rechnen zu können. Wir kommen mit der Gesamtausgabe leider auf diese Weise nicht

vom Flecke, und es wäre ein wesentlicher Vorteil, den Anfang derselben noch vor dem Herbste auf den Markt zu bringen.
[...]

Springer an Henriette Bitzius
Berlin, den 12. Mai 1855
[...]
Vor allem spreche ich Ihnen, zugleich im Namen meiner Frau, die herzlichste Gratulation zu der Verlobung Ihrer jüngeren Tochter[8] mit dem Herrn Pfarrer zu Saanen aus. Der Himmel wird dem jungen Paar seinen Segen verleihen und in dem Glücke der Kinder Ihnen, verehrte Frau, Trost und Erleichterung in dem getrübten Leben, dem der Mensch sich mit Demut fügen muß. Grüßen Sie das Brautfräulein vielmals von mir; ich werde sie wohl schon als Frau Pfarrerin in nächster Zeit dort sehen, und empfehlen Sie mich, ich bitte, dem Herrn Pfarrer v. Rütte, den ich bis jetzt freilich nur aus seinen Briefen kenne, mich aber aufrichtig freue, ihn bald von Angesicht zu Angesicht kennen zu lernen. Daß der Herr Pfarrer in der Lage ist, uns bei der bevorstehenden Gesamtausgabe der Gotthelfschen Schriften ganz besonders mit seinem Rat und Tat zu unterstützen, sehe ich auch als eine besonders günstige Fügung an und bin gewiß, daß wir nun in diesem Jahre wirklich mit der Herausgabe beginnen können.
[...]
Die Separatausgabe der «Frau Pfarrerin» auf dem schöneren Papier ist fertig. Ich habe den Plan, diese Ausgabe der letzten Erzählung des unvergeßlichen Jeremias Gotthelf besonders schön ausstatten zu lassen und erst gegen Weihnachten auf den Büchermarkt zu bringen. Nun möchten Sie aber vielleicht wenigstens einige Exemplare, wenn auch einfach broschiert, schon früher haben, und bitte ich nur zu befehlen, wieviel ich Ihnen nach dort

mitbringen soll. Die weitere Anzahl würde, sobald der Umschlag und die Zeichnungen fertig, später nachfolgen können.

[...]

Springer an Henriette Bitzius
Vevey, den 14. Juni 1855

[...]

Die in Bern verlebten Tage [9] waren uns schöne, unvergeßliche. Sie haben uns im Kreise der Ihrigen mit einer Liebe aufgenommen, die ich nur bitten kann, uns auch in der Ferne zu bewahren, wie auch wir die lieben, lieben Leute auf dem Falkenplätzli in dem aufrichtig freundschaftlichsten Andenken behalten werden. Grüßen Sie, ich bitte, die werten Ihrigen vielmals von uns und sagen Sie allen, daß wir um Erhaltung Ihrer freundlichen Gesinnungen bitten, besonders auch im Pfarrhause zu Sumiswald, und Ihren Sohn grüße ich noch extra. Ich brauche nicht zu sagen, wie er uns gefallen und wie gerne wir daran denken, ihn in einigen Jahren in Berlin zu sehen.

Einige Stunden hoffen wir den Herrn Pfarrer zu Saanen dort zu sprechen, und werde ich den Vertrag bei ihm wohl in Empfang nehmen.

[...]

Springer an Henriette Bitzius
Zürich, den 25. Juni 1855

[...]

Der Herr Pfarrer in Saanen wird Ihnen wohl mitgeteilt haben, daß wir dort des Abends spät und dazu bei schlechtem Wetter eintrafen und des Morgens früh darauf gleich weiter reisten. Wir sahen von dem Orte wenig, das für uns Interessanteste aber doch, das Pfarrhaus mit seinen großen Räumen, in denen die pflegende Hand des zukünftigen Gatten schon zu ordnen begonnen. Sei das

Haus dem jungen Paare eine glückliche Stätte und bleibe sie ihm für alle Tage eines zufriedenen Lebens!

Der Herr Pfarrer hatte das Duplikat des Vertrages noch nicht fertig. Ich empfing es hier in Zürich und beeile mich, Ihnen das Gegenexemplar unterzeichnet anbei zu übersenden. Gebe Gott dem Unternehmen nun seinen Segen!

Ich sehe es als einen besonders glücklichen Umstand an, daß der Herr Pfarrer bei meinem Dortsein der Angelegenheit seinen Rat und Unterstützung zuwenden konnte und bin überzeugt, daß das Unternehmen nun bald gefördert werden und der Plan, es in 1–2 Jahren fertig zu liefern, ausgeführt werden kann.

[...]

Springer an Henriette Bitzius
                                    Berlin, den 10. Juli 1855
[...]
Ob Herr Dr. Manuel[10] seine noch nicht definitive Zusage der Biographie und Charakteristik bekräftigt hat, erfahre ich vielleicht auch in Ihrem werten nächsten Briefe und bin überzeugt, daß Sie, geehrte Frau Pfarrerin, der ganzen Angelegenheit die notwendige gleiche Achtsamkeit wie ich zuwenden werden...

[...]

Springer an Henriette Bitzius
                                    Berlin, den 19. Juli 1855
[...]
Das Schriftstück des Herrn Helfer Stähelin[11] entspricht meinen und wohl auch Ihren Erwartungen so ganz und gar nicht, daß ich über diesen totaliter mißglückten Prospektus sehr unglücklich bin. Jeremias Gotthelf als einen Schriftsteller aufzufassen, der dem die Schweiz und ihre Berge bereisenden Publikum von besonderem Interesse sein muß, ist ein falscher, mindestens so vager und

kleinlicher Gedanke, daß es eine ganz verunglückte Spekulation wäre, von diesem Gesichtspunkte aus eine Gesamtausgabe der Gotthelfschen Schriften dem Publikum vorzuführen.
[...]

Springer an Henriette Bitzius
Berlin, den 20. August 1855
[...]

Sie empfangen diesen Brief durch Herrn Dr. Manuel, an den ich eben geschrieben; vielleicht hat Ihnen der Herr Pfarrer v. Rütte schon mitgeteilt, daß Herr Manuel nun doch zu meiner und wohl auch zu Ihrer großen Freude die biographische Arbeit übernehmen wird. Ich glaube, wir können ihm dieselbe ruhig überlassen. Zu der eigentlichen Biographie werden Sie ihm noch gütigst Materialien liefern, auch ist ihm an dem Empfang alles dessen gelegen, was in, namentlich deutschen, Journalen über Jeremias' Schriften früher gesagt worden. Ich habe diese Piecen stets dem Herrn Pfarrer übersandt, und Sie haben sie wohl vorgefunden.
[...]

Springer an Henriette Bitzius
Berlin, den 3. September 1855
[...]

Bogen 1 und 2 vom «Bauernspiegel» als erstem Bande der Gesamtausgabe gingen bereits vorgestern zur Korrektur an Sie ab. Sie wollen mich doch recht bald wissen lassen, ob ich die Korrekturen ferner nach dort oder nach Saanen zu senden habe. Es sollen wöchentlich 2–3 Bogen gesetzt werden. Ist es Ihnen möglich, die Korrekturen immer schnell zurückzuschicken, so kann der erste Halbband (Bogen 1–12 oder 13) noch vor dem Oktober verschickt werden, was mir allerdings lieb wäre.
[...]

Meine Freude, daß Herr Manuel nun doch die biographische Arbeit übernehmen will, habe ich Ihnen schon ausgesprochen. Ich hoffe, daß mein Brief an denselben ihn in seiner Zusage nur noch bestärken und ihm, der sich die Arbeit gar zu schwer denkt, solche erleichtern wird.

Vom Herrn Pfarrer v. Rütte erhalte ich gewiß bald einen Brief, wenn die Hochzeitsgeschäfte und die Reise, von der er uns erzählte, ihm Zeit lassen. Auf seinen bestimmteren Entwurf zu dem Wörterbuche, über das ich mit den Gebrüdern Grimm [12] dann sprechen möchte, bin ich sehr begierig.

[...]

Springer an Henriette Bitzius
Berlin, den 12. Oktober 1855
[...]
Mit dem Drucke geht es schnell vorwärts, und wenn ich nicht fürchten müßte, Sie durch die Korrekturen, folgen die Bogen noch häufiger, zu belästigen, so könnte dies geschehen. Es wird aber das selbst kaum nötig sein, und wenn ich die Bogen nur immer schnell zurückbekomme, werden wir bis Ende nächsten Jahres mit den 12 Bänden sicher fertig. Ihr Sohn, den ich vielmals von uns zu grüßen bitte, wird Sie bei den Korrekturen bestens unterstützen, und ich werde bemüht sein, Ihnen dabei so wenig als möglich lästig zu werden.

[...]

Springer an Henriette Bitzius
Berlin, den 19. November 1855
[...]
Das Ausbleiben aller Korrekturbogen seit 8 Tagen und besonders das des weiteren Manuskriptes zur Gesamtausgabe («Pächter», «Käthi» und «Leiden und Freuden») beunruhigt mich sehr und das um so mehr, als ich auf meinen deshalb an den Herrn Pfarrer in Saanen vor 8 Tagen geschriebenen dringenden Brief ohne jedwede

Antwort geblieben. Sie begreifen, daß auf diese Weise das ganze Unternehmen ins Stocken geraten muß, was gerade im Anfange sehr nachteilig wirken muß. Wir feiern seit länger als 8 Tagen mit dem Satz, und die Buchdruckereien sind außer Stande, das Versäumte, dauert die Pause noch länger, nachzuholen und haben mir schon erklärt, ihren Setzern andere Arbeiten geben zu müssen.
[...]

Springer an Henriette Bitzius
Berlin, den 1. Dezember 1855
[...]
Zugleich mit diesen Zeilen geht Bogen 1 vom «Pächter» zur Korrektur an Sie ab, aber leider bin ich von den Bogen zum «Knecht» erst bis 19 im Besitz der Korrekturen. Sie dürfen mir nicht böse sein, wenn ich Ihnen wegen letzteren so lästig und oft erinnernd komme, aber wir gelangen auf diese Weise nicht vorwärts, und ich fürchte, wir erfüllen nicht, was wir im Prospekte verheißen. Und das wäre doch recht fatal.

Es ist mir nun wirklich ein peinliches Gefühl, Ihnen, verehrte Frau, ein nicht sehr liebenswürdiger Quälgeist zu sein, und es fragt sich, ob nicht vielleicht mit den Korrekturen eine Änderung vorgenommen werden könnte. Ich stelle das anheim und bitte nur nochmals so dringend wie ergebenst, die Korrekturen recht zu beschleunigen. Ich hoffte bestimmt, im November den 4. Halbband (Schluß des «Knecht») und im Dezember den 5. und 6. («Pächter») versenden zu können, was auch vielleicht noch möglich wird.
[...]

Springer an Henriette Bitzius
Berlin, den 31. Dezember 1855
[...]
Mit den Korrekturen geht es jetzt sehr regelmäßig,

und ich bitte nur wiederholentlich, mir nicht böse zu sein, daß ich Sie damit so gedrängt und geängstigt habe.
[...]

Springer an Albert Bitzius jun.
Berlin, den 10. März 1856
[...]
Meine Briefe nach Bern muß ich jetzt also an Sie richten. Ob ich sie richtiger an den Herrn *stud.* oder *candidat theolog.* richte, teilen Sie mir nur mit.
[...]
Endlich habe ich noch eine Bitte. Die Verhandlungen wegen des Bildes zur Gesamtausgabe [13] sind Ihnen bekannt. Ich erfuhr nun in dem letzten Briefe aus Saanen, und das zu meiner großen Freude, daß Herr Dietler, der Maler des Ölgemäldes, geneigt ist, die für den Kupferstecher notwendige Durchpausung der Konturen des Kopfes zu fertigen. Ich würde Ihnen dankbar sein, wenn Sie freundlichst es zu ermöglichen suchten, daß Herr Dietler diese kleine Arbeit gütigst recht bald fertigte, und sie mir nach hier oder Herrn Kupferstecher v. Gonzenbach in München so schnell als möglich zugehen ließe, weil letzterer Herr den Kopf des Bildes sonst nicht zur rechten Zeit fertig bekommt. Sie nehmen sich gewiß der Sache freundlich an.
[...]

Springer an Albert Bitzius jun.
Berlin, den 12. Oktober 1856
[...]
Die Gesamtausgabe schreitet in den ersten 12 Bänden nun der Vollendung näher.
[...]
Wenn die Korrekturen des X. Bandes der Gesamtausgabe (der XI. ist vollständig gedruckt, der XII. bis auf die letzten Bogen und die Biographie auch) recht schnell

geschehen und ich die Arbeit des Herrn Manuel bald erhalte, werden die ersten 12 Bände bald vollständig vorliegen, und wir können dann die verabredeten weiteren 12 Bände beginnen, und, ich hoffe, binnen Jahresfrist folgen lassen.
[...]

Springer an Albert Bitzius jun.
Berlin, den 17. November 1856
[...]
Das Bild ist sehr gut ausgefallen und sicher das erste ähnliche veröffentlichte Portrait Jeremias Gotthelfs.
[...]
Mit den Korrekturen der ersten 12 Bände sind Sie nun fertig. Die Arbeit des Herrn Dr. Manuel habe ich dessen letztem Briefe zufolge Ende Dezember zu gewärtigen, so daß der Schluß der ersten 12 Bände vor dem Januar nicht wird ausgegeben werden können.
[...]

Springer an Albert Bitzius jun.
Berlin, den 2. Februar 1857
[...]
Ich muß Ihnen zunächst über den Grund des seit einigen Wochen so langsamen Fortganges im Satze der Gesamtausgabe Mitteilung machen. Derselbe liegt einfach in der seither eingetroffenen, sehr umfangreichen Arbeit des Herrn Manuel, die doch vor allem gedruckt werden muß, damit nur die ersten 12 Bände endlich fertig werden. Ich ließ daher lieber die neuen Teile liegen, und Sie werden das richtig finden. Herr Manuel hat mir noch den Schluß seiner Arbeit zu liefern, und sobald ich solchen habe und er gedruckt ist – ich hoffe in 14 Tagen – geht es wieder an die neuen Bände und zwar mit doppelter Schnelligkeit, um die versäumte Zeit einzuholen.

[...]
Ich komme noch auf die Manuelsche Arbeit kurz zu sprechen. Sie ist sehr umfangreich geworden, aber ein ganz fürtreffliches Werk, das in jeder Beziehung gefallen wird. Es war ein sehr, sehr glücklicher Gedanke, uns wegen der Biographie an genannten Herrn zu wenden, und ich hoffe, daß durch seine Arbeit den Gotthelfschen Schriften mancher neue Freund gewonnen werden wird.
[...]

Springer an Albert Bitzius jun.
Berlin, den 24. März 1857
[...]
Sie werden in wenigen Tagen durch Koerber [14] den 24. Halbband mit der Manuelschen Arbeit erhalten. Der Band ging vor 14 Tagen nach dort ab. Manuels Arbeit ist ganz vorzüglich ausgefallen und wird sowohl den Freunden Gotthelfs eine große Freude sein als seinen Schriften neue Leser schaffen. Ich gebe in einigen Monaten die Biographie mit dem Bilde und dem Faksimile als besonderes Buch zu 5 Franken aus. Die Käufer der Gesamtausgabe haben mit dem 20 Bogen starken Buche eine hübsche Gratisgabe erhalten. Herrn Manuel sandte ich auf seinen Wunsch 20 Exemplare zur Verteilung an seine Freunde, die ihm zu der Arbeit Material geliefert. Gestern sandte ich auch ein Exemplar der Prinzessin von Preußen [15], die an den Gotthelfschen Schriften stets ein so großes Interesse genommen. Wünscht Ihre Frau Mutter noch einzelne Exemplare, so stehen sie zu Diensten.
[...]

Springer an Albert Bitzius jun.
Berlin, den 25. Mai 1857
[...]
Diese Woche fängt der Druck des 17. Bandes («Armennot») an, und ich will nur wünschen, daß Ihre Ex-

amenarbeiten Ihnen zu der doch etwas gar trockenen Arbeit der Korrekturen die nötige Zeit lassen. Der 17. Band wird sicher vor Ende Juni beendet sein. Zu dem bevorstehenden Examen – wenn ich das darf – meine besten Glückwünsche. Ich werde dann wohl an den Herrn Vikar A. B. zu adressieren haben?

Die für Sie bestimmten Exemplare des Manuelschen Buches werden Sie empfangen haben. Ich stimme ganz mit Ihren letzten Bemerkungen darüber überein, es fehlt in dem Buche an wirklich den Pfarrer Bitzius und seine Privattaten behandelnden Notizen, nach denen gerade die, so für den Jeremias sich interessieren, verlangen. Freilich sagt Manuel mit Shakespeare: his life was gentle – aber so kleine, oft gerade charakteristische Momente, Détails im ruhigen Laufe von seinem Leben, wären wohl zu geben gewesen. Abgesehen aber hiervon ist Manuels Arbeit sicher vorzüglich und sobald ich solche einzeln – erst in 1–2 Monaten – ausgegeben, wird die Kritik sicher sie sehr günstig aufnehmen.

Mit dem Absatze der Gesamtausgabe geht es schwach. Namentlich bestellt doch mancher, der Band 1–12 genommen, die II. Abteilung ab, und da die 24 Bände umfassende vollständige Gesamtausgabe 62 Frcs kosten wird (verhältnismäßig übrigens ein niedriger Preis), so werden die neuen Käufer sehr schnell sich auch nicht in großer Zahl finden. Doch – ich habe mein Vertrauen nicht verloren, weil ich überzeugt bin, daß, solange es eine deutsche Literatur geben wird, auch Jeremias Gotthelf gelesen werden wird.

[...]

Springer an Henriette Bitzius

Berlin, den 24. Januar 1858

[...]

Die endliche vollständige Beendigung der Gesamtausgabe steht nun bevor, nachdem wir jetzt beim Druck des Wörterbuches sind. Ich bin denn noch viel und wohl bewußt Ihr Schuldner und hoffe, daß ich das, was den klingenden Teil betrifft, in Bälde abtragen werde.

Mein Heutiges hat den Zweck, Ihnen, verehrte Frau Pfarrerin, von einem kleinen Familienereignis Mitteilung zu machen, nämlich, daß der Himmel uns vor 14 Tagen ein kleines Töchterchen [16] – unseren drei Buben und unserer Tony eine Schwester – geschenkt hat. Es ging unter Gottes Beistand alles gut, und der Himmel hat auch diesen unseren Wunsch noch eines Mädchens gerade erhört.

Wir haben nun eine Bitte an Sie, Frau Pfarrerin, eine Bitte, durch deren Gewährung Sie uns eine große Ehre und eine gleich große Freude bereiten würden, und diese geht dahin, bei der freilich erst in 4–5 Wochen, so Gott es will, geschehenden Taufe unseres Töchterchens Patenstelle zu vertreten und zu gestatten, daß wir als Taufpaten Frau Pfarrer Bitzius in Bern ins Kirchenbuch eintragen lassen. Ich wiederhole: Sie erweisen uns dadurch eine große Ehre, und es würde uns als ein besonderes Glück für das kleine Wesen gelten, dasselbe, ist's größer geworden, eine Pate in weiter Ferne nennen zu können, an die wir mit gleicher Verehrung und Zuneigung hangen.
[...]

Springer an Henriette Bitzius
                    Berlin, den 3. März 1858
Hochgeehrte Frau Pfarrerin,
Sonntag haben wir unser Töchterchen nun taufen lassen und unter den Paten auch Ihren bei uns so hoch stehenden Namen in das Kirchenbuch eintragen lassen, nachdem Sie in so freundlicher, herzlicher Weise Ihre Genehmigung dazu erteilt, wofür meine Frau und ich Ihnen dankbar sind.

Unser Töchterchen erhielt in der Taufe die Namen:

Fanny, Henriette, Marie, *Elise* und wird mit letzterem Namen genannt werden. Es war Sonntag ein froher, freudiger Tag, verlebt im Kreise der Familie und einiger Freunde, ein heiteres Frühstück dabei, bei dem ich der Paten in der Ferne in munterster Weise gedachte. Kann ich natürlich von der kleinen Elise Ihnen wenig erzählen, so will ich doch das eine anführen, daß sie sich während der Taufe sehr gut benommen, nicht geschrieen, sondern sanft und ruhig zum Teil auf dem Taufkissen geschlafen hat. Man pflegt hier zu sagen, wie das Kind bei der Taufe, so wirds durch's Leben sein; dann wird Elise ein sanftes Mädchen, bei dem die bis jetzt noch hellblauen, großen Äugelchen auch darauf zu deuten scheinen. Wir bilden uns ein, es sähe im allgemeinen meiner Frau ähnlich, die Stirn hat's aber von mir. Mags sonst aber alles mehr von meiner Frau haben, außen und innen, ich meine wirklich, es wäre fürs Kind besser!

Ich brachte den Toast auf die Paten aus und dabei den Wunsch, daß deren Eigenschaften auf den Täufling übergehen mögen. Darf ich hier berichten, daß ich dabei, von Ihnen sprechend, etwa sagte: «Dann überkäme sie von Frau Pfarrer Bitzius den echten Frauenstolz, das wahre Verständnis des Lebens im Hause, durch welches das Leben im Pfarrhause zu Lützelflühe das erst geworden, um das es alle, die es kennen gelernt, so bewundert.» Der Gedanke kam mir inmitten des Toastes so aus dem Herzen, dessen Gedächtnis und dessen Anhänglichkeit an Sie und Ihr Haus Sie danach beurteilen mögen.

Ich spreche nun noch die Bitte aus, daß Sie Ihre freundlichen Gesinnungen und Ihre Liebe wie uns bewahren, so auf unsere Elise übertragen mögen. Ich hoffe, sie wird, erhält sie uns ein gnädiger Himmel und läßt sie gedeihen an Körper und Geist, es zu würdigen wissen, daß neben ihrem Namen im Kirchenbuche der der verehrten Frau Pfarrer Bitzius steht. Wills dann Gott und erfüllt er uns auch diesen Wunsch, so stellen wir sie Ihnen nach Jahren dort in Ihrem Hause vor. Erhalte der Himmel Sie und die Ihrigen bis dahin und länger!

Meine Frau hat Kindbett und alles überstanden, ist sehr wohl und ich sagte ihr erst gestern, man sähe die sieben Kinder[17], die ihr das Dasein verdanken, nicht an. Sie bittet mich, Ihnen die herzlichsten Grüße zu sagen und weiß, daß sie bei Ihnen in gutem Andenken steht und Sie Ihre Liebe ihr erhalten werden.

Vom Herrn Pfarrer in Saanen empfing ich heute Brief. Darnach habe ich Korrektur der 2 gefertigten Inhaltsverzeichnisse zur Gesamtausgabe demnächst von Bern, wohin er sie gesandt, zu erwarten. Ich hoffe, daß wir dann doch endlich den Schluß der Gotthelfschen Schriften ausgeben können.

Ihrem Sohne viele und die besten Grüße. Ich habe von anderer Seite von seinem selten glänzend bestandenen Examen auch gehört, mich darüber zwar gefreut, aber wenig gewundert, da ich anderes nicht erwartet. Er soll zu fleißig nur nicht sein, nicht bloß seine Theologie treiben, sondern sein Interesse auch ferner den großen Eisenbahnfragen der Schweiz zuwenden. Sagen Sie ihm, ich bitte, ich habe seine vorjährigen Briefe über letztere wohl im Gedächtnisse und gedenke seiner und jener stets, so oft ich hier in eine Schweizer Zeitung sehe und dann natürlich den Eisenbahntrubel lese.

Kommt Ihr Sohn noch dieses Jahr nach Berlin?

Ich schließe, verehrte Frau Pfarrerin, mit nochmaligem Danke für die uns und unserem Töchterchen erwiesene Ehre und mit der Bitte, wert zu behalten

Ihren achtungsvoll ergebenen   Julius Springer

Springer an Henriette Bitzius
Berlin, den 7. Juni 1858
[...]
Nach langer Pause und später, als ich es vorhatte, komme ich dazu, Ihnen einen Brief von uns und über uns

zu senden. Ich weiß nicht, ob ich es Ihnen schon mitgeteilt: ich habe am 1. Januar a.c. meine Sortimentsbuchhandlung, das buchhändlerische Détailgeschäft, verkauft und wende fortan meine ganze und alleinige Tätigkeit meinem eigenen Verlage zu. Diese große Geschäftsveränderung hat für die erste Zeit mich über das Gewöhnliche noch in Anspruch genommen und entschuldigt auch gewiß bei Ihnen mein längeres Schweigen.

[...]

Soll ich Ihnen bei diesem Anlasse über den Absatz der nun vollständigen Gesamtausgabe berichten, so kann ich leider besonders Günstiges nicht melden. Bei Erscheinen der II. Serie (Bd. 13) sind von den Käufern der ersten 12 Bände eine sehr große Anzahl abgesprungen und von der II. Serie kaum zur Zeit 500 Exemplare verkauft. Ich habe jetzt die vollständigen Werke nochmals auf den Markt gebracht und hoffe, daß sich neue Käufer finden werden. Über meine darauf zielenden Manipulationen werde ich dem Herrn Pfarrer in Saanen Mitteilung machen.

Auffallend ist es mir, daß gerade nach der Schweiz *jetzt* selten Exemplare der Werke bestellt werden.

[...]

Springer an Albert Bitzius jun.
  Berlin, Monbijou-Platz 3, den 13. August 1858
[...]
Sie werden mich ja auch über kurz oder lang einmal hier besuchen [18] und die Stätte in Augenschein dann nehmen, wo die Schriften von Jeremias Gotthelf sowohl in der Gesamtausgabe als in den einzelnen Erzählungen in leider oft gar zu langen und hohen Schichten aufgespeichert lagern.

Ich bin eben dabei, 25 komplette Exemplare der 24 Bände an verschiedene literarische Institute der deutschen, schweizerischen und englischen Presse gratis zu versenden, um den Zeitschriften dadurch Gelegenheit zu geben, die Gesamtausgabe noch einmal und, nachdem solche nun vollständig vorliegt, recht ausführlich und eingehend zu besprechen und die allgemeine Aufmerksamkeit den Schriften zuzuwenden. Außerdem lasse ich Exemplare in 12 Teile sehr geschmackvoll einbinden und verschicke solche zum Herbst. Gotthelf-Schriften werden immer ein schönes und gediegenes Geschenkbuch sein.

Nun kam mir unlängst noch ein Gedanke, und ich möchte den Ihnen doch einmal mitteilen. Jeremias Gotthelf ist doch eigentlich der erste schweizerische Klassiker – wenn ich mich dieses etwas vulgären Ausdruckes bedienen darf. In der Gesamtausgabe seiner Schriften liegen Bücher vor, die in der Schweiz und weit über diese hinaus allgemein gewürdigt werden. Ist die Herausgabe dieser Schriften nicht eine allgemein-schweizerische Angelegenheit? Hat die schweizerische Bundesversammlung nicht eine Veranlassung, sich dieser Herausgabe anzunehmen, sie zu unterstützen? Sie sehen, worauf ich hinaus will. Ich erinnere an die Erwerbung der La Planta'schen Bibliothek [19] nach dem Tode des Generals und sollte meinen, daß im schweizerischen Nationalinteresse die Bundesversammlung wohl 100, 200 Exemplare der Gesamtausgabe nehmen könnte!!

Ich weiß nicht, wie Sie und die Ihrigen diese Idee aufnehmen. Müßten alle darauf zielenden Schritte selbstredend von mir, dem Verleger, und lediglich von mir, dem Geschäftsmanne, ausgehen und geschehen, so wird dies doch nicht eher sein können, als bis ich weiß, wie Sie dort darüber denken. Beachten Sie, daß es sich zunächst nur um das «ob ich nach der berührten Seite Schritte tun soll», handelt, nicht um das mögliche Resultat.

[...]

Springer an Albert Bitzius jun.
\
An meinem Geburtstage, 10. Mai 1859
\
[...]
\
Die Geschäfte ruhen hier und mit ihnen vor vielen das buchhändlerische Geschäft. Ich hatte Verschiedenes gerade vor, den gedrückten Absatz von Gotthelf-Schriften zu heben. Ich dachte an eine mit Illustrationen geschmückte Ausgabe der «Bilder und Sagen aus der Schweiz» – das muß jetzt alles zurückgelegt werden – und Sie werden den Geschäftsmann verstehen, wenn er Ihnen sagt, daß derlei nicht nur vorübergehend verstimmt und schmerzt. Ich bitte, teilen Sie Ihrer verehrten Frau Mutter, der meine Frau und ich sich vielmals empfehlen lassen, mit, wie schwer diese Zeit [20] auf ein Werk wie die Gesamtausgabe lastet, und welche Sorgen ich darum habe. Sie wird dem Rechnung tragen.
\
[...]

Springer an Henriette Bitzius
\
Berlin, den 4. Oktober 1860
\
Hochgeehrte Frau Pfarrerin,
\
Herr Pfarrer v. Rütte hat mir vor 4 Wochen einen höchst kränkenden und verletzenden Brief geschrieben, in welchem er mich in der schonungslosesten Weise mit den ebenso unbegründeten als beleidigendsten Vorwürfen überhäuft. Wenn ich auch überzeugt war, daß Ihnen, Frau Pfarrerin, von Ton und Fassung dieses Briefes nichts bekannt ist, so trug ich doch Bedenken, mich in der Angelegenheit alsobald an Sie zu wenden. Nachdem ich dieselbe aber einigen Freunden in Bern mitgeteilt, die meine Entrüstung in vollstem Maße teilen, darf ich auf deren Rat über den Gegenstand mich doch nun auch zu Ihnen aussprechen.
\
Es soll dies sachlich nur dahin geschehen, daß der über alle Erwartung geringe Absatz, den die Gesamtausgabe der Gotthelfschen Schriften gefunden, und der so

langsame Fortgang dieses Absatzes mich bestimmte, zu versuchen, ob bei einem wesentlich geringeren Preise – 36 Frcs statt 70 Frcs pro Exemplar – derselbe sich vielleicht heben möchte. Ich wollte aus geschäftlichen Gründen diesen Versuch nur mit der Dalpschen Buchhandlung in Bern zunächst machen, die sich des Gegenstandes auch mit großem Eifer angenommen.

Glänzend ist bis diesen Augenblick der gedachte Versuch nun noch nicht ausgefallen, aber es liegt nahe, wie es mich berühren mußte, von dem Herrn Pfarrer v. Rütte mir in der schmähendsten Weise Vorhaltungen ob dieses meines Versuches machen zu lassen und Anforderungen an mich ergehen zu sehen, als hätte ich eine neue Auflage der Gesamtausgabe gedruckt, die erste verkauft etc. etc. Fast wie Hohn klingt dies gegenüber den wirklichen Verhältnissen, unter denen ich bei dem mit so großen Erwartungen begonnenen Unternehmen wahrhaft bekümmert und bedrückt bin wegen des nicht geringen Kapitals, das ich noch in dem Unternehmen stecken habe. Sind doch noch nicht eintausend Exemplare verkauft, während ich mehr als 1500 Exemplare zu dem hohen Preise verkaufen muß, um nur meine sämtlichen Kosten herauszuhaben.

Die hierzu führenden Manipulationen, wie die Preisherabsetzung, sind selbstredend lediglich meine Sache. Führen sie zum Zwecke, so liegen sie insofern in Ihrem Interesse mit, geehrte Frau Pfarrerin, als dann die kontraktlich ausgesprochene Anzahl von 1850 Exemplaren eher erreicht wird, nach deren Verkauf ich Ihnen noch ein Honorar zu zahlen habe.

Es leuchtet ein, daß, verkaufe ich fortan die Exemplare zu dem niedrigen Preise, – ich erhalte von den Buchhändlern nur 24 Frcs pro Exemplar – ich außerstande bin, nach Verkauf von 1850 Exemplaren zu diesem Preise das festgesetzte Honorar von 8000 Franken zu bezahlen, wenn ich nicht damit den dann erzielten Gewinn fast ganz wieder fortgeben will. Dasselbe gilt von den 3000 Franken, die ich nach Verkauf von 1000 Exemplaren von Band 13/24 zu bezahlen haben würde.

Über diese Punkte wünsche ich eine Verständigung mit Ihnen, Frau Pfarrerin. Es berührt dies zugleich den Rest, den ich Ihnen für Band 13/24 eigentlich zu zahlen habe. Sicher genügt es, Ihnen ins Gedächtnis zu rufen, daß ich nur auf Ihren besonderen und dringenden Wunsch mich nach Beendigung des Druckes der ersten 12 Bände zum Verlage der ferneren 12 entschloß. Hätte ich – und in meinem Interesse wäre dies besser gewesen – mich an den Kontrakt gehalten und den Verlag der zweiten 12 Bände nach Verkauf von 1850 Exemplaren der ersten 12 Bände erst unternommen, die zweiten 12 Bände wären bis heute vielleicht nie erschienen. Mit Rücksicht hierauf und besonders, welch großes Kapital ich noch in dem Unternehmen stecken habe, welch verfehltes Unternehmen es geworden, ist meine Bitte keine ungehörige, den derzeitigen Rest des Honorars Ihrerseits fallen zu lassen und ihn erst nach Verkauf der ersten 1000 Exemplare der Bände 13/24 zu verlangen, die 3000 Frcs aber, die nach Verkauf von 1000 Exemplaren der Bände 13/24 kontraktlich zu bezahlen sind, ganz fallen zu lassen. Meine fernere Bitte geht dann dahin: wenn es mir gelingt, durch den wohlfeileren Preis mehr als die gedachten 1850 Exemplare aller 24 Bände zu verkaufen, das bei dem teureren Preise verabredete Honorar von 8000 Frcs auf 3000 Frcs zu ermäßigen.

Selbstredend wird es von Ihnen, Frau Pfarrerin, abhangen, ob Sie auf diese Bedingungen eingehen mögen oder nicht. Ich darf Sie höflichst bitten, es mir offen auszusprechen. Selbstredend werde ich mit der gedachten Preisherabsetzung allgemein nur vorgehen können, wenn die gedachten Honorare mir ermäßigt werden. Geschieht es nicht, so muß ich die Preisermäßigung eher fallen lassen, als 1000 Exemplare von Band 13 bis 24 und resp. eher als 1850 von Band 1–12 verkauft sind.

Ich hoffe, Frau Pfarrerin, Sie verstehen weder meine Proposition noch meine Motivierung falsch. Beide werden von den Verhältnissen diktiert, und wenn ich jene Ihnen vorlege, geschieht es mit voller Légalité, die nicht Veranlassung gibt, verkannt zu werden. Meine Bitte, mir Ihren Entschluß so bald als möglich auszusprechen, darf ich Ihnen ans Herz legen, da ich eben im Begriffe bin, mit der zur Zeit nur im lieben Bern geltenden Preisherabsetzung allgemein vorzugehen.

Gestatten Sie mir, Frau Pfarrerin, zu zeichnen
     achtungsvoll Julius Springer

Springer an Albert Bitzius jun.
     27. November 1860
[...]

Mit dem offenen Bekenntnis meines Unrechtes nach der gestandenen Seite darf ich den mir so sehr leidigen Zwischenfall verlassen, und das umso mehr, als Frau Pfarrerin das Unrecht, das Herr v. Rütte mir angetan, durch ihre nicht genug von mir anzuerkennende Bereitwilligkeit ausgeglichen hat, mit der sie auf meine durch die wohlfeile Ausgabe bedingten vorgeschlagenen Veränderungen in dem Verlagsvertrage eingegangen ist. Wenn Frau Pfarrerin diesen Brief nicht zu lesen bekommt, lege ich's Ihnen, werter Herr und Freund, ans Herz, ihr meinen schuldigen Dank dafür auszusprechen. Frau Pfarrerin wird mir nicht zürnen, wenn ich heute dies in besonderen Zeilen an sie nicht tue. Der vor bald 8 Tagen begonnene Brief an Sie möchte sonst noch einige Tage länger liegen bleiben, was ich denn doch nicht mag. Ich nehme noch Veranlassung, Frau Pfarrerin bald selber zu schreiben, zumal ich ihr, auch im Namen meiner Frau, für ihren so liebevollen letzten Brief zu danken habe.

[...]

Springer an Henriette Bitzius

Berlin, Monbijouplatz Nr. 3,
den 20. Dezember 1871

Hochverehrte Frau Pfarrerin,

Die nun vollendet, in reichem Einbande vorliegende Illustrierte Prachtausgabe [21] von Jeremias Gotthelfs «Erzählungen aus dem Emmenthal», welche ich in Verbindung mit Herrn Schmid-Dalp dort unternommen und deren Förderung besonders mein Sohn [22] sich hat angelegen sein lassen, ist auch wohl nun in Ihr Haus gelangt, und es ist mir und uns von ganz besonderem Werte zu hören, wie die Ausgabe vor allem Ihnen, verehrte Frau, gefällt. Im großen Publikum scheint sie, zumal jetzt zur Weihnachtszeit, Anklang zu finden, und wir leben der Hoffnung, daß dieselbe das Interesse für Gotthelfs Schriften überhaupt wieder mehr beleben wird.

Verbinden Sie, ich bitte, mit einer freundlichen Äußerung über das Werk recht gute weitere Nachrichten über Ihre Gesundheit und das Wohlergehen der Ihrigen, über die wir seit langer Zeit gar nichts mehr gehört haben; wir hoffen, es geht in Wengdorf und in Twann [23] bei Alt und Jung alles wohlauf.

Wir danken es Gott, daß ich Ihnen das von unserem Hause melden darf: Ferdinand [24] hat sich nun ziemlich von dem Typhus und den Leiden des Krieges erholt und ist in meinem Geschäfte tätig; meine Frau haben die schönen Sommer- und Herbsttage auch gekräftigt, und sie, die 45jährige übt die mütterlichen Pflichten zu unserem 2½ Jahre alten Paul gleich einer 30jährigen, in welchem Alter sonst Mütter zu so kleinen Kindern zu stehen pflegen.

Ich sage Ihnen von den Unsrigen viele und herzliche Grüße, füge für das bevorstehende neue Jahr die herzlichsten Glückwünsche bei und bitte Sie, wert zu behalten Ihren

besonders ergebenen   Julius Springer

[1] *Erzählungen und Bilder aus der Schweiz:* Der 5. Band der *Erzählungen und Bilder aus dem Volksleben der Schweiz* erschien 1855 bei Springer und enthielt die letzte Erzählung Gotthelfs: *Die Frau Pfarrerin*.
[2] *«idyllisches Bild»:* Hier kann nur die *Frau Pfarrerin* gemeint sein.
[3] *letzte Erzählung:* Gotthelf hinterließ das Fragment *Hans Berner und seine Söhne*, den Anfang einer Neufassung der Erzählung gleichen Titels von 1843. Im 5. Band der *Erzählungen und Bilder* erschien nicht das Fragment, sondern die frühere Fassung.
[4] *aparte Ausgabe:* Die Erzählung *Die Frau Pfarrerin* erschien im Mai 1855 bei Springer.
[5] *Vorwort: Aus Jeremias Gotthelfs Leben und Schaffen* im 5. Band der *Erzählungen und Bilder* von Abraham Emanuel Fröhlich (1796–1865); abgedruckt bei Muschg, S. 97ff.
[6] *Wörterbuch: Erklärung der schwierigeren dialektischen Ausdrücke in Jeremias Gotthelfs (Albert Bitzius) gesammelten Schriften* von Albert von Rütte (1825–1902), dem Schwiegersohn Gotthelfs, erschien im 23. Band der *Gesammelten Schriften* 1858 bei Springer. Das Glossar wurde erst abgelöst durch Bee Juker: *Wörterbuch zu den Werken von Jeremias Gotthelf*, Erlenbach-Zürich und Stuttgart 1972.
[7] *zwei Artikel:* Der eine wahrscheinlich Kellers Besprechung der *Erlebnisse eines Schuldenbauers* und der *Nachruf* in «Blätter für literarische Unterhaltung» 1855, Nr. 9, S. 158–162.
[8] *Verlobung Ihrer jüngeren Tochter:* Cécile Bitzius verlobte sich mit Albert von Rütte, Pfarrer in Saanen; die Hochzeit fand im Oktober 1855 statt.
[9] *in Bern verlebte Tage:* Springer und seine Frau reisten im Sommer 1855 über Basel in die Schweiz, wo sie in Bern mit Gotthelfs Witwe weitere Details der *Gesammelten Schriften* besprachen; die Reise ging weiter über Vevey, Saanen (zu Albert von Rütte) und Zürich.
[10] *Dr. Manuel:* Carl Manuel (1810–1873), Jurist, höherer Regierungsbeamter in Nidau, Langnau, Bern, der erste Biograph Gotthelfs, nachdem Fröhlichs Schrift (s. Anmerkung 5) weder Springer noch den Hinterbliebenen zusagte. Die Biographie erschien als 24. Band der *Gesammelten Schriften*.
[11] *Helfer Stähelin:* Gemeint ist der Lehrer, Pfarrer und Redaktor Johann Jakob Schädelin, der den Prospektus der *Gesammelten Schriften* verfassen sollte.
[12] *Gebrüder Grimm:* In der Vorrede (1854) zum *Deutschen Wörterbuch* hatten Jacob und Wilhelm Grimm Gotthelf lobend

erwähnt, im Quellenverzeichnis sind seine Werke teilweise aufgeführt. Gotthelf hatte davon durch einen Brief Fröhlichs (4. 10. 54) erfahren.

[13] *Bild zur Gesamtausgabe:* von Carl von Gonzenbach (1806–1885) im Auftrag Springers; der Künstler, der Gotthelf nie gesehen hatte, benutzte das Gemälde von Dietler und die Stiche in den «Alpenrosen» von 1849 und 1853 von J. Barth und R. Leemann. Am 6. 5. 56 schrieb er an Gotthelfs Sohn: «Ich habe mir aus allen dreien ein Bild komponiert, das so zwischen innen steht und wohl an alle drei etwas erinnert, auch im Alter die Mitte hält» (9:162).

[14] *Koerber:* s. Anmerkung 7,1.

[15] *Prinzessin von Preußen:* s. 7. Kapitel.

[16] *kleines Töchterchen:* Elisabeth Springer (1858–1864).

[17] *sieben Kinder:* Ferdinand (1846–1906), Antonie (1848–1862), Richard (1849–1850), Fritz (1850–1944), Julius (1853–1859), Carl (1855), Elisabeth (1858–1864). Es folgten noch Ernst (1860–1944), Rudolf (1866–1870) und Paul (1869–1872). Von Julius und Marie Springers zehn Kindern überlebten nur drei das Kindesalter.

[18] *hier besuchen:* Gemeint ist Monbijou-Platz 3. Springer war am 4. 8. 58 mit seinem Verlag in das Haus seines 1845 verstorbenen Schwiegervaters übergesiedelt.

[19] *La Planta'sche Bibliothek:* Weder die Eidgenossenschaft noch der Kanton Graubünden sollen je eine solche Bibliothek der Familie Planta erworben haben (s. 9:298).

[20] *diese Zeit:* 1859 Krieg Sardiniens und Frankreichs gegen Österreich; in Preußen übernimmt Prinz Wilhelm 1858 die Stellvertretung, 1859 die Regentschaft für seinen geistig erkrankten Bruder Friedrich Wilhelm IV.

[21] *Illustrierte Prachtausgabe: Aus dem Bernerland. Sechs Erzählungen aus dem Emmental.* Mit Illustrationen von Gustave Roux, Friedrich Walthard und einem Gotthelf-Bildnis von Albert Anker. Berlin: Springer, Bern: Dalp 1872.

[22] *mein Sohn:* Ferdinand Springer, seit 1872 Teilhaber seines Vaters.

[23] *Wengdorf und in Twann:* Albert von Rütte war seit 1871 Pfarrer in Yverdon (Lese- oder Gedächtnisfehler Springers?), Albert Bitzius in Twann.

[24] *Ferdinand:* Springers Söhne Ferdinand und Fritz kämpften im Deutsch-Französischen Krieg 1870/71. Ferdinand erkrankte an Typhus und wurde von seinem Vater zwischen 7. und 17. 12. 70 aus Frankreich heimgeholt. Vgl. in Marie Springers *Lebensskizze* das Kapitel *Der Krieg 1870/71.*

11. Kapitel
JULIUS SPRINGER UND JEREMIAS GOTTHELF.
MATERIALIEN ZUR GESCHICHTE DES DEUTSCHEN BUCHHANDELS.
AUFLAGEN, HONORARE, LADENPREISE

Siegfried Unseld beginnt sein Buch *Der Autor und sein Verleger* mit dem Kapitel «Der Konflikt Autor – Verleger» und zitiert dort den Fluch Goethes «Die Buchhändler sind all des Teufels, für sie muß es eine eigene Hölle geben» sowie die verzweifelte Klage Hebbels «Es ist leichter, mit Christus über die Wogen zu wandeln, als mit einem Verleger durchs Leben» (Unseld, S. 11). Springer sah sich immer wieder dem «Mißtrauen» Gotthelfs ausgesetzt, erklärte es sich als Eigentümlichkeit des schweizerischen Nationalcharakters und verglich Gotthelf mit dem pathologisch mißtrauischen Glunggenbauern Joggeli in den *Uli*-Romanen. Reinhard Wittmann weist in seinem Buch *Geschichte des deutschen Buchhandels* mehrfach auf Goethes «Mißtrauen» gegenüber Cotta, auf seinen «lebenslangen Argwohn» gegenüber Verlegern hin und führt Sätze aus einem Brief Schillers an Cotta an: «Es ist, um es gerade heraus zu sagen, kein guter Handel mit G. zu treffen, weil er seinen Werth ganz kennt und sich selbst hoch taxirt, und auf das Glück des Buchhandels, davon er überhaupt nur eine vage Idee hat, keine Rücksicht nimmt. Es ist noch kein Buchhändler in Verbindung mit ihm geblieben. Er war noch mit keinem zufrieden und mancher mochte auch mit ihm nicht zufrieden seyn. Liberalität gegen seine Verleger ist seine Sache nicht» (S. 167ff.). Das «G.» bedeutet selbstverständlich «Goethe», obwohl man auch «Gotthelf» dafür setzen könnte! «Diese unbegründeten Ängste», so Wittmann, «sind gleichwohl exemplarisch für die Situation des Dichters auf dem Markte». Jedenfalls kann der Vergleich mit Goethe die Augen dafür öffnen, daß Gotthelf kein Sonder- und Ausnahmefall war.

Nachfolgend sind die in Springers Briefen sowie in den erhaltenen Verlagsverträgen festgehaltenen Angaben zu Auflagenhöhen, Honoraren und Ladenpreisen zusammengestellt. Zum Vergleich werden weitere einschlägige Zahlen angeführt. Die Honorare Springers werden – mit wenigen Ausnahmen – in «Thalern preußisch Courant» angegeben. 1 Taler preußisch Courant = 30 Silbergroschen; 1 Silbergroschen = 12 Pfennige. 1 solcher Taler preußisch Courant entsprach *damals* 3,715 Franken. Wenn Springer 10 Taler überwies, erhielt Gotthelf 37,15 Franken usw. Um den heutigen Stand zu errechnen, müßte man die Angaben mit 8, 10 oder sogar 12 multiplizieren. Die wenigen Angaben in Klammern () sind von mir

I. Auflagen und Honorare

Verlag	Titel	Bogenzahl (1 Bogen = 16 Seiten)
Springer, Angebot 20.8.44	Knabe des Tell 1. Auflage 1846 2. Auflage 1852	12
Springer, Angebot 26.1.46	Jakobs Wanderungen; bei 2. Auflage	
Volksschriftenverein Zwickau, Vertrag 18.4./9.5.46	Jakobs Wanderungen	29½
Springer, Angebote 26.1.46	Übernahme älterer Werke; Jugendschriften	kl. Format
Simion, Angebote 28.1.46 und 13.3.46	Volksschrift Kalenderbeitrag	10
Springer, Angebot 27.3.46	Uli der Knecht (1846)	24
19.2.49	2. Auflage 1850	21
19.12.53	3. Auflage 1854	21

errechnet oder erschlossen worden. Dagegen habe ich darauf verzichtet, die verschiedenen Währungen einheitlich umzurechnen.

Zu berücksichtigen ist ferner, daß der Kanton Bern bis 1851 eigene Geldsorten hatte (Pfund, Krone, Gulden, Taler, alter Franken; allen diente als Grundlage der Batzen). Eine Zusammenstellung gibt Bee Juker in ihrem *Wörterbuch zu den Werken von Jeremias Gotthelf*, Erlenbach-Zürich und Stuttgart 1972, S. 119. Ab 1851 wird das alte *Berner* Geld gegen neues *Schweizer* Geld umgetauscht. Ab 1.1.1852 ist die Buchführung in neuen Schweizer Franken obligatorisch und das alte Geld nicht mehr gültig.

Auflage	Honorar	Freiexemplare
1500–1750	100 Taler pauschal	(?)
2500	20 Taler pro Bogen	10 (Gotthelf will 30)
2500	12 Taler pro Bogen	
(9000) für Verein 2000 für Buchhandel	20 Taler pro Bogen	36
2500	11⅓ Taler pro Bogen	(?)
2500	20 Taler pro Bogen	
	200 Taler pauschal	(?)
	4 Louis d'or 22⅔ Kreuzer pro Bogen	
2500	2 Louis d'or pro Bogen, insgesamt 270 Taler (s. 6.8.46)	10
(2500)	150 Taler pauschal	(?)
(2500)	170 Taler pauschal	(?)

Verlag	Titel	Bogenzahl (1 Bogen = 16 Seiten)
Springer, Angebote 15.6.46 und 31.1.47	Schulmeister Schulmeister	von 52 auf 30–40 «zustutzen» mehr als 30
Springer u. Simion, Angebote 29.10.47 und 8.3.48	Schulmeister	als Volksschrift
Simion zahlt 14.9.46	Wurst wider Wurst, Mordiofuhrmann	2 (Kalender)
Springer, Angebote 21.10.46 und 2.1.47	Käthi die Großmutter Käthi die Großmutter, Erbvetter und kleine Erzählung	(20) 2 Bände 5 3–4
Simion u. Springer, Vertrag 23.4.47 [1]	Käthi die Großmutter, Erbvetter, Harzer Hans	(29)
Springer, Angebot 31.1.47	Uli der Pächter,	
Springer, Vertrag 29.1.48 [2]	Uli der Pächter, 2. Auflage 1850	nicht mehr als 30
Simion zahlt 29.10.47	zwei Kalenderbeiträge	34 u. 32 Seiten
Springer, Angebote 3.1.48 21.5.49	Vermischte Erzählungen; Erzählungen und Bilder, Bd. 1 u. 2	40–44
Vertrag 21.7.49	dito	43½
Springer, Angebot 21.12.49 Vertrag 19.2.50 [3]	Käserei in der Vehfreude dito	25–30 29
Springer, Angebote 5.2.50 8.10.50 Vertrag 1./10.10.51	Zeitgeist u. Berner Geist dito dito	(28½)

Auflage	Honorar	Freiexemplare
2500	2 Louis d'or pro Bogen	(?)
3000	12 Taler pro Bogen	(?)
	400 Taler pauschal	(?)
(40000)	48 Mark preußisch Courant (= 12 Taler)	(?)
5000–6000	200 Taler pauschal	(?)
(?)	400 Taler pauschal	(?)
(?)	200 Taler pauschal	
		(?)
bis zu 10000	400 Taler pauschal	36 von jedem Titel
bei 2500	4 Louis d'or pro Bogen (= 20 Taler)	(?)
bei 3000	25 Taler pro Bogen	
3000 (exklusive der Freiexemplare)	25 Taler pro Bogen	36
	48 u. 44 Taler	(?)
2000–3000	alte: 11 Taler pro Bogen neue: 20 Taler pro Bogen	(?)
	400 Taler pauschal	(?)
2500 (exklusive der Exemplare auf feinem Papier)	400 Taler pauschal (gezahlt 430 Taler, s. 21.12.49)	36
2000–3000	20 Taler pro Bogen	36
3000 (exklusive der Freiexemplare)	20 Taler pro Bogen	36
	24 Taler pro Bogen	
3000	25 Taler pro Bogen	
3500 (exklusive der Freiexemplare)	29 Taler pro Bogen (gezahlt 750 Taler, s. 20.8.50)	(36)

Verlag	Titel	Bogenzahl (1 Bogen = 16 Seiten)
Springer, Vertrag 28.1./6.2.51	Bauernspiegel, 3. Auflage 1851	(22)
Springer, Vertrag 28.1./6.2.51	Armennot, 2. Auflage	(10½)
Springer, Vertrag 28.1./6.2.51	Sylvestertraum, 3. Auflage (wohlfeile Ausgabe u. Miniaturausgabe)	
Springer, Vertrag 5./12.4.51 [4]	Hans Jakob und Heiri	8½
Springer, 20.2.51	Dursli, 3. Auflage 1851	
Springer, Vertrag 1.6.51	Geld und Geist, 2. Auflage 1851	20
Springer, Vertrag 18.7.51	Wie 5 Mädchen..., 2. Auflage 1851	(5)
Springer, Vertrag 28.4.52	Erzählungen und Bilder, 3. Band 1852	
Springer, Angebot 7.12.52 Vertrag 30.12.53	Schuldenbauer dito	25½
Springer, Vertrag, 15./26.10.53	Erzählungen und Bilder, 4. Band 1853	
Springer, Vertrag 10.7.55	Erzählungen und Bilder, 5. Band 1855; Frau Pfarrerin (separater Abdruck)	

Auflage	Honorar	Freiexemplare
3500 (exklusive der Freiexemplare)	180 Taler pauschal	(36)
3500 (exklusive der Freiexemplare)	12 Taler pro Bogen	36
3500 (exklusive der Freiexemplare)	12 Taler pro Bogen zu 32 Seiten	36
3500 (exklusive der Freiexemplare; 400 Exemplare für 4 Batzen nach Langenbruck)	25 Taler pro Bogen	36
	50 Taler (da Springer die Erzählung von Langlois für 85 Taler abkaufen mußte)	(?)
3500 (davon 500 auf feinem Papier, exklusive der Freiexemplare)	400 Taler pauschal	24
3500	12 Taler pro Bogen	6
2500	200 Taler pauschal	36
2000	17–20 Taler pro Bogen	
2550	400 Taler pauschal	(36)
2500 (ordinäres Papier) 100 (feines Papier)	200 Taler pauschal	36
1625 (ordinäres Papier) 100 (feines Papier) 1000	zus. 225 Taler pauschal	(?)

Verlag	Titel	Bogenzahl (1 Bogen = 16 Seiten)
Springer, Vertrag 31.3./10.4.55	Geldstag, 2. Auflage 1855	

Zum Vergleich werden im folgenden Honorare angeführt, die Gotthelf von anderen Verlagen erhalten hat:

Elsäss. Neujahrsblätter (6:283)	1 Erzählung	3½–4
Gustav Mayer (7:178, 188)	Dr. Dorbach, 1. u. 2. Auflage	je 2
Gustav Mayer (7:188)	zahlt an den Jugendschriftsteller Nieritz	
Georg Wigand (8:56) (8:145)	Ein dt. Flüchtling Besenbinder von Rychiswyl	19 Seiten 15 Seiten
Langlois, Vertrag 24.5.36	Bauernspiegel, 1. Auflage 1837	(22½)
Wagner, Vertrag 27.6.38	Schulmeister	ca. 40

[1] *Käthi die Großmutter, Hans Joggeli der Erbvetter* und *Harzer Hans, auch ein Erbvetter* erschienen 1847 und 1848 in der «Allgemeinen deutschen Volksbibliothek» von Simion und Springer. Vor dem Vertragsabschluß trugen die beiden Verleger Gotthelf in einem gemeinsamen Brief (29.1.47) ihre Kalkulationen vor:

«Was die Volksbücher betrifft, so sind wir in der Tat erst dann im Stande, die Auflage fest zu bestimmen, wenn die Teilnahme des Volks sich herausgestellt haben wird. Von vornherein gingen wir aber hier von der Ansicht aus, daß *große* Auflage und *geringer* Preis dabei der richtige Grundsatz sei, wobei Autor, Verleger und Publikum am besten fahren würden.

Auflage	Honorar	Freiexemplare
1550	150 Taler pauschal	(?)
(?)	80 franz. Francs	(?)
je 2000	5 Taler (sächsisch) pro Bogen und 1000 Exemplare, insgesamt 80 Taler	36
für 10000–12000	4 Taler pro Bogen und 1000 Exemplare	(?)
(?)	38 Taler	(?)
(?)	30 Taler, 6 Flaschen Tokaier, 6 Flaschen Ruster Ausbruch	(?)
(?)	450 Franken	(?)
1500	800 Franken	(?)

Wir finden es indes in der Ordnung, Ihnen gegenüber ein Maximum festzusetzen und hoffen Sie damit einverstanden, wenn wir dasselbe auf 10000 Exemplare bestimmen. Damit Ihnen dies nicht zu viel erscheine, fügen wir noch die Berechnung hinzu, die ergibt, daß wir bei 2000 Exemplaren zu dem Preise von 2 bis 2½ Groschen der Bogen verhältnismäßig besser fahren als bei 10000 Exemplaren zu dem Preise von 8 Pfennig für den Bogen, der sich bei uns (60 Bogen für 1 Thaler 10 Groschen) herausstellt. Die Herstellungskosten inklusive Honorar für einen Bogen in 2000 Auflage sind etwa 40 Thaler; in 10000 Auflage 80 Thaler. Der Ladenpreis von 2–2½ Groschen heißt 1½ Groschen netto, und der Ladenpreis von 8 Pfennig heißt 5 Pfennig netto für den Bogen. Demnach würden 800 Exemplare d. h. 40% der Auflage im ersten Falle, und 6000 Exemplare, d. h. 60% im zweiten Falle die Kosten der Auflage decken.

Wir haben aber die Überzeugung, im zweiten Falle die 10000 Exemplare eher zu verkaufen, als im ersten die 2000, und somit dabei sowohl unser eigenes Interesse wie das Ihrige wahrzunehmen.»

[2] In den Verlagsverträgen zwischen Gotthelf und Springer wird gewöhnlich unter §4 folgendes vereinbart:

«Etwa nöthig werdende neue Auflagen sollen in demselben Verlage erscheinen. Nach Verkauf der ersten Auflage erhält der Verfasser für jede fernere von derselben Anzahl Exemplare dasselbe Honorar; bei einer kleineren oder größeren Auflage aber ein in demselben Verhältnisse geringeres oder höheres.»

[3] In einem Brief vom 15.11.50 begründet Springer den Verkaufspreis der *Käserei in der Vehfreude:*

«Sie fügen Ihrem letzten Briefe noch eine kleine Beschwerde über den angeblich hohen Preis der «Käserei» bei. Ich darf diese Sache nicht so hinnehmen. Der Buchhändler bestimmt den Preis des Buches nach der Anzahl der Bogen. Die Käserei hat über 29 Bogen und kostet 1 Taler 10 Groschen, also pro Bogen 1⅓ Groschen. Nun Ihre anderen *nicht* bei mir erschienenen Bücher: Bilder und Sagen aus der Schweiz Erstes Bändchen 9½ Bogen kostet 15 Groschen, also pro Bogen über 1½, ebenso Sechstes Bändchen. Zweites Bändchen 14 Bogen kostet 18, also auch 1½. Fünftes 11 Bogen = 15, also à Bogen beinahe 1½! Der Geldstag 22½ Bogen = 1 Taler, also auch 1½ pro Bogen. Anne Bäbi zusammen 54½ Bogen kostet 2 Taler 15, also à Bogen auch *über* 1⅓! Sie sehen also, geehrter Herr, ich habe den gewöhnlichen Maßstab des Ansatzes *nicht* überschritten, ja kaum erreicht. Allerdings *ist* das Buch teuer, weil es so sehr dick ist und das Publikum tadelt auch weniger daß es teuer, als daß es so dick ist, was ich aber nicht verhindern konnte. Sie können sich leicht ausrechnen, daß ich bei Ihren Werken soviel nicht verdiene, *zuviel* sicher nicht, zumal es doch Jahre dauert, ehe ich nur mein Geld wieder habe.

Wenn *Sie* in Betreff der Verkaufspreise fortan für das Publikum sorgen wollen, kann ich nur ganz einverstanden damit sein, da ich ganz dabei von Ihnen abhange.»

[4] Die Erzählung *Hans Jakob und Heiri oder die beiden Seidenweber* war eine von der Ersparniskasse in Langenbruck in Auf-

trag gegebene Werbeschrift, die «in unterhaltender, den gemeinen Mann ansprechender Weise zur Sparsamkeit aufmuntern» sollte. Die dem Vertragsabschluß vorausgegangenen Verhandlungen können den nachfolgenden Briefstellen entnommen werden:

Springer an Gotthelf am 6.2.51:
[...]
Ihr für Baselland geschriebenes Büchlein «Heiri oder die beiden Seidenweber» werde ich gerne verlegen und gehe auf den Vorschlag, der Baseler Gesellschaft die benötigten Exemplare zu dem wohlfeilsten Preise zu liefern, gerne ein. Gedruckt können die 8–10 Bogen in wenigen Wochen sein und wenn ich das Manuskript vor Anfang März habe, Ende März die Exemplare schon dort eintreffen. 50 Ex. würde ich der Gesellschaft *gratis* liefern. Vielleicht vermögen Sie es, bei letzterer die Sache bald zu vermitteln.
[...]

Pfarrer Samuel Preiswerk in Langenbruck an Gotthelf am 11.2.51:
[...]
Was nun Ihren Vorschlag betrifft über Druck etc., so wird das wohl das Zweckmäßigste sein, wenn Ihr Verleger uns entsprechend niedrige Preise stellt. Das Werk ist nun eben größer geworden, als wir es im Auge hatten bei dem Gedanken an Druck auf eigene Kosten; davon kann nun nicht mehr so auf jeden Fall die Rede sein, und wenn uns der Buchhändler Bedingungen stellt, wie wir sie in unsern Verhältnissen annehmen können, so ist uns dies das Liebste.
Nach eingezogenen Erkundigungen käme den Buchhändler der Druck des Buches, zu 10 Bogen gerechnet, etwa so zu stehen:

Satz, Druck und Glätten	
per 1000 Expl.	Fr. 190.–
für Papier	Fr. 110.–
	Fr. 300.–
Also per 300 Expl.	Fr. 900.–
Rechnen wir als Honorar	Fr. 300.–
so ist die Totalsumme	Fr. 1200.–

Da nun hiebei alle Verhältnisse reichlich gerechnet sind in Satz, Druck, Papier usw., und zum Beispiel die *Setz*-Kosten nicht mit der Zahl der Exemplare zunehmen, wie es hier ge-

rechnet ist, so würde der Buchhändler ohne Verlust uns das
Exemplar zu 4 Batzen abgeben können; er würde auch durch
die an uns gelieferten Exemplare keine Konkurrenz zu fürchten haben, da unser Zweck ist, sie an besonders fleißige Einleger unserer Kasse und an andre brave arme Leute zu verschenken, oder sie zu niederem Preise an die Kantons-Sparniskasse zu verkaufen zum gleichen Zweck; es gehn hieraus
zwei Dinge hervor: erstlich daß *unsere* Absatzwege die des
Verlegers nicht kreuzen, und diejenigen Leute, die *unsere* Exemplare erhalten, nicht den Ladenpreis dafür zahlen, sondern
sie einfach *gar nicht* kaufen noch lesen würden; zweitens daß
weder wir, noch andre ähnliche Kassen, noch Privatleute, die
wohltätig wirken wollen, mehr für das einzelne Exemplar
geben können, als einen Preis von höchsten 4½, 5 Batzen, da
man auf solche *Geschenke*, die in größerer Anzahl verabreicht
werden, nicht zu viel im Einzelnen verwenden kann; es summiert sich ohnehin. Wir würden auf wenigstens 300 Exemplare reflektieren.
[...]

*Bandfabrikant Johann Konrad Burckhardt-Gemuseus an Gotthelf am
11./12.2.51:*
[...]
Was nun das Verlegen des Büchleins anbetrifft, so geht uns ein
Strich durch die Rechnung, dies nicht selbst zu tun, allein da
einerseits der Natur der Sache nach solches etwas größer ausgefallen und Sie natürlich eine Ausgabe von 3000 Exemplaren
lieber sehen, wir überdies den Druck diesen Frühling nicht
mehr erzwingen könnten, so sehen wir ein, daß wir besser tun,
die Sache in Ihre Hände zu legen, wenn uns nämlich Herr
Springer wenigstens 300 Exemplare zu recht niedrigem Preis
(der Auslagen) zedieren will und, wenn es erforderlich ist,
noch ein Hundert nachliefern will, so ist es uns recht. Diese
300 Exemplare kommen in Hände, die das Buch nicht kaufen
würden, er kann die Ausgabe um das größer machen. Zu den
hiesigen Preisen würde es sich etwa auf vier Batzen das Stück
stellen, denn der Druck, Satz und Papier (groß Median)
macht für tausend Exemplare Franken 30 per Bogen.
Sollte Herr Springer nicht einwilligen, so wollen wir sehen, er
wird es aber wohl tun.
[...]

Springer an Gotthelf am 20.2.51:
[...]
Ihr w. Schreiben vom 15. dies ist erst seit gestern in meinen Händen. Ich mache mich jedoch gleich an dessen Beantwortung namentlich des «Jacob und Heiri» wegen, dessen Druck Sie in Ihrem vorigen Briefe eilig machten. Ich gehe also auf dessen Verlagnahme ein: Auflage 3500, exklusive der Freiexemplare und 400 von der Auflage à 4 Batzen für die Gesellschaft. Der Honorarsatz steht in Ihrem Briefe an der Seite, ist aber bei dessen Öffnen – das Blatt war angesiegelt – durch Fortreißen der Ecke unentzifferbar geworden. Ich lasse Ihnen anbei gleich einen Kontrakt zugehen, in dem ich wegen des Honorars die Stelle ganz offen lasse und die Ausfüllung Ihnen anheimgebe, mich durch meine Unterschrift also im Voraus Ihrer Gnade und Ungnade überliefere. Ich überlasse es auch Ihnen, ob Sie nicht ein Pauschquantum für das Ganze lieber festsetzen wollen, dabei aber auch freundlichst berücksichtigen, daß gerade *sehr* wohlfeil geliefert werden muß, höchstens 10 Batzen Verkaufspreis, den Gesellschaften sicher *noch* wohlfeiler, was, nehmen Sie den gewöhnlichen Satz von 20 Taler, *nicht möglich* ist. Nach Ihrem vorigen Briefe wird das Ganze etwa 8 Bogen. Rechnen Sie also 150 Taler vielleicht – doch, wie Sie es mögen.
[...]

Springer an Gotthelf am 19.3.51:
[...]
Bei Empfang dieses werden Sie wohl schon im Besitze der ersten Korrekturbogen von «Hans Jacob und Heiri» sein und hieraus deutlich erkennen, daß ich den Verlag des Buches gern übernommen – trotz des hohen Honorars von 25 Taler pro Bogen. Ich hoffte den Preis des Buches *unter* 10–12 Groschen stellen zu können, was aber jetzt rein unmöglich ist. Der Verlagsvertrag folgt anbei und finden Sie die Stelle wegen der Gesamtausgabe jetzt ganz präzise gefaßt. Die Fassung in dem zurückgesandten Vertrage war wie in den früheren, nach welchen sie kopiert worden. Ich finde die jetzige allerdings zweifelloser! Ein Gegenexemplar des Vertrages darf ich in Ihrem werten Nächsten wohl erwarten.
[...]

Zum weiteren Vergleich:

Uli erhält als Knecht 30 Kronen = 75 Franken Jahreslohn bei freiem Essen und Wohnen. Eine Magd in *Uli der Pächter* erhält 24 Kronen = 72 Franken Jahreslohn bei freiem Essen und Wohnen.

Springer teilt Gotthelf am 1.6.48 mit, wenn er im Herbst 1849 in die Schweiz komme, wolle er 100–200 Taler für die Reise aufwenden.

Am 21.5.49 teilt er mit, daß er wegen schlecht gehender Geschäfte nicht kommen könne: «Mache ich sie einmal mit meiner Frau, so muß es ordentlich mit Behaglichkeit und ohne Besehen des Groschens sein und dann dürfte die Reise 500–600 Taler kosten! Die schüttelt man jetzt nicht aus dem Ärmel!»

Am 3.3.51 bittet Gotthelf den deutschen Literaten Heinrich Pröhle um Informationen über Autorenhonorare und Auflagenhöhen. Pröhle bespricht sich mit Gustav Freytag und Eduard Avenarius und teilt Gotthelf deren Kalkulationen am 21.3.51 mit:

«Im allgemeinen kann der Buchhändler für einen Romanband von zwanzig bis zweiundzwanzig Bogen, der im Ladenpreis 1 Taler kostet, 150–200 Taler Honorar geben bei einer Auflage von Tausend Exemplaren und noch ein gutes Geschäft machen. Bei einem so zu druckenden Bande aber sei es unter sonst ganz gleichen Umständen schon schwer. Es lag uns die neuste Auflage des Bauernspiegels vor, welche der beifolgenden Berechnung zu Grunde gelegt wurde. Satz und Druck eines solchen Bandes von einundvierzig Zeilen auf die Seite wurde zu hundertvierzig Taler voranschlagt, Papier zu einundachtzig, Deckel zu zehn, Korrekturen zu fünfzehn, Inserate zu zehn, Verpackung zu zehn. In Summa 266 Taler. Von den Einnahmen würden dem Verleger nach Abzug aller der Einzelheiten, die mir leider Freytag zu notieren versäumt hat, beim Absatz der ganzen Auflage nur 324 Taler bleiben, wovon noch das Honorar zu bezahlen wäre, wenn ich nicht sehr irre. Auch wären noch die Zinsen für das Kapital zu rechnen, was der Käshändler hinein steckt, bis zu dem Zeitraume, wo er es allmälig wieder hat (eine sehr verwickelte Rechnung). Ganz anders gestaltet sich nun freilich die Sache, wenn der Buchhändler sich doch entschlösse, eine Auflage von zwei Tausend Exemplaren zu machen. Er kann dann sehr gut das Doppelte geben. Sonst meint Freytag, daß kein Unterschied sei und daß man verhältnismäßig für eine Gesamtausgabe eben so viel bekommen könne als für ein einzelnes Werk. Ich selbst habe sonst immer gehört, daß bei zweiter Auflage schon nur die Hälfte gezahlt werde und habe selbst, wenn ich früher zerstreute Arbeiten zu einem Buche zusammenstellte, auch dann schon immer nur die Hälfte verlangt. – Noch füge ich hinzu, daß ich von einem erfahrenen Buchhändler, der selbst kein Geschäft mehr hat, hörte: ein beliebter Romanschriftsteller würde, wenn seine Schriften gegen zwanzig Bände füllten, schwerlich über einen Louisd'or pro Bogen bekommen.»

II. Ladenpreise

Uli der Knecht (1841 bei Beyel): 1 Gulden = 1½ Franken (6:317)
    (1846 bei Springer): 25 Groschen (7:194)
    (1850 bei Springer): 15 Groschen

Verschiedene Ausführungen der Ausgabe von 1850:
1) wohlfeile Ausgabe	2.– Franken
2) mit 12 Zeichnungen von Hosemann	3.35 Franken
3) dieselbe in elegantem Einband	4.35 Franken
4) auf Velinpapier	3.65 Franken
5) dieselbe in elegantem Einband	4.70 Franken
6) auf Velinpapier mit 12 Zeichnungen in Tondruck	6.– Franken
7) dieselbe in elegantem Prachteinband	7.35 Franken (8:341)

Verschiedene Ausführungen von *Uli der Pächter*, 2. Auflage, von 1850:

1) wohlfeile Ausgabe	2.70 Franken
2) mit Zeichnungen von Hosemann	4.– Franken
3) dieselbe in elegantem Einband	5.– Franken
4) auf Velinpapier, Zeichnungen in Tondruck	6.70 Franken
5) dieselbe in elegantem Einband	8.– Franken (8:341)

Verschiedene Ausführungen der 3. Auflage des *Bauernspiegels* von 1851:

1) wohlfeile Ausgabe	2.70 Franken (nach Springers Wunsch sehr wohlfeil für 12 Batzen, s. 8:62)
2) mit 8 Zeichnungen von F. Walthard	4.– Franken
3) dieselbe in elegantem Einband	5.– Franken
4) auf Velinpapier mit 8 Zeichnungen in Tondruck	6.70 Franken
5) dieselbe als Prachtband	8.– Franken (8:354)

Jakobs Wanderungen als «wohlfeile Ausgabe» beim Volksschriftenverein in Zwickau ½ Taler (6:320).

6 Bändchen *Volksschriften* im Volksschriftenverein von Simion und Springer 1⅓ Taler (7:14f.).

Bei einer Auflagenhöhe von 40000 Exemplaren kann Simion den bei ihm erscheinenden Volkskalender für 12½ Groschen verkaufen (7:18).

Doktor Dorbach (1849, Gustav Mayer) 7½ (sächsische) Groschen (7:178).

Erzählungen und Bilder pro Band 27½ Groschen (7:241).

Käserei in der Vehfreude 37 Batzen = 5 Neufranken u. 35 Rappen (8:347).

Zeitgeist und Berner Geist: Springer müßte 2 Taler verlangen, geht aber, weil er Gotthelfs Tadel fürchtet, auf 1⅓ Taler (etwa 32 Batzen) herunter (8:194).

Erlebnisse eines Schuldenbauers: Springer hat mit 20 Bogen gerechnet und den Ladenpreis auf 27½ Groschen fixiert; da es aber 25 Bogen werden, muß er auf 1 Taler u. 2 Groschen erhöhen (9:66).

Gottfried Keller rezensierte 1849 in den «Blättern für literarische Unterhaltung» Gotthelfs *Uli*-Romane. Dort heißt es gleich am Anfang: «Die angeführten zwei Bücher von Gotthelf ‹Uli der Knecht› und ‹Uli der Pächter› kosten zusammen beinahe vier Gulden. Wie lange es geht, bis ein Bauer für ein Buch, das nicht gerade die Bibel ist, vier Gulden disponibel hat, weiß jeder selbst, der mehr in einem Bauernhaus verweilt hat, als bloß um an einem heißen Sommertage eine frische Milch darin zu essen. Und vollends ein armer Bauer oder gar ein Knecht! Und wenn sich endlich ein solcher Sonderling und Verschwender findet, gewiß eine Vogelscheuche für das ganze Dorf: wie soll das Buch zu ihm gelangen, oder er zu dem Buche? Er bekommt keine Bücherpakete ‹zur gefälligen Einsicht›, und ebensowenig hat er Muße und Gelegenheit, sich in den Buchläden herumzutreiben und nach ‹Novitäten› zu fragen; und auf den Büchertischen am Jahrmarkt, wo der ‹Eulenspiegel› und der ‹Gehörnte Siegfried›, der ‹Trenk› und das Kochbuch liegen, sind obige Volksschriften leider nicht zu finden. Ich übertreibe zwar: ich weiß wohl, daß hie und da ein Schullehrer, ein aufgeklärter Pfarrer oder sonst ein ordentlicher Mann sich dergleichen hält und diesem oder jenem strebsamen Jüngling oder Mädchen in die Hände gibt; aber das ist erst ein schwacher Anfang, der auf eine fernere Zukunft deutet.»

BIBLIOGRAPHIE

Jeremias Gotthelf: *Sämtliche Werke in 24 Bänden (I–XXIV) und 18 Ergänzungsbänden (1–18)*, hg. von Rudolf Hunziker, Hans Bloesch, Kurt Guggisberg, Werner und Bee Juker, Erlenbach-Zürich 1911–1977.

Altermatt, Leo: *Die Buchdruckerei Gassmann A.G. Solothurn*, Solothurn 1939.

Andermatt, Michael: *«Es ist ein Elend mit den Buchhändlern...» Jeremias Gotthelf und seine Verleger*, in: Buchhandelsgeschichte 1987/2, B49–B56.

Bauer, Winfried: *Jeremias Gotthelf. Ein Vertreter der geistlichen Restauration der Biedermeierzeit*, Stuttgart 1985.

Bernhardi, Karl (Hg.): *Wegweiser durch die deutsche Volksschriftenliteratur*, Leipzig um 1850.

Corino, Karl (Hg.): *Genie und Geld. Vom Auskommen deutscher Schriftsteller*, Hamburg 1991.

Diesterweg, Adolph: *Katalog zur Ausstellung zum 200. Geburtstag*, Weinheim 1990.

Festschrift der Firma Langlois & Cie. Burgdorf 1831–1931, verfaßt von Dr. Max Widmann, Burgdorf 1931.

Guggisberg, Kurt: *Jeremias Gotthelf und Julius Springer*, in: 50 Jahre Eugen Rentsch Verlag, Erlenbach-Zürich 1960, S. 57–59.

Hövel, Paul: *Julius Springer und Jeremias Gotthelf. Ein Beitrag zur Geschichte der Autor-Verleger-Beziehung*, in: Buchhandelsgeschichte 1980/2, B433–B459.

Holl, Hanns Peter: *Jeremias Gotthelf. Leben, Werk, Zeit*, Zürich und München 1988.

Huber-Renfer, Fritz: *Jeremias Gotthelf und sein Burgdorfer Verleger Carl Langlois*, in: Stultifera navis 11/1954, S. 123–137.

Hunziker, Rudolf (Hg.): *Drei Briefe von Jeremias Gotthelf*, in: Corona 1933/34, Heft 4, S. 446–465 (betrifft Springer und Gersdorf).

Juker, Werner: *Gotthelfs Weg nach Deutschland und seine Rückkehr in die Schweiz*, in: Schweizer Bücherbote, Osterheft 1954, S. 1–5.

Juker, Werner: *Gotthelf und seine Schweizer Verleger*, in: Jahrring 1956 der Firma Paul Haupt Bern, Bern 1955, S. 5–61.

Klimpert, Richard: *Lexikon der Münzen, Masse, Zählarten und Zeitgrößen aller Länder der Erde*, Berlin 1896.
Krieg, Walter: *Materialien zu einer Entwicklungsgeschichte der Bücher-Preise und des Autoren-Honorars vom 15. bis zum 20. Jahrhundert*, Wien, Bad Bocklet, Zürich 1953.
Muret, Gabriel: *Jeremias Gotthelf in seinen Beziehungen zu Deutschland*, München 1913.
Muschg, Walter (Hg.): *Jeremias Gotthelfs Persönlichkeit. Erinnerungen von Zeitgenossen*, Basel 1944.
Sarkowski, Heinz: *Der Springer-Verlag. Stationen seiner Geschichte 1842–1945*, Berlin, Heidelberg, New York 1992.
Schenda, Rudolf: *Volk ohne Buch. Studien zur Sozialgeschichte der populären Lesestoffe 1770–1910*, München 1977.
Schmidt, Rudolf: *Deutsche Buchhändler. Deutsche Buchdrucker. Beiträge zur Firmengeschichte des deutschen Buchgewerbes*, Berlin, Eberswalde 1902–1908.
Springer, Marie: *Julius Springer. Eine Lebensskizze*, hg. von Heinz Sarkowski, Berlin, Heidelberg, New York 1990.
Stümpel, Rolf: *Die Revolutionierung der Buchherstellung in der Zeit zwischen 1830 und 1880*, in: Buchhandelsgeschichte 1982/2, B57–B66.
Unseld, Siegfried: *Der Autor und sein Verleger*, Frankfurt a.M. 1978.
Urner, Klaus: *Die Deutschen in der Schweiz*, Frauenfeld und Stuttgart 1976.
Wittmann, Reinhard: *Geschichte des deutschen Buchhandels*, München 1991.

Dieser Band erschien im Mai 1992 anläßlich des
Jubiläums zum 150jährigen Bestehen des Springer-
Verlages in einer Auflage von 500 Exemplaren
im Birkhäuser Verlag Basel. Das Buch ist in 9/11 Punkt
Monotype-Plantin-Antiqua gesetzt und auf
satiniertes Werkdruckpapier gedruckt. Für den Einband
wurde ein Iris-Perl-Tex-Buchleinen verwendet.
Umschlag- und Einbandentwurf sowie die typo-
graphische Gestaltung sind von Albert Gomm, Basel.